Duden

SMS
Schnell-Merk-System

Abi
Mathematik

Duden Schulbuchverlag
Berlin • Mannheim • Zürich

Inhaltsverzeichnis

1. **Funktionen** 6

Wichtige Definitionen 6
1.1 Darstellung und Beschreibung 8
1.2 Eigenschaften 10
1.3 Verknüpfen und Verketten 14
TOPTHEMA
Funktionenscharen 16
1.4 Funktionsklassen 18
1.5 Zahlenfolgen 33

2. **Gleichungen und Gleichungssysteme** 36

Wichtige Definitionen 36
2.1 Lineare und quadratische Gleichungen 38
2.2 Gleichungen höheren Grades 39
2.3 Wurzelgleichungen 45
2.4 Goniometrische Gleichungen 45
2.5 Exponential- und Logarithmengleichungen 47
2.6 Lineare Gleichungssysteme 48
TOPTHEMA
Gaußsches Eliminierungsverfahren 50

3. **Differenzialrechnung** 54

Wichtige Definitionen 54
3.1 Grenzwertsätze 56
3.2 Stetigkeit von Funktionen 59
3.3 Ableitung einer Funktion 62
3.4 Differenziationsregeln 63
3.5 Ableitungen elementarer Funktionen 67

3.6 Sätze über differenzierbare Funktionen 68
3.7 Funktionseigenschaften 70
3.8 Kurvendiskussion 77
TOPTHEMA
Extremwertprobleme 78

4. **Integralrechnung** 80

Wichtige Definitionen 80
4.1 Integrale und Integrationsregeln 81
4.2 Bestimmtes Integral 82
4.3 Hauptsatz der Differenzial- und Integralrechnung 85
4.4 Integrationsmethoden 86
4.5 Berechnen bestimmter Integrale 88
4.6 Uneigentliche Integrale 91
TOPTHEMA
Berechnung von Rotationskörpern 92

5. **Vektoren und Vektorräume** 94

Wichtige Definitionen 94
5.1 Rechnen mit Vektoren 95

Zum Downloaden unter www.duden.de/abitur:
Abiklausuren mit Musterlösungen

- Klick in der Rubrik „SMS Abi" auf den Link zum kostenlosen Klausuren-Download.
- Wähle dein Fach aus.
- Klick auf die gewünschte Klausur mit Lösung und gib das Passwort SMSMathe-b8abi für die Freischaltung ein.

5.2 Lagebeziehungen 99
5.3 Komponenten und Koordinaten von Vektoren 101
5.4 Koordinatensysteme 102
TOPTHEMA
Skalar- und Vektorprodukt 104
5.5 Spatprodukt 108
5.6 Vektorräume 109

6. **Matrizen** 112

Wichtige Definitionen 112
6.1 Spezielle Matrizen 113
6.2 Rechnen mit Matrizen 114
6.3 Inverse Matrizen 117
6.4 Lineare Abbildungen 117
TOPTHEMA
Lineare Abbildungen im R2 und R3 118

7. **Analytische Geometrie** 120

Wichtige Definitionen 120
7.1 Geraden in Ebene und Raum 121
7.2 Ebenen 126
TOPTHEMA
Ebenen in spezieller Lage 132
7.3 Schnittwinkel 134
7.4 Abstände 136
7.5 Kreise und Kugeln 140

8. **Wahrscheinlichkeitsrechnung** 146

Wichtige Definitionen 146
8.1 Beschreibung von Zufallsexperimenten 147
TOPTHEMA
Ereignisse und Ereignisverknüpfungen 148

8.2 Gleichverteilung 153
8.3 Zählprinzipien 155
8.4 Urnenmodelle 158
8.5 Bedingte Wahrscheinlichkeit 159
8.6 Zufallsgrößen 161
8.7 Binomialverteilung 166
8.8 Weitere Verteilungen 171

9. Beschreibende und beurteilende Statistik 176

Wichtige Definitionen 176
9.1 Beschreibende Statistik 177
9.2 Beurteilende Statistik 181
TOPTHEMA
Testkonstruktion und -durchführung 187

Prüfungswissen und Prüfungsaufgaben 188

1 MIND-MAP Der Prüfungsstoff 188

2 Die Prüfungsklausur 190
2.1 Inhalt und Aufbau einer Klausur 190
2.2 Die Operatoren 191

3 Thematische Prüfungsaufgaben 195
3.1 Funktionen 195
3.2 Gleichungen und Gleichungssysteme 198
3.3 Differenzialrechnung 200
3.4 Integralrechnung 203
3.5 Vektoren und Vektorräume 205
3.6 Matrizen 207
3.7 Analytische Geometrie 210
3.8 Wahrscheinlichkeitsrechnung 212
3.9 Beschreibende und beurteilende Statistik 214

Anhang: Zeichen, Symbole und Abkürzungen 216
Stichwortfinder 221

1 Funktionen

Wichtige Definitionen

Abbildungen

Eine **Abbildung** ordnet den Elementen einer Menge D durch eine Vorschrift Elemente einer Menge W zu. Eine solche Abbildung (Zuordnung) nennt man

- **mehrdeutig**, wenn mindestens einem $x \in D$ **mehr als ein** $y \in W$ zugeordnet wird,
- **eindeutig**, wenn jedem $x \in D$ **genau ein** $y \in W$ zugeordnet wird,
- **eineindeutig**, wenn außerdem noch zu jedem $y \in W$ **genau ein** $x \in D$ gehört.

Mehrdeutige Abbildung f_1:
Jeder ganzen Zahl wird die Zahl zugeordnet, für die sie Teiler ist, also $1 \to 1; 1 \to 2; 2 \to 2; \ldots$
Eindeutige Abbildung f_1:
Jeder ganzen Zahl wird ihr Quadrat zugeordnet, also $0 \to 0; \pm 1 \to 1; \pm 2 \to 4; \pm 3 \to 9; \ldots$.
Eineindeutige Abbildung f_2:
Jeder reellen Zahl wird ihr Doppeltes zugeordnet, also $0 \to 0; 1 \to 2; 0{,}5 \to 1; \pi \to 2\pi$ usw. Zu jeder reellen Zahl gehört auch *genau eine* reelle Zahl, die halb so groß ist.

Produktmengen

Eine Abbildung ist beschreibbar als Teilmenge der Produktmenge $D \times W$.
Die **Produktmenge** $D \times W$ ist die Menge aller geordneten Paare, deren erste Komponente ein Element aus D und deren zweite Komponente ein Element aus W ist.

$D = \mathbb{Z}; W = \mathbb{N}$
$D \times W = \{(0; 0), (0; 1), \ldots, (-1; 0), (-1; 1), (-1; 2), \ldots, (1; 0), (1; 1), (1; 2), \ldots, (-2; 0), (-2; 1), (-2; 2), \ldots\}$.
Abbildung f_1 von oben ist eine Teilmenge von $D \times W$.
$f_1 = \{(0; 0), (-1; 1), (1; 1), (-2; 4\}, (2; 4), \ldots\}$

Funktionen

Eine **Funktion** f ist eine eindeutige Zuordnung (Abbildung) der Elemente zweier Mengen. Jedem Element x aus der Definitionsmenge D_f (dem **Definitionsbereich**) wird dabei genau ein Element y aus einer Wertemenge W_f (dem **Wertebereich**) zugeordnet.
Kurzform:
$f: x \mapsto y$ oder $f: x \mapsto f(x)$
Die Elemente $x \in D_f$ heißen **Argumente** von f, die zugeordneten Elemente $y \in W_f$ bzw. $f(x) \in W_f$ heißen **Funktionswerte**.
Die Gleichung $y = f(x)$ heißt Funktionsgleichung der Funktion f.

Messung der Lufttemperatur T zu bestimmten Uhrzeiten

Uhrzeit	4	6	8	20	22	24
T in °C	–3	–2	0	0	–1	–2

Hier gilt:
$D_f = \{4; 6; 8; 20; 22; 24\}$ $W_f = \mathbb{Z}$
(bei ganzzahliger Messung)
$f = \{(4; -3), (6; -2), (8; 0), (20;0), (22;-1), (24; -2)\}$

Jeder reellen Zahl wird ihre dritte Potenz zugeordnet.
Hier gilt:
$D_f = \mathbb{R}$; $W_f = \mathbb{R}$
$f = \{(x; y) \mid y = x^3 \text{ und } x \in \mathbb{R}\}$,
also $f = \{(0; 0), (-2; -8), (0{,}5; 0{,}125), \ldots\}$, $f \subset \mathbb{R} \times \mathbb{R}$

Reelle Funktionen

Sind Definitions- und Wertebereich Mengen reeller Zahlen, so spricht man von **reellen Funktionen.**
Eine Funktion kann auch zwei oder mehr unabhängige Variablen besitzen.
Bei zwei unabhängigen Variablen besteht der Definitionsbereich aus geordneten Paaren reeller Zahlen und der Wertebereich ist $\mathbb{R}$ oder eine Teilmenge von $\mathbb{R}$. Man schreibt dann z.B. $z = f(x, y)$.

Für den Flächeninhalt A eines Rechtecks mit den Seitenlängen a und b (jeweils auf Maßzahlen bezogen) gilt:
$A(a, b) = a \cdot b$.
Der Definitionsbereich von A ist die Menge $\{(a; b) \mid a, b \in \mathbb{R}^+\}$, der Wertebereich ist $\mathbb{R}^+$. Jedem Paar von Seitenlängen wird eindeutig ein Flächeninhalt zugeordnet.

1.1 Darstellung und Beschreibung

Für die Darstellung und Beschreibung reeller Funktionen kommen vor allem folgende Varianten in Frage:

- Angabe der (geordneten) **Paare** einander zugeordneter Elemente aus Definitions- und Wertebereich (nur möglich bei endlicher Paaranzahl);
- Beschreibung der Zuordnungsvorschrift in Worten (**Wortvorschrift**; verbale Beschreibung);
- Angabe einer die Zuordnung vermittelnden **Funktionsgleichung** $y = f(x)$ ($f(x)$ heißt dann **Funktionsterm**);
- Darstellung der einander zugeordneten Elemente in einer **Wertetabelle** (bei endlicher Paarzahl);
- Beschreibung durch **grafische Darstellungen**, z.B. durch ein Pfeildiagramm oder durch Deuten der Zahlenpaare als die Koordinaten von Punkten in einem Koordinatensystem, wodurch man einen Graphen der Funktion erhält.

Darstellung und Beschreibung von Funktionen

Variante	Beispiel Temperaturmessung
Paarangabe	(4; –3), (6; –2), (8; 0), (20; 0), (22; –1), (24; –2)
Wortvorschrift	Jedem Messzeitpunkt wird die gemessene Lufttemperatur zugeordnet
Funktionsgleichung	(Angabe ist in diesem Falle nicht möglich)
Wertetabelle	siehe unten

Uhrzeit	4	6	8	20	22	24
T in °C	–3	–2	0	0	–1	–2

<table>
<tr><th colspan="2">Darstellung und Beschreibung von Funktionen (Forts.)</th></tr>
<tr><td>grafische Darstellung</td><td>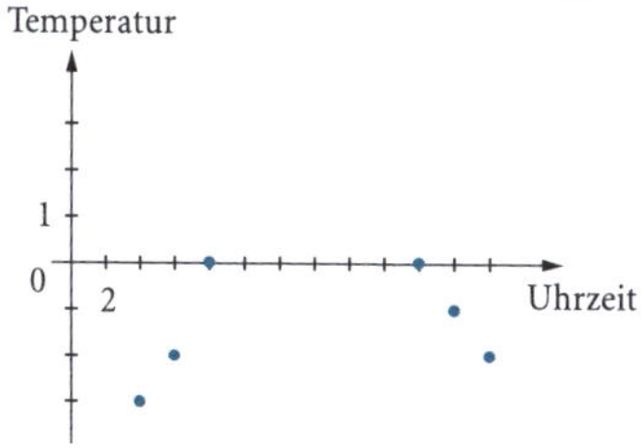
</td></tr>
<tr><td>Pfeildiagramm</td><td>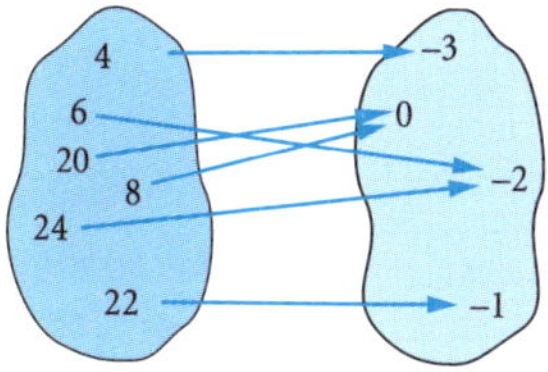
</td></tr>
</table>

Parameterdarstellung

Bei der Parameterdarstellung von Funktionen wird sowohl die Variable x als auch die Variable y jeweils durch eine Gleichung beschrieben, die einen (gemeinsamen) Parameter t als unabhängige Variable enthält. Es gilt also: $x = f_1(t)$ und $y = f_2(t)$.

Beispiel: Es sei $x = f_1(t) = \frac{t}{3}$ und $y = f_2(t) = 6t$ mit $D_{f_1} = D_{f_2} =]-\infty; \infty[$ bzw. $-\infty < t < \infty$. Dann erhält man folgende Wertetabellen:

Wertetabelle für f_1 und f_2						
t	**−9**	**−6**	**−3**	**0**	**3**	**6**
$x = f_1(t) = \frac{t}{3}$	−3	−2	−1	0	1	2
$y = f_2(t) = 6t$	−54	−36	−18	0	18	36

1.2 Eigenschaften

Monotonie

Definition

Eine Funktion f heißt in einem Intervall I von D_f

monoton fallend,	**monoton wachsend,**
wenn für beliebige $x_1, x_2 \in I$ gilt:	
$x_1 < x_2 \Rightarrow f(x_1) \geq f(x_2)$	$x_1 < x_2 \Rightarrow f(x_1) \leq f(x_2)$
Gilt sogar	
$x_1 < x_2 \Rightarrow f(x_1) > f(x_2)$	$x_1 < x_2 \Rightarrow f(x_1) < f(x_2)$
so heißt f	
streng monoton fallend.	**streng monoton wachsend.**

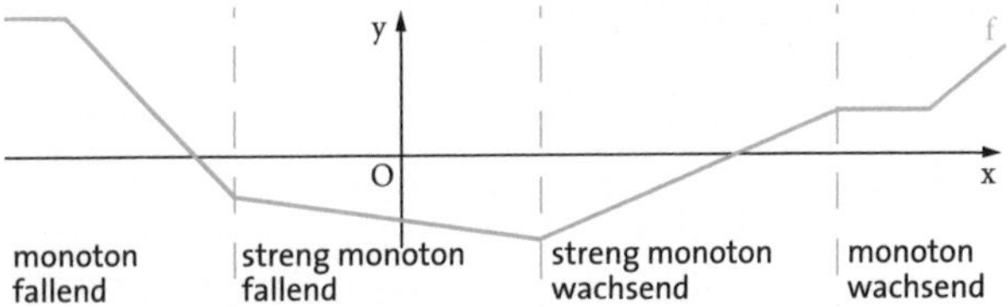

Beschränktheit

Definition

Eine Funktion f heißt

nach oben beschränkt,	**nach unten beschränkt,**
wenn es eine Zahl $s_o \in \mathbb{R}$ gibt,	wenn es eine Zahl $s_u \in \mathbb{R}$ gibt,
sodass für alle $x \in D_f$ gilt:	
$f(x) \leq s_o$	$f(x) \geq s_u$
Man nennt dann	
s_o **obere Schranke** von f.	s_u **untere Schranke** von f.

Symmetrie

Gerade und ungerade Funktionen

Eine Funktion f heißt

gerade Funktion,	**ungerade Funktion,**
wenn mit der Zahl x stets auch –x zum Definitionsbereich D_f von f gehört und wenn gilt:	
$f(-x) = f(x)$	$f(-x) = -f(x)$

- Der Graph einer geraden Funktion ist achsensymmetrisch zur y-Achse.
- Der Graph einer ungeraden Funktion ist punktsymmetrisch zum Koordinatenursprung.

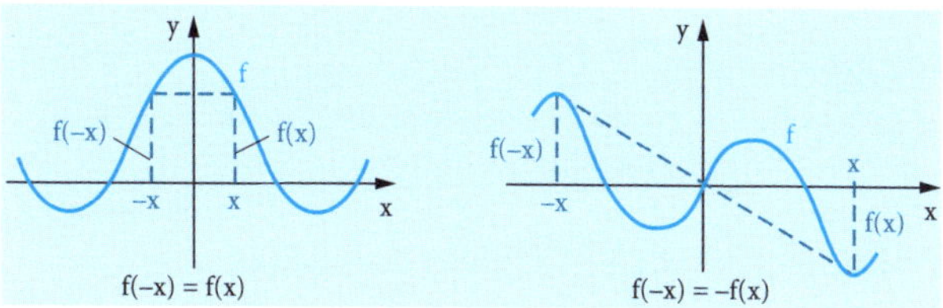

Beispiele: $f_1(x) = x^2$ ist eine gerade Funktion, denn $f_1(-x) = (-x)^2 = x^2 = f_1(x)$.
$f_2(x) = x^3$ ist eine ungerade Funktion, denn $f_2(-x) = (-x)^3 = -x^3 = -f_2(x)$.
$f_3(x) = x^2 - x$ ist weder gerade noch ungerade, denn $f_3(-x) = (-x)^2 - (-x) = x^2 + x$, also verschieden von $f_3(x)$ und $-f_3(x)$.

Periodizität

Definition

Eine Funktion f heißt **periodisch**, wenn es eine Zahl $b > 0$ gibt, sodass für jedes $x \in D_f$ gilt: $f(x + b) = f(x)$ $(x + b \in D_f)$. Die kleinste derartige Zahl b wird **Periode** von f genannt.

Für eine periodische Funktion f mit $f(x + b) = f(x)$ gilt also:

- Im Abstand b wiederholen sich die Funktionswerte.
- Die Abschnitte des Graphen von f über den Intervallen $[x; x + b]$, $[x + b; x + 2b]$, $[x - 3b; x - 2b]$, ... aus D_f sind kongruent.

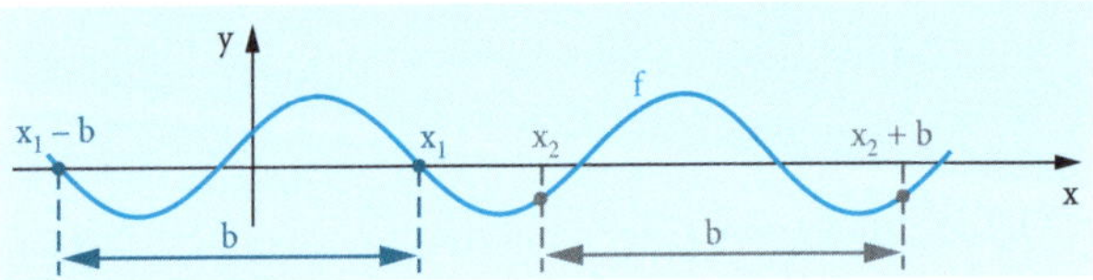

Umkehrbarkeit und Umkehrfunktionen

Definition

Eine Funktion $y = f(x)$ heißt umkehrbar, wenn die durch sie vermittelte Zuordnung f **umkehrbar eindeutig** ist.

Zu jedem Element $y \in W_f$ gehört also auch genau ein $x \in D_f$. Das heißt: Für alle $x_i \in D_f$ folgt aus $x_1 \neq x_2$ stets $f(x_1) \neq f(x_2)$. Die Umkehrfunktion von f (auch inverse Funktion genannt) wird mit f^{-1} bezeichnet. Es ist $D_{f^{-1}} = W_f$ und $W_{f^{-1}} = D_f$.

Die **Gleichung der Umkehrfunktion** von f gewinnt man, indem man die Gleichung $y = f(x)$ nach x auflöst (so dies möglich ist) und die Bezeichnungen y und x vertauscht. Die Graphen einer Funktion $y = f(x)$ und ihrer Umkehrfunktion $y = f^{-1}(x)$ liegen spiegelbildlich zur Geraden $y = x$.

Beispiel: Die Funktion g mit der Gleichung $y = 3x - 5$, $D_g = \mathbb{R}$ ist umkehrbar und hat die Gleichung g^{-1}: $y = \frac{1}{3}x + \frac{5}{3}$. Die Funktion $f(x) = x^2$ vermittelt hingegen keine eineindeutige Zuordnung: Jedem y-Wert (Ausnahme: 0) sind zwei x-Werte zugeordnet. Zerlegt man jedoch f in die beiden Funktionen f_1: $y = x^2$, $D_{f_1} =]-\infty; 0]$, und $f_2: y = x^2$, $D_{f_2} = [0; \infty[$, dann existieren

deren Umkehrungen. Aus $y = x^2$ folgt $|x| = \sqrt{y}$, woraus man $-x = \sqrt{y}$ bzw. $x = \sqrt{y}$ erhält. Vertauschen von x und y liefert die Gleichungen der Umkehrfunktionen
f_1^{-1}: $y = -\sqrt{x}$, f_2^{-1}: $y = \sqrt{x}$.

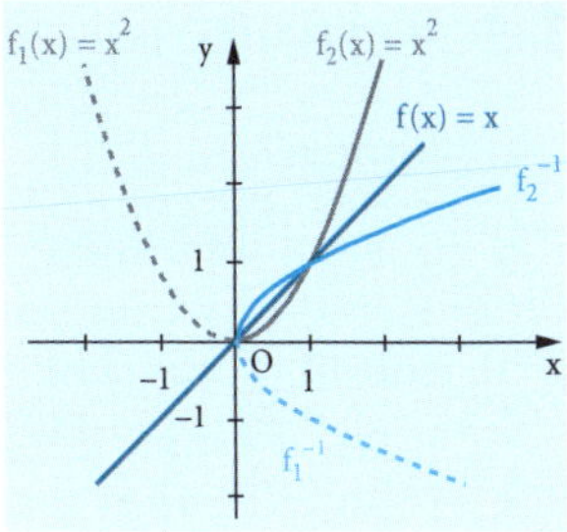

1

Nullstellen

Definition

Eine Zahl $x_0 \in D_f$ heißt **Nullstelle von f**, wenn $f(x_0) = 0$ gilt.

In der grafischen Darstellung ist eine Nullstelle einer Funktion die Abszisse eines Schnittpunkts des Funktionsgraphen mit der x-Achse. Eine Funktion kann genau eine, mehrere oder keine Nullstelle bzw. Schnittpunkte mit der x-Achse besitzen.

Abschnittsweise definierte Funktionen

Definition

Abschnittsweise definierte Funktionen werden in den Abschnitten ihres Definitionsbereiches durch unterschiedliche Zuordnungsvorschriften bzw. Funktionsterme definiert.

Beispiel: Die Zuordnung „Briefgewicht (m in g) → Beförderungsgebühr (p in Euro)“ stellt eine Funktion p = f(m) dar:

$$p(m) = \begin{cases} 0{,}55 \text{ für } & 0 < m \leq 20 \\ 1{,}00 \text{ für } & 20 < m \leq 50 \\ 1{,}44 \text{ für } & 50 < m \leq 500 \\ 2{,}20 \text{ für } & 500 < m \leq 1\,000 \end{cases}$$

1.3 Verknüpfen und Verketten

Verknüpfen

Aus bekannten Funktionen können durch **Verknüpfen** der entsprechenden Funktionsgleichungen (kurz: der Funktionen) mithilfe der Grundrechenoperationen Addition, Subtraktion, Multiplikation und Division neue Funktionen gebildet werden.

Summe, Differenz, Produkt, Quotient

Die Funktionen f mit $y = f(x)$ und g mit $y = g(x)$ auf den Definitionsmengen D_f und D_g bilden folgende Verknüpfungen:

Summe	$s = f + g$ mit $s(x) = f(x) + g(x)$, $D_s = D_f \cap D_g$
Differenz	$d = f - g$ mit $d(x) = f(x) - g(x)$, $D_d = D_f \cap D_g$
Produkt	$p = f \cdot g$ mit $p(x) = f(x) \cdot g(x)$, $D_p = D_f \cap D_g$
Quotient	$q = \frac{f}{g}$ mit $q(x) = \frac{f(x)}{g(x)}$, $D_q = D_f \cap D_g \setminus \{x \mid g(x) = 0\}$

Der Definitionsbereich einer durch Verknüpfung entstandenen Funktion ist in Abhängigkeit von den Definitionsbereichen der Ausgangsfunktion und der Verknüpfungsart zu bestimmen.

Beispiel: Für die Funktionen $f(x) = x^2$ und $g(x) = x - 1$ mit $D_f = D_g = \mathbb{R}$ wird das Produkt $f \cdot g$ beschrieben durch $p(x) = x^2 \cdot (x - 1)$, $x \in \mathbb{R}$. Für den Quotienten $\frac{f}{g}$ erhält man $q(x) = \frac{x^2}{x-1}$, $x \in \mathbb{R} \setminus \{1\}$.

Verketten

Eine weitere Möglichkeit, aus gegebenen Funktionen neue Funktionen zu bilden, stellt das **Nacheinanderausführen** bzw. **Verketten** zweier Zuordnungsvorschriften dar.

Verkettung, äußere und innere Funktion

Die Funktion v mit $v(x) = f(g(x))$ heißt **Verkettung** von f und g. Man schreibt $v = f \circ g$ (gesprochen: *f* nach *g*). Die Funktion f nennt man **äußere Funktion**, die Funktion g **innere Funktion** der verketteten Funktion v. Die Verkettung v ist definiert für alle x, für welche die Funktionswerte von g (also g(x)) zum Definitionsbereich von f gehören.

Eine Verkettung der äußeren Funktion f mit der inneren Funktion g zur Funktion $v = f \circ g$ bedeutet demnach, dass man Funktionswerte g(x) der inneren Funktion g zu Argumenten der äußeren Funktion f macht. Eine Verkettung ist nur dann möglich, wenn die Schnittmenge aus dem Definitionsbereich von f und dem Wertebereich von g nicht leer ist.

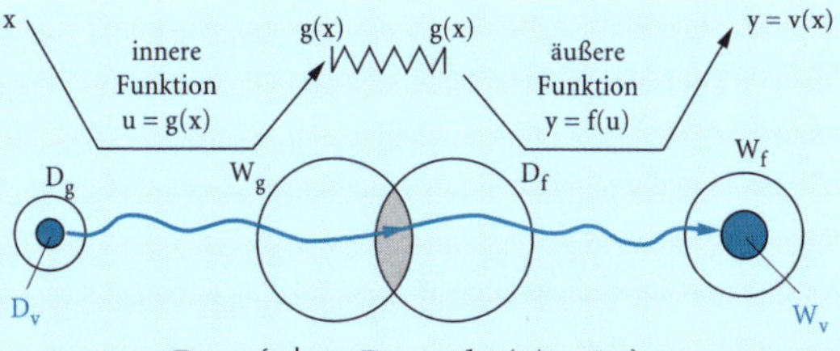

$$D_v = \{x \mid x \in D_g \text{ und } g(x) \in D_f\}$$

Beispiel: Betrachtet werden die Funktionen $f(x) = \sin x$ und $g(x) = 2x$. Um die Verknüpfung $f \circ g$ zu erhalten, wendet man in einem ersten Schritt auf einen Wert x aus dem Definitionsbereich von g die Zuordnungsvorschrift g „Verdopple!“ an und erhält so den Funktionswert $g(x) = 2x$.

In einem zweiten Schritt wird auf den Wert g(x) die Zuordnungsvorschrift f „Sinuswert bilden!“ angewendet. Man erhält: $f(2x) = \sin 2x$.

Durch die Verknüpfung $f \circ g$ ist somit die neue Funktion v mit $v(x) = \sin 2x$ entstanden.

Funktionenscharen

Werden reelle Zahlen additiv oder multiplikativ mit Funktionstermen $f(x)$ oder mit der Funktionsvariablen x verknüpft, so erhält man die Gleichungen neuer Funktionen.
Diese Gleichungen beschreiben jeweils eine Menge von Funktionen, eine **Funktionenschar**. Die Gleichungen der einzelnen Funktionen (der **Scharelemente**) hängen von der Wahl der **Scharparameter** c, d, k bzw. m ab. Das Bild einer Funktionenschar ist eine **Graphenschar**.

Gleichungen der Funktionsscharen

Aus einer Funktionsgleichung $y = f(x)$ entstehen so z.B. die Gleichungen $(c, d, k, m \in \mathbb{R})$

1. $y = f_c(x) = f(x) + c,$
2. $y = f_d(x) = f(x + d),$
3. $y = f_k(x) = k \cdot f(x),$
4. $y = f_m(x) = f(m \cdot x).$

Übergang von $y = f(x)$ zu $y = f_c(x) = f(x) + c$

1 Die Graphen der Schar f_c erhält man durch **Verschiebung** des Graphen von f **in Richtung der y-Achse** um $|c|$ Einheiten, und zwar für $c > 0$ in Richtung des positiven und für $c < 0$ in Richtung des negativen Teils der y-Achse.

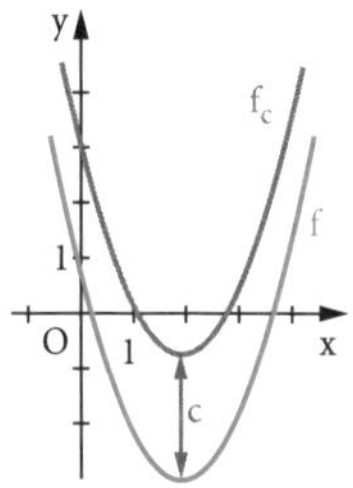

Übergang von $y = f(x)$ zu $y = f_d(x) = f(x + d)$

Die Graphen der Schar f_d erhält man durch **Verschiebung** des Graphen von f **in Richtung der x-Achse** um $|d|$ Einheiten, und
2 zwar für $d > 0$ in Richtung des negativen und für $d < 0$ in Richtung des positiven Teils der x-Achse.

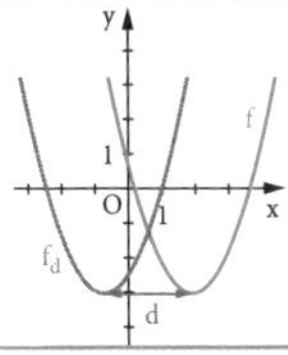

Übergang von $y = f(x)$ zu $y = f_k(x) = k \cdot f(x)$

Die Graphen der Schar f_k erhält man durch **Streckung** oder **Stauchung** des Graphen von f senkrecht zur x-Achse mit dem Faktor $|k|$.

$k > 1$: Streckung, $0 < k < 1$: Stauchung

3 Für $k = -1$ geht der Graph von f_k aus dem Graphen von f durch **Spiegelung** an der x-Achse hervor.

$-1 < k < 0$ oder $k < -1$: Spiegelung an der x-Achse und anschließend Stauchung bzw. Streckung senkrecht zur x-Achse.

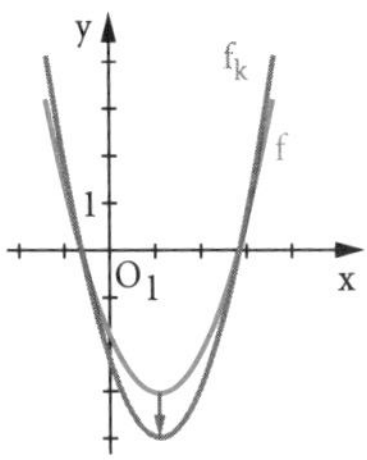

Übergang von $y = f(x)$ zu $y = f_m(x) = f(m \cdot x)$

Die Graphen der Schar f_m erhält man durch **Streckung** oder **Stauchung** des Graphen von f senkrecht zur y-Achse mit dem Faktor $\frac{1}{|m|}$

$m > 1$: Streckung

4 $0 < m < 1$: Stauchung

Für $m = -1$ geht der Graph von f_m aus dem Graphen von f durch **Spiegelung** an der y-Achse hervor.

$-1 < m < 0$ oder $m < -1$: Spiegelung an der y-Achse und anschließend Streckung bzw. Stauchung senkrecht zur y-Achse.

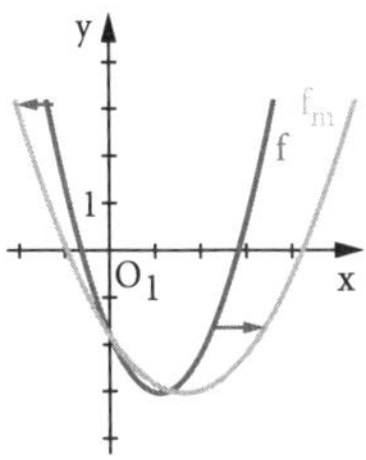

1.5 Funktionsklassen

Einteilung reeller Funktionen

Je nachdem, ob bei der Verknüpfung der Funktionsvariablen im Funktionsterm nur **rationale Rechenoperationen** (also die Grundrechenarten und ihre Umkehrungen) oder darüber hinaus noch weitere Rechenoperationen vorkommen, unterscheidet man **rationale** und **nichtrationale Funktionen**. Die rationalen Funktionen werden noch einmal unterteilt in ganzrationale und gebrochenrationale Funktionen.

Ganzrationale Funktionen

Funktionen mit einer Gleichung der Form
$f(x) = a_n x^n + a_{n-1} x^{n-1} + \ldots + a_1 x + a_0$
$(a_i \in \mathbb{R}, a_n \neq 0, n \in \mathbb{N}, D_f = \mathbb{R})$
nennt man **ganzrationale Funktionen n-ten Grades**.

Gebrochenrationale Funktionen

Eine Funktion f, die sich durch den Quotienten zweier ganzrationaler Funktionsterme beschreiben lässt, heißt **gebrochenrationale Funktion**. Sie hat die Form

$$f(x) = \frac{u(x)}{v(x)} = \frac{a_n x^n + a_{n-1} x^{n-1} + \ldots + a_1 x^1 + a_0}{b_k x^k + b_{k-1} x^{k-1} + \ldots + b_1 x^1 + b_0} .$$

Eine solche gebrochenrationale Funktion ist nur für reelle Zahlen definiert, für die $v(x) \neq 0$ gilt.

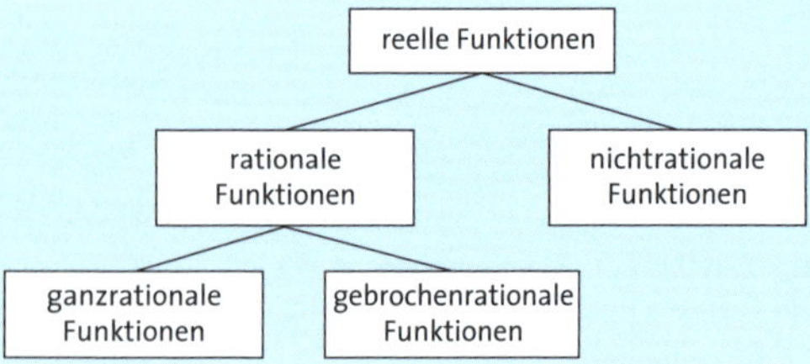

Lineare Funktionen

Definition

Funktionen mit einer Gleichung der Form $f(x) = m\,x + n$ $(x, m, n \in \mathbb{R})$ heißen **lineare Funktionen.**

In der Gleichung $f(x) = m\,x + n$ ist $m\,x$ das **lineare Glied** und n das **absolute Glied**.

Die Graphen linearer Funktionen sind **Geraden**. Diese werden durch zwei zur Funktion gehörende Zahlenpaare eindeutig bestimmt.

Für eine lineare Funktion mit der Gleichung $f(x) = mx + n$ gilt

$$\frac{f(x_1) - f(x_2)}{x_1 - x_2} = m = \tan\alpha \quad (x_1 \neq x_2)$$

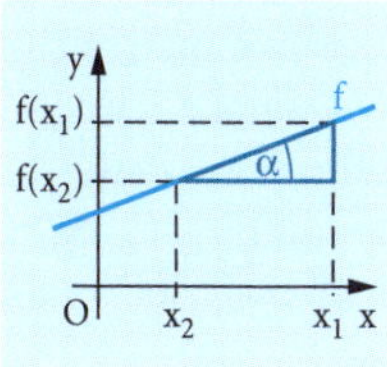

m heißt der **Anstieg**, α der **Steigungswinkel** der Geraden.

$m > 0$: steigende Gerade

$m < 0$: fallende Gerade

Lineare Funktionen mit einer Gleichung der Form $f(x) = mx$ beschreiben einen **proportionalen Zusammenhang**. Eine Vervielfachung des Arguments x bewirkt eine ebensolche Vervielfachung des Funktionswertes f(x).

Für $m = 0$ hat die Gleichung der linearen Funktion die Gestalt $f(x) = n$. Die Funktionswerte stimmen für alle $x \in \mathbb{R}$ überein. f ist in diesem Falle eine **konstante Funktion**. Ihr Graph ist eine Parallele zur x-Achse durch den Punkt P(0; n).

Nullstellen linearer Funktionen

Die Nullstelle einer linearen Funktion $y = f(x) = mx + n$ (mit $m \neq 0$) ist $x_0 = -\frac{n}{m}$.

Quadratische Funktionen

Definition

Funktionen mit einer Gleichung der Form $f(x) = ax^2 + bx + c$ ($x, a, b, c \in \mathbb{R}, a \neq 0$) heißen **quadratische Funktionen**.

In $f(x) = ax^2 + bx + c$ ist ax^2 das **quadratische Glied**, $b \cdot x$ das **lineare Glied** und c das **absolute Glied**. Die Graphen quadratischer Funktionen sind (quadratische) Parabeln. Ihre Symmetrieachsen verlaufen parallel zur y-Achse und schneiden den Graphen der Funktion im **Scheitelpunkt** (Scheitel) der Parabel.

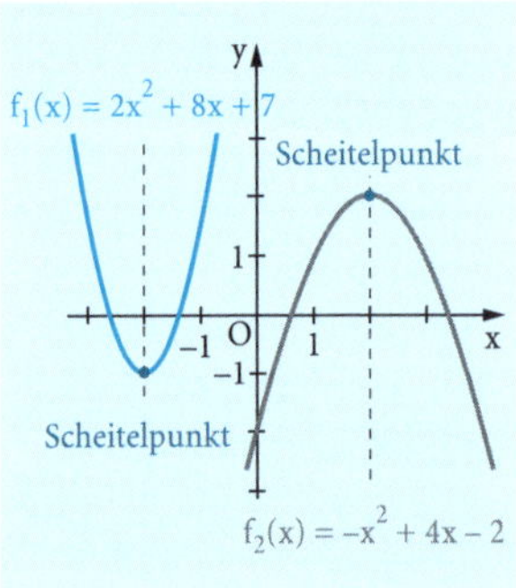

Normalform

Für $a = 1$ geht die Gleichung der quadratischen Funktion in die **Normalform** $f(x) = x^2 + bx + c$ über, meist geschrieben in der Form $f(x) = x^2 + px + q$.

Normalparabel

Aus $f(x) = x^2 + px + q$ erhält man mit $p = q = 0$ die einfachste quadratische Funktion $y = f(x) = x^2$ $D_f = \mathbb{R}$, $W_f = [0; \infty[$. Der Graph von $y = f(x) = x^2$ wird **Normalparabel** genannt.
Symmetrieachse: y-Achse
Scheitelpunkt: S(0; 0)
Spiegelung der Normalparabel an der x-Achse ergibt eine Parabel, die der Graph der Funktion $y = f_1(x) = -x^2$ ist.

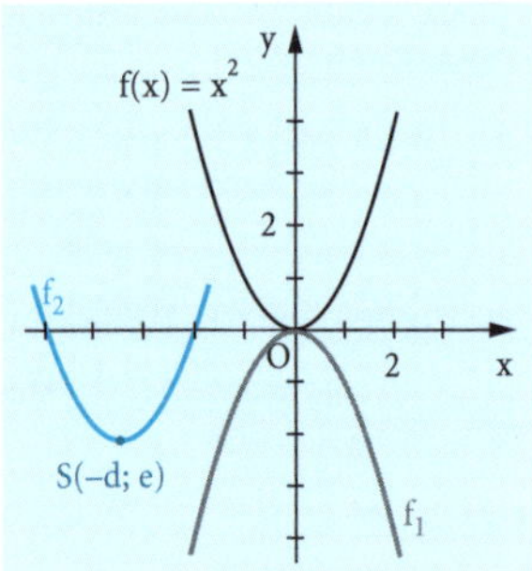

Verschiebt man die Normalparabel so, dass der Scheitelpunkt die Koordinaten (–d; e) hat, dann wird die zugehörige Funktion durch $y = f_2(x) = (x + d)^2 + e$ (**Scheitelform**) beschrieben.

Nullstellen von Funktionen

Der Scheitelpunkt der Parabel mit $f(x) = x^2 + px + q$ besitzt wegen $x^2 + px + q = (x + \frac{p}{2})^2 - (\frac{p}{2})^2 + q$ die Koordinaten $S(-\frac{p}{2}; -(\frac{p}{2})^2 + q)$.

Diskriminante

Der Term $(\frac{p}{2})^2 - q$ wird **Diskriminante** der quadratischen Funktion f genannt und mit D bezeichnet. Es gilt $S(-\frac{p}{2}; -D)$.

Diskriminante D	$D > 0$	$D = 0$	$D < 0$
Nullstellenanzahl	zwei Nullstellen	genau eine (doppelte) Nullstelle	keine Nullstelle
Graph	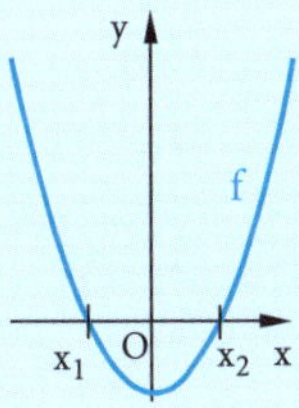	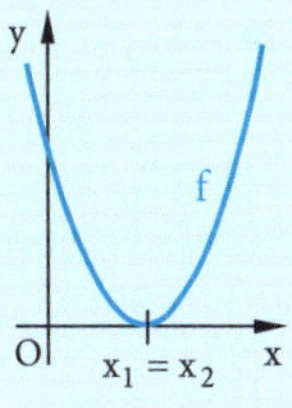	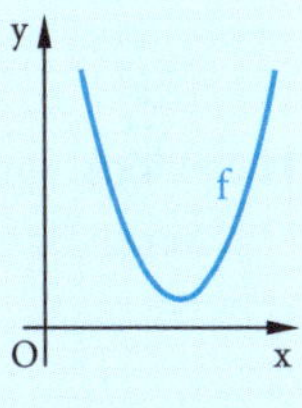

Nullstellenberechnung

Für die Nullstellen der Funktion f mit $f(x) = x^2 + px + q$ gilt:

$$x_{1,2} = -\frac{p}{2} \pm \sqrt{D} = -\frac{p}{2} \pm \sqrt{\frac{p^2}{4} - q} \quad (D \geq 0)$$

Beispiel:

$f_1(x) = x^2 - 8x + 16$; $D = (-4)^2 - 16 = 0$; eine Nullstelle: $x_1 = 4$

$f_2(x) = x^2 + x - 20$; $D = \left(\frac{1}{2}\right)^2 + 20 = 20{,}25 > 0$;

zwei Nullstellen $x_1 = 4$, $x_2 = -5$

Potenz- und Wurzelfunktionen

Potenzfunktion

Funktionen mit einer Gleichung der Form $f(x) = x^n$ ($n \in \mathbb{Z}\setminus\{0\}$) heißen **Potenzfunktionen**. n ist der **Grad** der Potenzfunktion.

Für n kann man folgende Fälle unterscheiden:		
	$n \in \mathbb{Z}; n \geq 1$	$n \in \mathbb{Z};\ n \leq -1$
D_f	$\mathbb{R}$	$\mathbb{R}\setminus\{0\}$
W_f	① n gerade: $W_f = [0; \infty[$ ② n ungerade: $W_f = \mathbb{R}$	① n gerade: $W_f = \mathbb{R}^+$ ② n ungerade: $W_f = \mathbb{R}\setminus\{0\}$
Nullst.	$x_0 = 0$	keine
gemeinsame Punkte	① (0; 0), (1; 1), (−1; 1) ② (0; 0), (1; 1), (−1; −1)	① (1; 1), (−1; 1) ② (1; 1), (−1; −1) Die Graphen dieser Funktionen heißen Hyperbeln.
Symmetrieverhalten	① symmetrisch zur y-Achse ② zentralsymmetrisch zu O(0; 0)	① symmetrisch zur y-Achse ② zentralsymmetrisch zu O(0; 0)

Wurzelfunktion

Funktionen mit einer Gleichung der Form $f(x) = \sqrt[n]{x^m}$ ($x \geq 0$; $m, n \in \mathbb{N}$; $m \geq 1, n \geq 2; n \neq m$) heißen **Wurzelfunktionen**.
$D_f = [0; \infty[$; $W_f = [0; \infty[$;
Nullstelle $x_0 = 0$; gemeinsame Punkte: (0; 0), (1; 1)

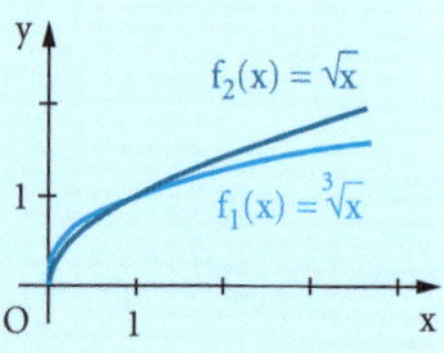

Von Wurzelfunktionen spricht man auch, wenn zum Funktionsterm einer Wurzelfunktion eine Zahl addiert, dieser mit einer Zahl $a \neq 0$ multipliziert oder die Variable x durch andere Terme ersetzt wird.

Gebrochenrationale Funktionen

Bei einer gebrochenrationalen Funktion f mit

$f(x) = \frac{u(x)}{v(x)} = \frac{a_n x^n + a_{n-1} x^{n-1} + \ldots + a_1 x^1 + a_0}{b_k x^k + b_{k-1} x^{k-1} + \ldots + b_1 x^1 + b_0}$ bezeichnet man u

als **Zählerfunktion** und v als **Nennerfunktion**.

Nullstellenbestimmung

Nullstellen einer gebrochenrationalen Funktion $f(x) = \frac{u(x)}{v(x)}$ sind alle Nullstellen der Zählerfunktion u, die nicht auch Nullstellen der Nennerfunktion v sind.
Für eine Nullstelle x_0 von f muss also gelten: $u(x_0) = 0$, $v(x_0) \neq 0$

Beispiel: Die Zählerfunktion $u(x) = x - 1$ der Funktion

$f(x) = \frac{x-1}{x^2 - 2x - 3}$ besitzt die Nullstelle $x_1 = 1$,

die Nennerfunktion $v(x) = x^2 - 2x - 3$ hat die Nullstellen $x_2 = -1$ und $x_2 = 3$. Da $v(1) \neq 0$, ist $x_1 = 1$ auch Nullstelle von f.

Definitionslücken

Hat die Nennerfunktion v der Funktion $f(x) = \frac{u(x)}{v(x)}$ an der Stelle $x = x_0$ eine Nullstelle, ist f hier also nicht definiert, so bezeichnet man eine solche Stelle als **Definitionslücke** von f.

Dabei werden zwei Fälle unterschieden:

(1) Gilt $v(x_0) = 0$ und $u(x_0) \neq 0$, so heißt x_0 Polstelle (oder Pol) der Funktion f.

(2) Gilt sowohl $v(x_0) = 0$ als auch $u(x_0) = 0$, so kann man die Gleichung von f in der Form $f(x) = \frac{u(x)}{v(x)} = \frac{(x - x_0) \cdot u_1}{(x - x_0) \cdot v_1}$ schreiben. Durch Kürzen des Linearfaktors erhält man eine neue Funktion g mit $g(x) = \frac{u_1(x)}{v_1(x)}$, die nunmehr bei x_0 (sofern x_0 eine ein-Sfache Nullstelle von v ist) definiert ist. Man sagt auch: Die Stelle $x = x_0$ ist eine hebbare Definitionslücke der Funktion f.

Winkelfunktionen

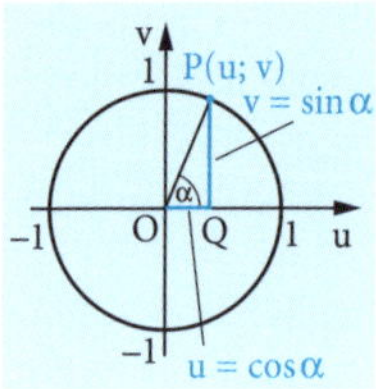

Die Ordinate v des zum Winkel α gehörenden Punktes P(u; v) auf dem Einheitskreis heißt **Sinus** des Winkels α:

$\sin\alpha = \frac{|\overline{PQ}|}{|\overline{OP}|} = \frac{v}{1} = v.$

Die Abszisse u des zum Winkel α gehörenden Punktes P auf dem Einheitskreis heißt **Kosinus** des Winkels α:

$\cos\alpha = \frac{|\overline{OQ}|}{|\overline{OP}|} = \frac{u}{1} = u \; (\alpha \in W).$

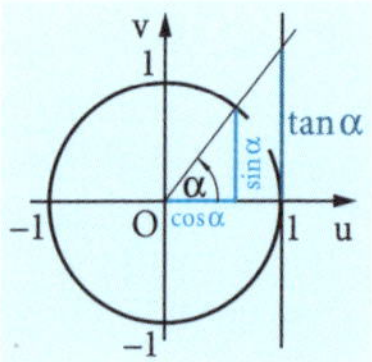

Für beliebige Winkel x, $x \in \mathbb{R}$ mit $x \neq \pi/2 + k\pi \; (k \in \mathbb{Z})$ gilt:
Der Quotient aus dem Sinus und dem Kosinus eines Winkels x heißt **Tangens** des Winkels x.

Sinus-, Kosinus- und Tangensfunktion

Die eindeutige Zuordnung $x \to \sin x$ (x in Bogenmaß, $x \in \mathbb{R}$) nennt man **Sinusfunktion**, die eindeutige Zuordnung $x \to \cos x$ entsprechend **Kosinusfunktion,** die eindeutige Zuordnung $x \to \tan x$ nennt man Tangensfunktion.

Ausgehend von den Definitionen der Winkelfunktionen lassen sich deren **Graphen** erzeugen.

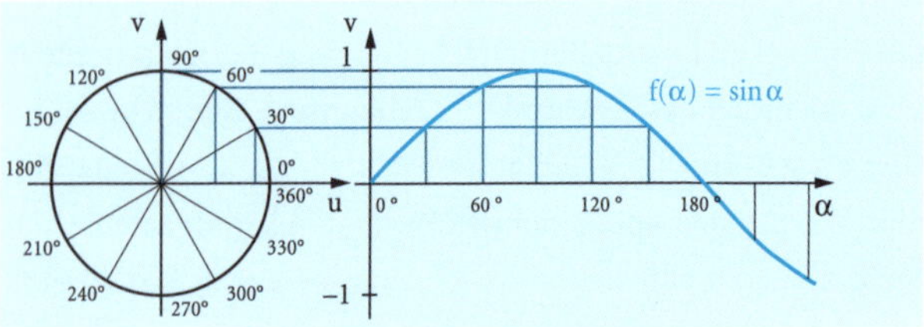

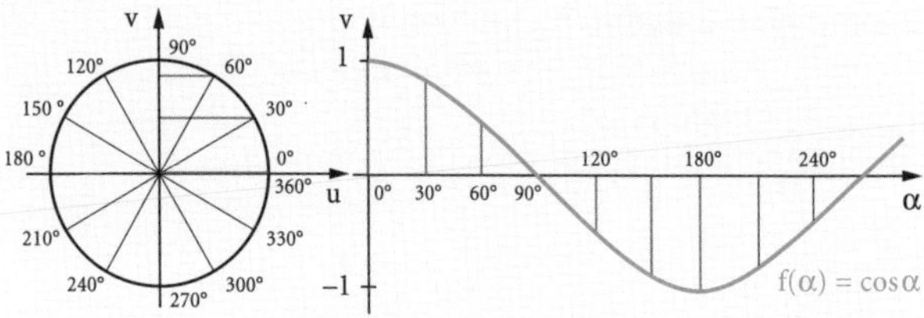

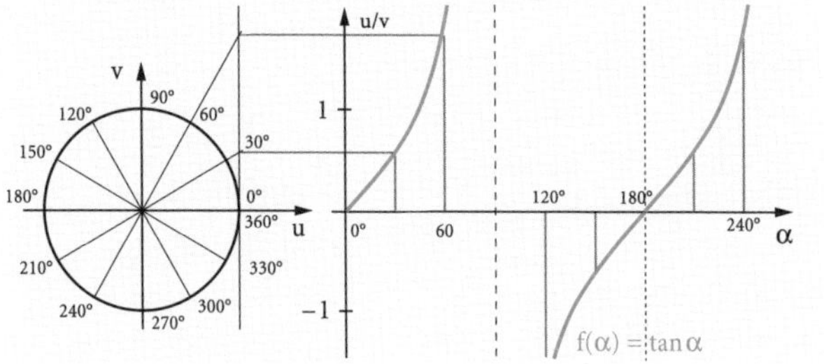

Bogenmaß eines Winkels

Das **Bogenmaß** eines Winkels α ist das Verhältnis aus der zu diesem Winkel gehörenden Kreisbogenlänge b und der Länge r des Radius des Kreises, also eine reelle Zahl.
Es wird mit arc α (lies: arkus alpha) oder $\overset{\frown}{\alpha}$ bezeichnet.

$$\text{arc}\,\alpha = \frac{b}{r} = \frac{\pi \cdot r \cdot \alpha}{180° \cdot r} = \frac{\pi}{180°} \cdot \alpha \quad \text{bzw.} \quad \alpha = \frac{\text{arc}\,\alpha \cdot 180°}{\pi}$$

Am Einheitskreis gilt wegen r = 1 LE: $\overset{\frown}{\alpha} = \text{arc}\,\alpha = b$.
Einheit des Bogenmaßes: *1 Radiant (1 rad)* (kurz: rad)
1 rad ist die Größe des Winkels α, für den am Einheitskreis arc α = 1 gilt. Wegen $\alpha = 1 \cdot \frac{180°}{\pi} \approx 57{,}29578°$ hat der Winkel 57,29578° im Gradmaß also das Bogenmaß 1 rad.
Auf die Angabe der Einheit rad wird häufig verzichtet.
Beispiel: Bogenmaße von Winkeln:

α	0°	30°	45°	60°	90°	120°	150°	180°	270°	360°
arc α	0	$\frac{\pi}{6}$	$\frac{\pi}{4}$	$\frac{\pi}{3}$	$\frac{\pi}{2}$	$\frac{2\pi}{3}$	$\frac{5\pi}{6}$	π	$\frac{3\pi}{2}$	2π

Eigenschaften der Winkelfunktionen			
	$f(x) = \sin x$	$f(x) = \cos x$	$f(x) = \tan x$
D_f	$-\infty < x < \infty$	$-\infty < x < \infty$	$-\infty < x < \infty$, $x \neq (2k+1)\frac{\pi}{2}$
W_f	$-1 \leq y \leq 1$	$-1 \leq y \leq 1$	$-\infty < x < \infty$
Periode	2π	2π	π
Nullstellen	$0 + k\pi \ (k \in \mathbb{Z})$	$\frac{\pi}{2} + k\pi \ (k \in \mathbb{Z})$	$0 + k\pi \ (k \in \mathbb{Z})$
Symmetrie	ungerade Fkt.	gerade Funktion	ungerade Fkt.
f(x) = 1 für f(x) = –1 für	$x = \frac{\pi}{2} + 2k\pi$ $x = \frac{3\pi}{2} + 2k\pi$	$x = 0 + 2k\pi$ $x = \pi + 2k\pi$	$x = \frac{\pi}{4} + k\pi$ $x = \frac{3\pi}{4} + k\pi$

Zusammenhänge zwischen Winkelfunktionen

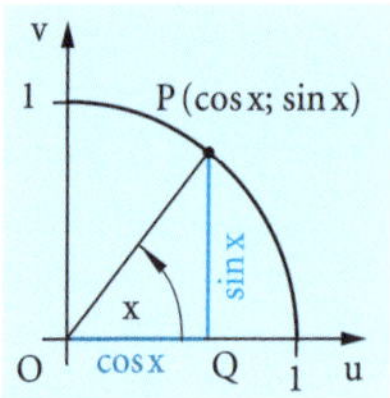

Für alle Winkel x gilt:
$\sin^2 x + \cos^2 x = 1$
(„trigonometrischer Pythagoras")
Komplementwinkelbeziehung:
$\sin x = \cos\left(\frac{\pi}{2} - x\right)$; $\cos x = \sin\left(\frac{\pi}{2} - x\right)$

Quadrantenbeziehungen

Zwischen den Werten einer Winkelfunktion für Argumente aus dem I. und aus dem II. bis IV. Quadranten bestehen folgende Beziehungen:

$\sin(\pi - x) = \sin x$ $\quad \sin(\pi + x) = -\sin x$ $\quad \sin(2\pi - x) = -\sin x$

$\cos(\pi - x) = -\cos x$ $\quad \cos(\pi + x) = -\cos x$ $\quad \cos(2\pi - x) = \cos x$

$\tan(\pi - x) = -\tan x$ $\quad \tan(\pi + a) = \tan x$ $\quad \tan(2\pi - x) = -\tan x$

Allgemeine Sinusfunktion

Die Graphen der allgemeinen Sinusfunktion
$f(x) = a \sin(bx + c) + d$ gehen aus dem von $f(x) = \sin x$ durch Verschiebung, Streckung/Stauchung oder Spiegelung hervor.

Der Faktor a in $g_a(x) = a \sin x$ bewirkt eine Streckung ($a > 1$) oder Stauchung ($0 < a < 1$) des Graphen von $f(x) = \sin x$ in y-Richtung bzw. eine Spiegelung ($a < 0$) an der x-Achse. Der maximale Ordinatenwert a wird auch **Amplitude** der Sinusfunktion $g_a(x)$ genannt.

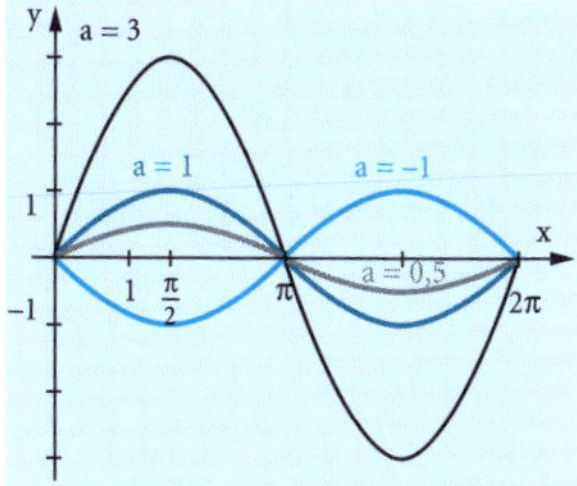

Der Faktor b in $g_b(x) = \sin bx$ bewirkt eine Streckung ($0<b<1$) oder Stauchung ($b > 1$) des Graphen von $f(x) = \sin x$ in x-Richtung sowie für $b < 0$ zusätzlich eine Spiegelung an der x-Achse.
Nullstellen von g_b: $x_k = \frac{k \cdot \pi}{b}$

Periodenlänge: $\frac{2\pi}{|b|}$

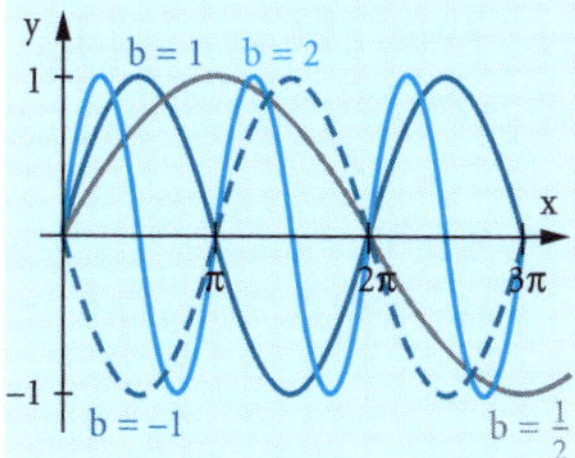

Der Summand c in $g_c(x) = \sin(x + c)$ bewirkt eine Verschiebung („Phasenverschiebung") des Graphen von $f(x) = \sin x$ in x-Richtung nach links für $c > 0$ bzw. nach rechts für $c < 0$.
Nullstellen von g_c: $x_k = k\pi - c$
Periodenlänge: 2π

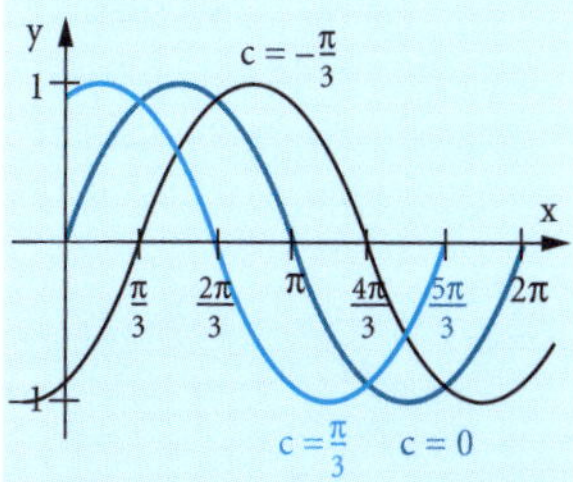

Bei Graphen von Funktionen $\mathbf{f(x) = a \sin(bx + c)}$ verknüpfen sich die o. g. Streckungen/Stauchungen in x- und y-Richtung sowie die Verschiebung.
Nullstellen: $x_k = \frac{k \cdot \pi - c}{b}$, Periodenlänge: $\frac{2\pi}{|b|}$.

Der Summand d in $g_d(x) = \sin x + d$ bewirkt eine Verschiebung des Graphen von $f(x) = \sin x$ in Richtung der positiven (für $d > 0$) bzw. der negativen (für $d < 0$) y-Achse. Entsprechendes gilt für die Graphen von $f(x) = a \sin(bx + c) + d$ und $f(x) = a \sin bx + d$.

Arkusfunktionen

Über ihre gesamten (maximalen) Definitionsbereiche betrachtet, beschreiben trigonometrische Funktionen keine eineindeutigen Abbildungen. Sie sind nur über bestimmten Abschnitten dieser Bereiche umkehrbar – allein dort besitzen sie Umkehrfunktionen.

Definition

Funktionen mit einer Gleichung der Form

$y = f_1(x) = \arcsin x$ sowie $D_{f_1} = [-1; 1]$; $W_{f_1} = [-\frac{\pi}{2}; \frac{\pi}{2}]$;
$y = f_2(x) = \arccos x$ sowie $D_{f_2} = [-1; 1]$; $W_{f_2} = [0; \pi]$;
$y = f_3(x) = \arctan x$ sowie $D_{f_3} = \mathbb{R}$; $W_{f_3} =]-\frac{\pi}{2}; \frac{\pi}{2}[$

heißen **Arkusfunktionen** oder **zyklometrische Funktionen**.

Die Arkussinus-, Arkuskosinus- bzw. Arkustangensfunktion ist jeweils die Umkehrfunktion der Sinus-, Kosinus- bzw. Tangenfunktion im angegebenen Definitionsbereich.

Arkusfunktionen ordnen jeweils einem Winkelfunktionswert x eindeutig den zugehörigen Winkel y (im Bogenmaß) zu.

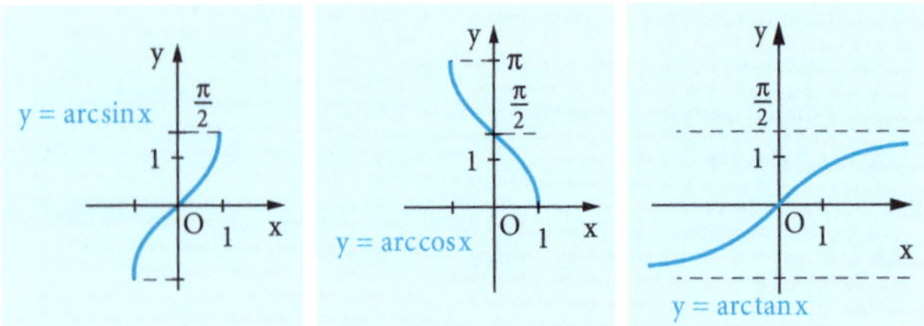

Beispiel: $y_1 = \arcsin 0{,}5$ ist derjenige Winkel (aus dem Definitionsbereich der Arkussinusfunktion), der den Sinuswert 0,5 besitzt. Also: $y_1 = \frac{\pi}{6}$.

$y_2 = \arctan(-1)$ ist derjenige Winkel (aus dem Definitionsbereich der Arkustangensfunktion), der den Tangenswert –1 besitzt: $y_2 = -\frac{\pi}{4}$.

Exponentialfunktionen

Definition

Funktionen mit einer Gleichung der Form $f(x) = a^x$ ($a \in \mathbb{R}, a > 0, a \neq 1$) heißen **Exponentialfunktionen**. Ihr Definitionsbereich ist die Menge $\mathbb{R}$ der reellen Zahlen, ihr Wertebereich die Menge $\mathbb{R}^+$ der positiven reellen Zahlen.

Eigenschaften: Wegen $f(x) > 0$ für alle $x \in D_f$ besitzen Exponentialfunktionen **keine Nullstellen**. Jede Exponentialfunktion ist **eineindeutig**, d. h., für $x_1 \neq x_2$ gilt stets auch $f(x_1) \neq f(x_2)$. Die **Umkehrfunktion** von $f(x) = a^x$ ist die **Logarithmusfunktion** $g(x) = \log_a x$.

$a > 1$: f ist streng monoton wachsend,

$0 < a < 1$: f ist streng monoton fallend.

Die **Graphen** aller Exponentialfunktionen verlaufen wegen $a^0 = 1$ (für $a \neq 0$) durch den Punkt (0; 1) und haben die x-Achse zur Asymptote. Die Graphen von $f(x) = a^x$ und $h(x) = (\frac{1}{a})^x$ sind bez. der y-Achse symmetrisch zueinander.

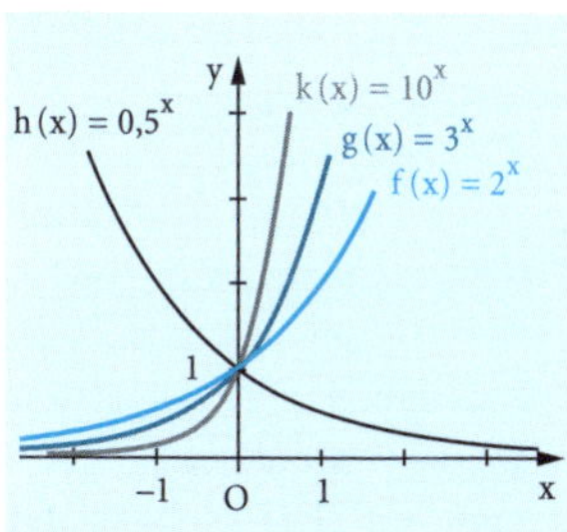

Exponentialfunktionen mit $f(x) = c \cdot a^x$ haben den Schnittpunkt (0; c) mit der y-Achse und besitzen ansonsten dieselben Eigenschaften wie die Funktionen $f(x) = a^x$.

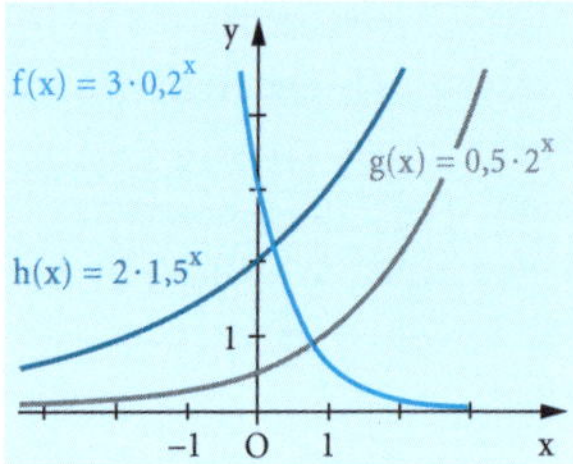

Von besonderer Bedeutung in Natur, Wissenschaft und Technik ist die Exponentialfunktion mit der eulerschen Zahl **e = 2,7182818284…** als Basis. Man schreibt dafür auch $\exp(x) = e^x$ (**eulersche e-Funktion**).

Logarithmusfunktionen

Definition

Funktionen mit einer Gleichung der Form $f(x) = \log_a x$ ($a \in \mathbb{R}$, $a > 0$, $a \neq 1$) heißen **Logarithmusfunktionen**. Ihr Definitionsbereich ist die Menge $\mathbb{R}^+$ der positiven reellen Zahlen, ihr Wertebereich die Menge $\mathbb{R}$ der reellen Zahlen.

Eigenschaften: Wegen $\log_a 1 = 0$ besitzen alle Logarithmusfunktionen **genau eine Nullstelle $x_0 = 1$**; ihre Graphen verlaufen durch den Punkt (1; 0). Jede Logarithmusfunktion ist eineindeutig, d.h., für $x_1 \neq x_2$ gilt stets auch $f(x_1) \neq f(x_2)$. Die Umkehrfunktion von $f(x) = \log_a x$ ist die Exponentialfunktion $g(x) = a^x$. Die zugehörigen Graphen liegen folglich spiegelbildlich zur Geraden $y = x$.

$a > 1$: f streng mon. wachsend
$0 < a < 1$: f streng mon. fallend
Die Graphen aller Logarithmusfunktionen haben die y-Achse zur **Asymptote**. Die Graphen von $f(x) = \log_a x$ und $k(x) = \log_{\frac{1}{a}} x$ sind bezüglich der x-Achse symmetrisch zueinander.

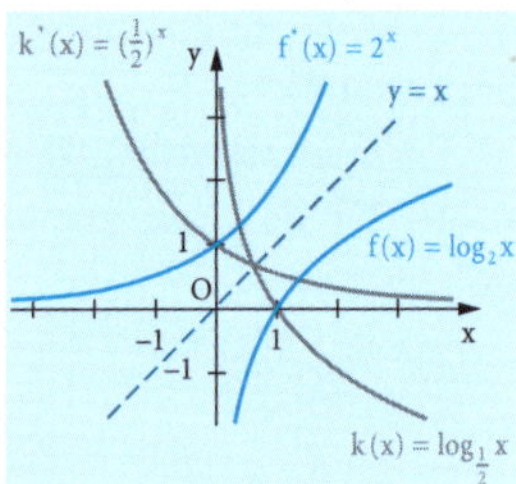

Von praktischer Bedeutung sind insbesondere die Logarithmusfunktionen mit den Basen e und 10:

$f(x) = \log_e x = \ln x$ **natürliche Logarithmusfunktion**

$f(x) = \log_{10} x = \lg x$ **dekadische Logarithmusfunktion**

Logarithmengesetze

Sind a, x und y positive reelle Zahlen mit $a \neq 1$, so gilt:

a) $\log_a(a^x) = x$

b) $a^{\log_a y} = y$

c) $\log_a(x \cdot y) = \log_a x + \log_a y$

d) $\log_a(\frac{x}{y}) = \log_a x - \log_a y$

e) $\log_a x^k = k \cdot \log_a x \quad (k \in \mathbb{R})$

f) $\log_a x = \frac{\lg x}{\lg a} = \frac{\ln x}{\ln a}$

Weitere spezielle reelle Funktionen

Betragsfunktion

Die Funktion f, die jedem $x \in \mathbb{R}$ den Betrag von x zuordnet, heißt **Betragsfunktion.**

$f(x) = |x|$, $D_f = \mathbb{R}$; $W_f = \mathbb{R}^+ \cup \{0\}$

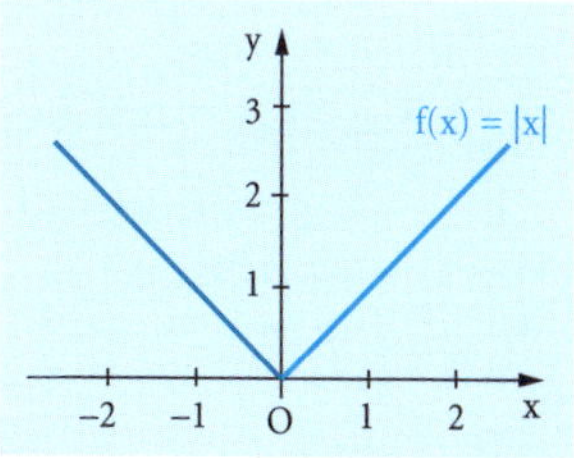

Mithilfe der Definition des absoluten Betrags einer reellen Zahl x kann man auch schreiben:

$$f(x) = \begin{cases} x & \text{für } x \geq 0 \\ -x & \text{für } x < 0 \end{cases}$$

Allgemein bezeichnet man jede Funktion als Betragsfunktion, in deren Funktionsgleichung die unabhängige Variable innerhalb von Betragsstrichen steht.

Beispiel: Die Betragsfunktionen $f_1(x) = |x + 3|$ und $f_2(x) = |x - 2|$ sind über ganz $\mathbb{R}$ definiert; Wertebereich: $\mathbb{R}^+ \cup \{0\}$. Auflösen der Betragszeichen führt zu

$$f_1(x) = \begin{cases} x+3 & \text{für } x \geq -3; \\ -x-3 & \text{für } x < -3 \end{cases}$$

$$f_2(x) = \begin{cases} x-2 & \text{für } x \geq 2; \\ -x+2 & \text{für } x < 2. \end{cases}$$

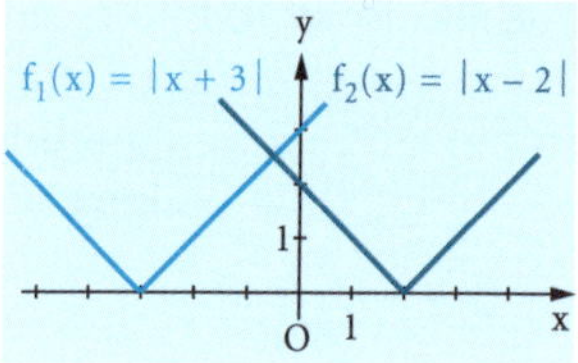

Aufgrund der „Wirkungsweise" des Betrages (es werden stets nichtnegative Zahlen erzeugt) erhält man bei den betrachteten Betragsfunktionen die zugehörigen Graphen aus den entsprechenden Graphen der linearen Funktionen $f_1^*(x) = x + 3$ bzw. $f_2^*(x) = x - 2$, indem man jeweils den unterhalb der x-Achse liegenden Teil der Geraden an der x-Achse spiegelt.

Vorzeichenfunktion (Signumfunktion)

$$f(x) = \operatorname{sgn} x = \begin{cases} 1 & \text{für } x > 0 \\ 0 & \text{für } x = 0, \quad D_f = \mathbb{R};\ W_f = \{-1; 0; 1\} \\ -1 & \text{für } x < 0. \end{cases}$$

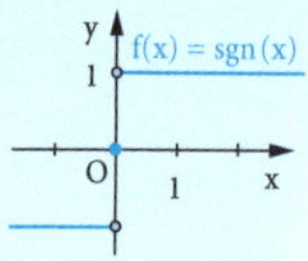

Diese Funktion ordnet gewissermaßen jeder reellen Zahl ihr Vorzeichen zu.

Ganzteilfunktion

Die Funktion, die jeder reellen Zahl x die größte ganze Zahl $k \in \mathbb{Z}$ zuordnet, die kleiner oder gleich x ist, bezeichnet man als **Ganzteilfunktion** $f(x) = [x]$ (auch **gaußsche Klammerfunktion** oder **Integerfunktion** genannt).

$$f(x) = \mathrm{INT}(x) = [x] = \begin{cases} x, \text{ falls x ganzzahlig ist;} \\ \text{die zu x nächstkleinere ganze Zahl, falls x nicht ganzzahlig ist.} \end{cases}$$

$D_f = \mathbb{R};\ W_f = \mathbb{Z}$

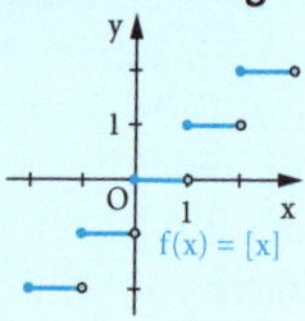

Aufgrund der Ähnlichkeit des Graphen mit einer Treppe spricht man gelegentlich auch von einer **Treppenfunktion**.

1.6 Zahlenfolgen

1

Grundbegriffe

Reelle Zahlenfolge

Eine Funktion, deren Definitionsbereich die Menge $\mathbb{N}$ der natürlichen Zahlen (oder eine Teilmenge der natürlichen Zahlen) ist und die eine Teilmenge der reellen Zahlen als Wertebereich besitzt, heißt **relle Zahlenfolge**.

Beispiel: Die ganze Zahl 4 wird fortlaufend halbiert und der sich nach n Halbierungen jeweils ergebende Wert H(n) notiert.

n	1	2	3	4	5	6	7	…
H(n)	2	1	$\frac{1}{2}$	$\frac{1}{4}$	$\frac{1}{8}$	$\frac{1}{16}$	$\frac{1}{32}$	…

Als Funktion lässt sich eine Zahlenfolge als Menge geordneter Zahlenpaare beschreiben, hier also als $\{(1; 2), (2; 1), (3; \frac{1}{2}), (4; \frac{1}{4}), \ldots\}$ Da die erste Komponente der Zahlenpaare jeweils eine natürliche Zahl ist, gibt man als Beschreibung in der Regel nur die zweite Komponente an: $2; 1; \frac{1}{2}; \frac{1}{4}; \ldots$

Kurzschreibweise für Zahlenfolgen

$(a_n) = a_1; a_2; \ldots; a_i; \ldots$ Dabei bedeutet
n die Platznummer (den Index), a_i das i-te Glied der Zahlenfolge.

Zur Charakterisierung der Eigenschaften von Zahlenfolgen lassen sich dieselben Begriffe wie allgemein für Funktionen verwenden, z. B. Monotonie, Beschränktheit. Der Graph einer Zahlenfolge besteht nur aus isolierten Punkten.

Explizite Bildungsvorschrift

Angabe des allgemeinen Glieds a_n der Zahlenfolge, mithilfe dessen sich aus dem Index n jedes Glied ermitteln lässt.

Rekursive Bildungsvorschrift

Angabe des (der) Anfangsglieds(glieder) der Folge sowie einer Vorschrift, wie man ein beliebiges Glied a_{k+1} aus seinem Vorgänger a_k $(k > 1)$ erhält.

Beispiel:

- Das allgemeine Glied $a_n = \frac{n-1}{n+1}$ ist eine explizite Bildungsvorschrift für die Zahlenfolge $(a_n) = (\frac{n-1}{n+1}) = 0; \frac{1}{3}; \frac{2}{4}; \frac{3}{5}; \ldots$
- $a_1 = 3$, $a_{k+1} = 2a_k + 1$ ist eine rekursive Bildungsvorschrift für die Folge $(a_n) = 3; 7; 15; 31; \ldots$
- $a_1 = 1$; $a_2 = 1$; $a_k = a_{k-1} + a_{k-2}$ ist eine rekursive Bildungsvorschrift der Fibonacci-Folge 1; 1; 2; 3; 5; 8; 13; 21; 34; . …

Partialsummen

Für eine Zahlenfolge $(a_n) = a_1; a_2; a_3; \ldots$ bezeichnet man $s_1 = a_1; s_2 = a_1 + a_2, \ldots; s_n = a_1 + a_2 + \ldots + a_n$ als **erste, zweite, …, n-te Partialsumme** von (a_n). Die Folge $(s_n) = s_1; s_2; s_3; \ldots$ wird **Partialsummenfolge** von (a_n) genannt.

Arithmetische Zahlenfolgen

Definition

Eine Zahlenfolge (a_n) heißt **arithmetische Zahlenfolge**, wenn für jede natürliche Zahl $n \geq 1$ die Differenz zweier aufeinanderfolgender Glieder stets dieselbe reelle Zahl d ergibt:

$a_{n+1} - a_n = d$ für alle $n \in \mathbb{N}$

Explizite Bildungsvorschrift einer arithmetischen Zahlenfolge:

$a_n = a_1 + (n-1) \cdot d \quad (n \in \mathbb{N}, n \geq 1, d \in \mathbb{R})$

Eine arithmetische Zahlenfolge mit

- $d > 0$ ist eine streng monoton wachsende Folge,
- $d < 0$ ist eine streng monoton fallende Folge,
- $d = 0$ ergibt die konstante Folge $a_1; a_1; a_1; \ldots$

Partialsumme einer arithmetischen Zahlenfolge

Ist $(a_n) = a_1; a_2; a_3; \ldots$ eine arithmetische Zahlenfolge mit der Differenz d, so gilt für deren n-te Partialsumme

$$s_n = \sum_{k=1}^{n} (a_1 + (k-1) \cdot d) = n\,a_1 + \frac{n(n-1) \cdot d}{2}.$$

Geometrische Zahlenfolgen

Definition

Eine Zahlenfolge (a_n) mit $a_n \neq 0$ heißt **geometrische Zahlenfolge**, wenn für jede natürliche Zahl $n \geq 1$ der Quotient zweier aufeinanderfolgender Glieder stets gleich derselben reellen Zahl $q \neq 0$ ist:

$$\frac{a_{n+1}}{a_n} = q \quad (n \in \mathbb{N}^*, a_n \neq 0, q \neq 0)$$

Explizite Bildungsvorschrift einer arithmetischen Zahlenfolge:
$a_n = a_1 \cdot q^{n-1}$ $(n \in \mathbb{N}, n \geq 1, q \in \mathbb{R}, q \neq 0)$

Jede geometrische Zahlenfolge (a_n) ist genau dann

- streng monoton wachsend, wenn $a_1 > 0$ und $q > 1$ oder $a_1 < 0$ und $0 < q < 1$;
- streng monoton fallend, wenn $a_1 > 0$ und $0 < q < 1$ oder $a_1 < 0$ und $q > 1$;
- alternierend (d.h. das Vorzeichen von Glied zu Glied wechselnd), wenn $q < 0$.

Partialsumme einer geometrischen Zahlenfolge

Ist $(a_n) = a_1; a_2; a_3; a_4; \ldots$ eine geometrische Zahlenfolge mit dem Quotienten q, so gilt für deren n-te Partialsumme

$$s_n = \sum_{k=1}^{n} a_1 q^{k-1} = a_1 \cdot \frac{q^n - 1}{q - 1} \qquad (q \neq 1).$$

2 Gleichungen und Gleichungssysteme

Wichtige Definitionen

Term und Gleichungen

Als **Term** bezeichnet man eine sinnvolle mathematische Zeichenreihe, die kein Relationszeichen enthält.	Terme sind z.B.: T_1: $14 - 3$ T_2: $2a + b$ T_3: $\vec{a} \times \vec{b}$ T_4: $144 : 7{,}2$
Terme **ohne Variablen** besitzen einen **Termwert**. Wird in Terme **mit (freien) Variablen** für die Variablen ein Element aus dem jeweiligen **Grundbereich** eingesetzt, so nimmt der Term einen **Wert** an.	T_1 hat den Wert 11, T_4 den Wert 20. T_2 nimmt für $a = 3$ und $b = 5$ den Wert 11 an. T_3 hat für die orthogonalen Einheitsvektoren $\vec{a} = \vec{e}_1$ und $\vec{b} = \vec{e}_2$ den Wert $\vec{e}_3$.
Eine **Gleichung** ist ein mathematischer Ausdruck, in dem zwei Terme durch das Zeichen „=“ verbunden sind. Steht zwischen zwei Termen eines der Zeichen „<“, „>“, „≤", „≥" oder „≠“, so handelt es sich um eine **Ungleichung**.	$3 + 5 = 8$ $3x + 4 = 9$ $\vec{e}_1 \times \vec{e}_2 = \vec{e}_3$ $x^2 - 16 = 0$ $5 < 2$ $2x + 4 > 7$ $x^2 \leq x$ $x^y \neq y^x$
Gleichungen oder Ungleichungen ohne Variablen sind **wahre oder falsche Aussagen**.	$3 + 5 = 8$ ist eine wahre (Gleichheits-)Aussage. $5 < 2$ ist eine falsche (Ungleichheits-)Aussage.
Gleichungen oder Ungleichungen mit (freien) Variablen werden zu Aussagen, wenn man für **alle** Variablen Elemente aus dem jeweiligen Grundbereich einsetzt.	Aus $a^2 + b^2 = c^2$ wird für $a = 1, b = 2$ und $c = 4$ die falsche Aussage $1 + 4 = 16$, für $a = 3, b = 4$ und $c = 5$ die wahre Aussage $9 + 16 = 25$.

Eine Gleichung oder Ungleichung mit Variablen zu **lösen** bedeutet, alle Elemente aus dem Grundbereich zu ermitteln, durch deren Einsetzen die Gleichung oder Ungleichung zu einer **wahren Aussage** wird. Die Elemente, welche die Gleichung bzw. Ungleichung über dem Grundbereich **erfüllen**, bilden deren **Lösungsmenge**.

Die Lösungsmenge der Gleichung $x^2 - 16 = 0$ besteht aus den Elementen $x_1 = 4$ und $x_2 = -4$, da 4 und –4 diese Gleichung erfüllen: $4^2 - 16 = 0$ und $(-4)^2 - 16 = 0$ sind wahre Aussagen.
Die Lösungsmenge von $x^2 \le x$ ist für den Grundbereich $G = \mathbb{N}$ die Menge $\{0; 1\}$, für $G = \mathbb{R}$ die Menge aller x mit $x \in [0; 1]$.

Gleichungssysteme

Werden mehrere Gleichungen konjunktiv (durch „und") miteinander verbunden, so erhält man ein **Gleichungssystem**. Ein Gleichungssystem zu lösen bedeutet, alle diejenigen Elemente aus dem jeweiligen Grundbereich zu ermitteln, durch deren Einsetzen **alle** Gleichungen des Systems **gleichzeitig** zu **wahren Aussagen** werden.

Die Gleichungen
(I) $2x_1 + 3x_2 = 9$ und
(II) $5x_1 - 4x_2 = 11$
bilden ein Gleichungssystem mit der Lösung $(x_1; x_2) = (3; 1)$.
Die Gleichungen
(I) $x_1^2 + x_2^2 = 16$ und
(II) $-x_1 + x_2 = 10$
bilden ein Gleichungssystem, dessen Lösungsmenge leer ist.

Zwei lineare Gleichungssysteme sind genau dann **äquivalent**, wenn sie die gleiche Lösungsmenge besitzen.
Ein lineares Gleichungssystem hat entweder **keine** Lösung, **genau eine** Lösung oder **unendlich viele** Lösungen.

Die Gleichungen
(I) $x_1 + x_2 - 3x_3 = 1$ und
(II) $x_1 + 2x_2 - 5x_3 = -1$
bilden ein Gleichungssystem mit unendlich vielen Lösungen.

2.1 Lineare und quadratische Gleichungen

Lineare Gleichungen

Eine Gleichung der Form $a_1x + a_0 = 0$ mit $a_1, a_0 \in \mathbb{R}, a_1 \neq 0$ heißt **lineare Gleichung** oder Gleichung ersten Grades.

Die Gleichung $a_1x + a_0 = 0$ ist eindeutig lösbar. Die Lösung ist $x = -\frac{a_0}{a_1}$.

Quadratische Gleichungen

Eine Gleichung der Form $a_2x^2 + a_1x + a_0 = 0$ mit $a_2, a_1, a_0 \in \mathbb{R}$ und $a_2 \neq 0$ heißt **quadratische Gleichung** oder Gleichung zweiten Grades.

Dividiert man die **allgemeine Form** $a_2x^2 + a_1x + a_0 = 0$ einer quadratischen Gleichung durch a_2 $(a_2 \neq 0)$ und führt zur Verkürzung der Schreibweise die Koeffizienten $p = \frac{a_1}{a_2}$ und $q = \frac{a_0}{a_2}$ ein, so erhält man die **Normalform einer quadratischen Gleichung:** $x^2 + px + q = 0$ $(p, q \in \mathbb{R})$.

Mögliche Lösungsverfahren einer in Normalform gegebenen quadratischen Gleichung hängen von den Koeffizienten p und q ab:

Koeffizienten	Gleichung	Lösung
$p = 0, q \neq 0$	$x^2 + q = 0$	$x_1 = +\sqrt{-q}$, $x_2 = -\sqrt{-q}$, $q < 0$
$p \neq 0, q = 0$	$x^2 + px = 0$ bzw. $x(x + p) = 0$	$x_1 = 0, x_2 = -p$
p, q beliebig	$x^2 + px + q = 0$	$x_{1/2} = -\frac{p}{2} \pm \sqrt{\left(\frac{p}{2}\right)^2 - q}$, $\left(\frac{p}{2}\right)^2 - q \geq 0$

Wurzelsatz von Vieta

x_1 und x_2 sind genau dann Lösungen der Gleichung $x^2 + px + q = 0$, wenn $x_1 + x_2 = -p$ und $x_1 \cdot x_2 = q$.

Biquadratische Gleichungen

Eine Gleichung 4. Grades der Form $a_4x^4 + a_2x^2 + a_0 = 0$, $a_4 \neq 0$, heißt **biquadratische Gleichung**.

Biquadratische Gleichungen lassen sich durch die Substitution $x^2 = t$ in eine quadratische Gleichung überführen und dann lösen.

Beispiel: Wird in $x^4 - 3x^2 - 4 = 0$ der Term x^2 durch t ersetzt, so erhält man $t^2 - 3t - 4 = 0$. Diese transformierte Gleichung hat die Lösungen $t_1 = 4$ und $t_2 = -1$. $x^2 = -1$ ist in $\mathbb{R}$ nicht lösbar. Damit sind $x_1 = 2$ und $x_2 = -2$ die einzigen beiden reellen Lösungen der gegebenen Gleichung.

2.2 Gleichungen höheren Grades

Allgemeine algebraische Gleichung

Eine Gleichung der Form
$P_n(x) = a_nx^n + a_{n-1}x^{n-1} + a_{n-2}x^{n-2} + \ldots + a_1x + a_0 = 0$
mit $n \in \mathbb{N}$, $a_0, a_1, \ldots, a_n \in \mathbb{R}$ und $a_n \neq 0$
heißt **algebraische Gleichung n-ten Grades**.

Lösungsverfahren

Für Gleichungen höheren Grades steht in der Regel keine Lösungsformel zur Verfügung. Man versucht daher, eine erste Lösung x_1 z. B. durch Probieren zu finden. Weitere Lösungen ergeben sich mithilfe der Polynomdivision.

Ist x_1 eine Lösung der Gleichung $P_n(x) = a_n x^n + a_{n-1} x^{n-1} + a_{n-2} x^{n-2} + \ldots + a_1 x + a_0 = 0$ mit $n \in \mathbb{N}$, $a_0, a_1, \ldots, a_n \in \mathbb{R}$ und $a_n \neq 0$, so kann P_n in ein Produkt $P_n(x) = (x - x_1) \cdot P_R(x)$ aus dem Linearfaktor $(x - x_1)$ und dem Restpolynom P_R vom Grade $(n - 1)$ zerlegt werden. Ist auch die Gleichung $P_R(x) = 0$ mit bekannten Lösungsformeln nicht lösbar, kann man versuchen, $P_R(x)$ in ein Produkt mit dem Faktor $(x - x_2)$ zu zerlegen. Dieses Verfahren kann so lange fortgesetzt werden, bis eine **vollständige Zerlegung in Faktoren** vorliegt.

Linearfaktorenzerlegung

Besitzt eine algebraische Gleichung n-ten Grades im Bereich der reellen Zahlen *genau n Lösungen*, so lässt sie sich ausschließlich als **Produkt von Linearfaktoren** schreiben:

$$a_n x^n + a_{n-1} x^{n-1} + a_{n-2} x^{n-2} + \ldots + a_1 x + a_0 = a_n \cdot (x - x_1) \cdot (x - x_2) \cdot \ldots \cdot (x - x_n) = 0$$

Fundamentalsatz der Algebra

Während quadratische Gleichungen und Gleichungen höheren Grades in $\mathbb{R}$ nicht immer oder nicht vollständig lösbar sind, erhält man die Lösung im Bereich $\mathbb{C}$ vollständig.

Fundamentalsatz der Algebra

Im Bereich $\mathbb{C}$ der komplexen Zahlen besitzt jede Gleichung $a_n z^n + a_{n-1} z^{n-1} + \ldots + a_1 z + a_0 = 0$ $(a_i, z \in \mathbb{C}, n \in \mathbb{N}, a_n \neq 0)$ genau n Lösungen, wobei Mehrfachlösungen entsprechend ihrer Vielfachheit gezählt werden.

Beispiel: Die Gleichung $x^3 - x^2 + 4x - 4 = 0$ besitzt die Lösung $x_1 = 1$. Man erhält die Faktorzerlegung $x^3 - x^2 + 4x - 4 = (x - 1)(x^2 + 4) = 0$. Die Gleichung $x^2 + 4 = 0$ hat im Bereich $\mathbb{C}$ die Lösungen $x_2 = 2i$ und $x_3 = -2i$. Damit gilt:
$x^3 - x^2 + 4x - 4 = (x - 1)(x - 2i)(x + 2i)$.

Komplexe Zahlen

Algebraische Darstellung

Im Bereich $\mathbb{R}$ der reellen Zahlen sind die Rechenoperationen 1. und 2. Stufe (Addition/Subtraktion und Multiplikation/Division) unbeschränkt ausführbar, nicht jedoch die dritter Stufe (Potenzieren): Die Gleichung $b^n = a$ lässt sich in $\mathbb{R}$ für negatives a und gerades n nicht lösen. Zu einer reellen Zahl $a < 0$ und geradem n gibt es keine reelle Zahl b, für die $b^n = a$ ist.

Um diese Lücke zu schließen, wurde der Bereich der reellen Zahlen durch die **imaginären Zahlen** $\sqrt{-d}$ $(d \in \mathbb{R}, d > 0)$ zum Bereich $\mathbb{C}$ der **komplexen Zahlen** erweitert.

2

Komplexe Zahlen

Der Bereich $\mathbb{C}$ der **komplexen Zahlen** ist die Menge der geordneten Zahlenpaare $(a; b)$ (mit $a, b \in \mathbb{R}$), für die eine Addition und eine Multiplikation in folgender Weise definiert sind:

$(a; b) + (c; d) = (a + c; b + d)$, $\quad (a; b) \cdot (c; d) = (ac - bd; ad + bc)$

Die Zahl $(0; 1)$ heißt **imaginäre Einheit** und wird mit dem **Symbol** i bezeichnet. Es gilt: $i^2 = i \cdot i = -1$

Komplexe Zahlen $z = (a; b)$ kann man in Form einer Summe aus einer reellen und einer imaginären Zahl darstellen:

$$\begin{aligned}\mathbf{z = (a; b)} &= (a; 0) + (0; b) \\ &= (a; 0) + (b; 0) \cdot (0; 1) = a + b \cdot (0; 1) = \mathbf{a + b \cdot i}\end{aligned}$$

Algebraische Darstellung (Normalform)

Für jede komplexe Zahl $z = (a; b)$ mit $a, b \in \mathbb{R}$ gilt:

$z = (a; b) = a + b \cdot i$ mit $i^2 = -1$.

a heißt **Realteil** und b **Imaginärteil** der Zahl z .

Geometrische Veranschaulichung

Komplexe Zahlen werden in einer **gaußschen Zahlenebene** abgebildet, die von zwei zueinander senkrecht stehenden Zahlengeraden aufgespannt wird – der **reellen Achse R** für den Realteil, der **imaginären Achse I** für den Imaginärteil einer komplexen Zahl. Jeder komplexen Zahl entspricht genau ein Punkt der Zahlenebene bzw. ein vom Ursprung der gaußschen Zahlenebene ausgehender Pfeil.

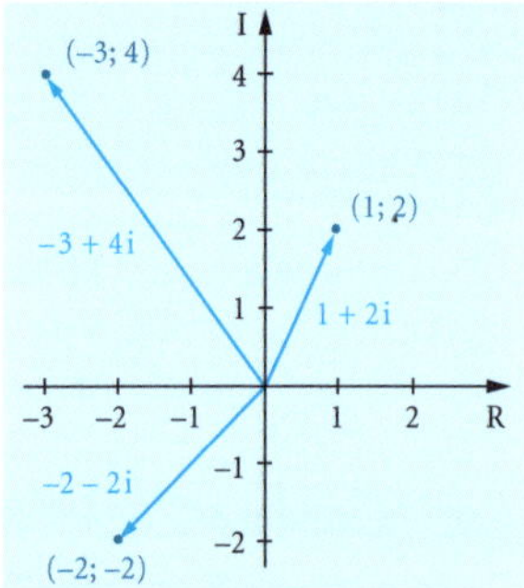

Komplexe Zahlen, die sich nur im Vorzeichen ihres Imaginärteils unterscheiden, nennt man **konjugiert komplexe Zahlen**.

Die Länge eines Pfeiles gibt den Betrag der komplexen Zahl $z = a + b \cdot i$ an.
Es gilt: $|z| = \sqrt{a^2 + b^2}$. Für konjugiert komplexe Zahlen z und $\bar{z}$ gilt: $z \cdot \bar{z} = a^2 + b^2 = |z|^2$

Rechenregeln für die algebraische Darstellung

Für das Rechnen mit komplexen Zahlen in algebraischer Darstellung gelten dieselben Regeln wie für Binome reeller Zahlen, wobei die Beziehung $i^2 = i \cdot i = -1$ zu beachten ist:

Addition: $(a + b \cdot i) + (c + d \cdot i) = (a + c) + (b + d) \cdot i$
Subtraktion: $(a + b \cdot i) - (c + d \cdot i) = (a - c) + (b - d) \cdot i$
Multiplikation: $(a + b \cdot i) \cdot (c + d \cdot i) = (a \cdot c - b \cdot d) + (a \cdot d + b \cdot c) \cdot i$

In **geometrischer Interpretation** erfolgt die Addition komplexer Zahlen analog der Addition von Vektoren: Die den Summanden zugehörigen Pfeile werden aneinander gesetzt – der Summe entspricht der Pfeil vom Ursprung zum Endpunkt der Konstruktion.

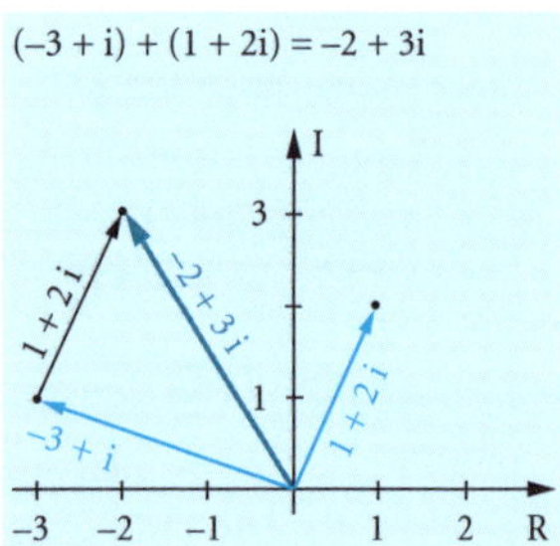

Division komplexer Zahlen

$$\frac{z_1}{z_2} = \frac{z_1}{z_2} \cdot \frac{\overline{z_2}}{\overline{z_2}} = \frac{a \cdot c + b \cdot d + (b \cdot c - a \cdot d) \cdot i}{c^2 + d^2}, \; z_2 \neq 0 + 0i, \; z_1 = a + ib, \; z_2 = c + id$$

Trigonometrische Darstellung (Polarform)

Jede komplexe Zahl z lässt sich durch die Länge r und den Drehwinkel φ des ihr zugeordneten Pfeiles darstellen:
Aus $a = r \cdot \cos\varphi$ und $b = r \cdot \sin\varphi$ $(a, b, \varphi \in \mathbb{R})$ folgt
$z = a + b \cdot i = r \cdot (\cos\varphi + i \cdot \sin\varphi)$.
(r ist der Betrag der komplexen Zahl z.)

Der Drehwinkel φ wird auch als **Phasenwinkel** oder **Phase der komplexen Zahl** bezeichnet.
Umrechnungen: $a = r\cos\varphi$; $b = r\sin\varphi$;

$\cos\varphi = \frac{a}{r}$; $\sin\varphi = \frac{b}{r}$,

$(\varphi \in \mathbb{R})$; $r^2 = a^2 + b^2$

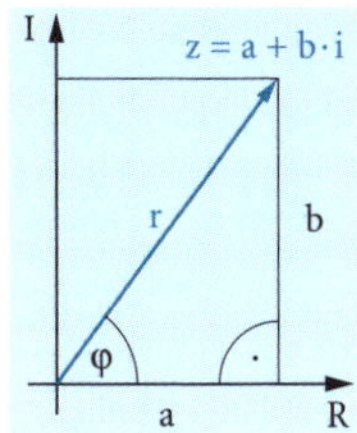

Beispiel: Für die komplexe Zahl $z = 1 + 2i$ gilt wegen $a = 1, b = 2$
$r = \sqrt{1^2 + 2^2} = \sqrt{5}$; $\cos\varphi = \frac{1}{\sqrt{5}} \approx 0,447$ und damit
$\varphi_1 \approx 63{,}4° + k \cdot 360°$, $\varphi_2 \approx 296{,}6° + k \cdot 360°$ $(k \in \mathbb{Z})$.
Da $\sin\varphi = \frac{2}{\sqrt{5}} > 0$, scheidet φ_2 aus.

Demnach gilt: $z = \sqrt{5} \cdot (\cos 63{,}4° + i \cdot \sin 63{,}4°)$

Rechenregeln für die trigonometrische Darstellung

Um komplexe Zahlen in trigonometrischer Darstellung addieren oder subtrahieren zu können, muss man sie in ihre algebraische Form überführen.

Multiplikation der komplexen Zahlen

Für $z_1 = r_1 (\cos\varphi_1 + i \cdot \sin\varphi_1)$ und $z_2 = r_2 (\cos\varphi_2 + i \cdot \sin j_2)$ gilt:
$z_1 \cdot z_2 = r_1 \cdot r_2 \,[\cos(\varphi_1 + \varphi_2) + i \cdot \sin(\varphi_1 + \varphi_2)]$

Für $z_1 = z_2 = z$ ergibt sich $z^2 = r^2 \cdot [\cos 2\varphi + i \cdot \sin 2\varphi]$ und allgemein:

Satz von Moivre

Ist $z = r \cdot [\cos\varphi + i \cdot \sin\varphi]$ eine komplexe Zahl und n eine natürliche Zahl, dann gilt: $\mathbf{z^n = r^n \cdot [\cos(n \cdot \varphi) + i \cdot \sin(n \cdot \varphi)]}$.

Division zweier komplexer Zahlen

Für $z_1 = r_1 (\cos\varphi_1 + i \cdot \sin\varphi_1)$ und $z_2 = r_2 (\cos\varphi_2 + i \cdot \sin\varphi_2)$ $(r_2 \neq 0)$ gilt: $\frac{z_1}{z_2} = \frac{r_1}{r_2} \cdot [\cos(\varphi_1 - \varphi_2) + i \cdot \sin(\varphi_1 - \varphi_2)]$.

Exponentialform

Durch Anwenden der eulerschen Formel $\cos\varphi + i \cdot \sin\varphi = e^{i \cdot \varphi}$ entsteht aus der trigonometrischen Form die **Exponentialform** einer komplexen Zahl. Es gilt: $z = z(r;\ \varphi) = r(\cos\varphi + i \cdot \sin\varphi) = r\ e^{i \cdot \varphi}$

Rechenregeln für die Exponentialform

Komplexe Zahlen in Exponentialform müssen vor dem Addieren in die algebraische Form umgewandelt werden.

Multiplizieren, Dividieren und Potenzieren

$$z_1 \cdot z_2 = z_1(r_1;\ \varphi_1) \cdot z_2(r_2;\ \varphi_2) = r_1 e^{i \cdot \varphi_1} \cdot r_2 e^{i \cdot \varphi_2} = r_1 \cdot r_2 \cdot e^{i \cdot \varphi_1 + i \cdot \varphi_2}$$
$$= r_1 \cdot r_2 \cdot e^{i \cdot (\varphi_1 + \varphi_2)} = z(r_1 \cdot r_2;\ \varphi_1 + \varphi_2)$$
$$z_1 : z_2 = z_1(r_1;\ \varphi_1) : z_2(r_2;\ \varphi_2) = r_1 e^{i \cdot \varphi_1} : (r_2 e^{i \cdot \varphi_2})$$
$$= (r_1 : r_2) \cdot e^{i \cdot \varphi_1 - i \cdot \varphi_2} = (r_1 : r_2) \cdot e^{i \cdot (\varphi_1 - \varphi_2)} = z(r_1 : r_2;\ \varphi_1 - \varphi_2)$$
$$z^n = [z(r;\ \varphi)]^n = [r e^{i \cdot \varphi}]^n = r^n [e^{i \cdot \varphi}]^n = r^n e^{i \cdot n \cdot \varphi} = z(r^n;\ n \cdot \varphi)\ (n \in \mathbb{R})$$

Beispiel: Für die komplexen Zahlen
$z_1 = 1 + 2i = \sqrt{5}\,(\cos(63{,}4°) + i \cdot \sin(63{,}4°)) = \sqrt{5}\,e^{i \cdot 63{,}4°}$ und
$z_2 = 1 - 2i = \sqrt{5}\,(\cos(-63{,}4°) + i \cdot \sin(-63{,}4°)) = \sqrt{5}\,e^{-i \cdot 63{,}4°}$ gilt:
$z_1 \cdot z_2 = \sqrt{5} \cdot \sqrt{5} \cdot e^{i \cdot 63{,}4°} \cdot e^{-i \cdot 63{,}4°} = 5 \cdot e^{i \cdot 63{,}4° - i \cdot 63{,}4°} = 5e^0 = 5$
$z_1 : z_2 = \sqrt{5} : \sqrt{5} \cdot e^{i \cdot 63{,}4°} : e^{-i \cdot 63{,}4°} = 1 \cdot e^{i \cdot 63{,}4° + i \cdot 63{,}4°} = e^{i \cdot 126{,}8°}$
$= \cos 126{,}8° + i \cdot \sin 126{,}8° = -0{,}6 + 0{,}8i$

2.3 Wurzelgleichungen

Gleichungen, bei denen die Variable im Argument von Wurzelfunktionen auftritt, heißen **Wurzelgleichungen**.

Wurzelgleichungen lassen sich in einfachen Fällen durch Isolieren der Wurzel und (ggf. mehrfaches) Quadrieren in lineare oder quadratische Gleichungen umformen und dann mit den dafür bekannten Methoden lösen. Da durch das Quadrieren u. U. „Scheinlösungen" dazugewonnen werden, ist beim Lösen von Wurzelgleichungen immer eine Probe durchzuführen.

Beispiel: Es ist die Gleichung $1 + \sqrt{x+5} = x \ (x \geq -5)$ zu lösen.
Isolieren der Wurzel: $\sqrt{x+5} = x - 1$
Quadrieren der Gleichung: $(\sqrt{x+5})^2 = (x-1)^2$
Man erhält aus $x + 5 = x^2 - 2x + 1$ die quadratische Gleichung $x^2 - 3x - 4 = 0$ mit den Lösungen $x_1 = 4$ und $x_2 = -1$.

Probe	linke Seite	rechte Seite	Vergleich
für $x_1 = 4$	$1 + \sqrt{4+5} = 4$	4	$4 = 4$
für $x_2 = -1$	$1 + \sqrt{-1+5} = 3$	-1	$3 \neq -1$

Demnach ist nur $x_1 = 4$ eine Lösung der Gleichung.

2.4 Goniometrische Gleichungen

Gleichungen, bei denen die Variable im Argument von Winkelfunktionen auftritt, heißen **goniometrische Gleichungen**. Goniometrische Gleichungen können genau eine oder mehrere Winkelfunktionen mit genau einem oder mehreren verschiedenen Argumenten enthalten.

Beispiel: $\cos\ x = 0{,}57$; $\quad 2\sin x + 3\cos x = 2{,}5$; $\quad \sin^2 x = \cos 2x$

Goniometrische Gleichungen können aufgrund der Periodizität trigonometrischer Funktionen unendlich viele Lösungen besitzen. Hat man eine Lösung ermittelt, so folgen weitere Lösungen dann aus den Symmetrieeigenschaften bzw. Quadrantenbeziehungen.

Lösungsbeispiele

Beispiel 1: Die Gleichung $\sin x = -0{,}5$ hat die erste Lösung $x_1 = -\frac{\pi}{6}$. Wegen $\sin(\pi - x) = \sin x$ ist $x_2 = \pi - (-\frac{\pi}{6}) = \frac{7}{6}\pi$.
x_1 und x_2 werden **Basislösungen** genannt.

Weitere Lösungen erhält man durch Addition eines Vielfachen der Periode 2π. So ergeben sich als Gesamtlösung:

$$x_1 = -\frac{\pi}{6} + 2k\pi;\ x_2 = \frac{7}{6}\pi + 2k\pi,\ k \in \mathbb{Z}$$

Goniometrische Gleichungen lassen sich häufig mithilfe einer Doppelwinkelformel, der Beziehungen $\sin^2 x + \cos^2 x = 1$ bzw. $\tan x = \frac{\sin x}{\cos x}$ oder einem Additionstheorem erfolgreich umformen.

Beispiel 2: Umformen auf ein übereinstimmendes Argument
Aus $\cos 2x + \cos x = 0$ $(0 \leq x \leq 2\pi)$ erhält man wegen
$\cos 2x = 2\cos^2 x - 1$ die Gleichung $2\cos^2 x + \cos x - 1 = 0$.
Durch Substitution $\cos x = z$ ergibt sich die quadratische Gleichung $z^2 + \frac{1}{2}z - \frac{1}{2} = 0$, die die Lösungen $z_1 = \frac{1}{2}$;
$z_2 = -1$ besitzt. Wegen $z = \cos x$ erhält man daraus
(1) $\cos x = \frac{1}{2}$ und damit $x_1 = \frac{\pi}{3}$, $x_2 = \frac{5}{3}\pi$ und
(2) $\cos x = -1$ und damit $x_3 = \pi$.

Beispiel 3: Umformen auf die gleiche Winkelfunktion
Aus $3\sin x = \sqrt{3}\cos x$ $(0 \leq x \leq 2\pi)$ erhält man nach Division durch $\cos x$ $(x \neq \frac{\pi}{2}; \frac{3\pi}{2})$ die Gleichung $\frac{3\sin x}{\cos x} = \sqrt{3}$.
Wegen $\frac{\sin x}{\cos x} = \tan x$ folgt $\tan x = \frac{1}{3}\sqrt{3}$; also $x_1 = \frac{\pi}{6}$, $x_2 = \frac{7}{6}\pi$.

2.5 Exponential- und Logarithmengleichungen

- Gleichungen, bei denen die Variable als Exponent einer Potenz auftritt, heißen **Exponentialgleichungen**.
- Gleichungen, bei denen die Variable im Argument einer Logarithmusfunktion auftritt, heißen **Logarithmengleichungen**.
- Exponential- und Logarithmengleichungen sind keine algebraischen, sondern **transzendente Gleichungen**.

Lösungsmethoden für Exponentialgleichungen	
Logarithmieren der Gleichung; Isolieren der Variablen	$4^x = 8$, also $\ln 4^x = \ln 8$ $x \cdot \ln 4 = \ln 8 \Rightarrow x = \frac{\ln 8}{\ln 4} = \frac{3 \ln 2}{2 \ln 2} = 1{,}5$
Umformen der Gleichung zu Potenzen mit gleicher Basis	$4^x = 8$, also $(2^2)^x = 2^3$ $2^{2x} = 2^3 \Rightarrow 2x = 3 \Rightarrow x = 1{,}5$
Anwenden der Potenzgesetze; Isolieren der Variablen	$2^{x+3} + 5 \cdot 2^{x+1} = 144$ $2^x \cdot 2^3 + 5 \cdot 2^x \cdot 2^1 = 144$ $2^x(2^3 + 10) = 144$, also $2^x = 8 \Rightarrow x = 3$

Lösungsmethoden für Logarithmengleichungen	
Anwenden: $e^{\ln x} = x, x > 0$	$\ln x = 10 \Rightarrow x = e^{10} \approx 22\,026{,}5$
Gleichungsseiten auf Logarithmenausdrücke zur gleichen Basis umformen	$2 \lg (x-1) - \lg (2x+1) = 0$ $\lg \frac{(x-1)^2}{2x+1} = \lg 1$, also $\frac{(x-1)^2}{2x+1} = 1$ $(x-1)^2 = 2x + 1 \Rightarrow x = 4$
Gleichung ggf. so umformen, dass nur ein Logarithmus auftritt, und Logarithmus substituieren	$(\ln x)^2 - \ln\left(\frac{1}{x}\right) = 2$ $(\ln x)^2 - 0 + \ln x = 2$ $t^2 + t - 2 = 0 \quad \Rightarrow t_1 = 1 \quad t_2 = -2$ $t_1 = \ln x_1 = 1 \quad \Rightarrow x_1 = e^1 = e$ $t_2 = \ln x_2 = -2 \quad \Rightarrow x_2 = e^{-2} = \frac{1}{e^2}$

2.6 Lineare Gleichungssysteme

Ein **lineares Gleichungssystem** ist eine konjunktive (und) Verknüpfung von zwei oder mehreren linearen Gleichungen.

Das System
$$\begin{aligned} a_{11}x_1 + a_{12}x_2 + ... + a_{1n}x_n &= b_1 \\ a_{21}x_1 + a_{22}x_2 + ... + a_{2n}x_n &= b_2 \\ &\vdots \\ a_{m1}x_1 + a_{m2}x_2 + ... + a_{mn}x_n &= b_m \end{aligned}$$

heißt lineares Gleichungssystem aus **m Gleichungen** und mit **n Variablen**. Es ist homogen, wenn alle $b_i = 0$, ansonsten **inhomogen**.

Regel von Cramer

Zum Lösen von Systemen aus zwei Gleichungen nutzt man das **Einsetzungs-**, das **Gleichsetzungs-** oder das **Additionsverfahren**. Angewandt auf das Gleichungssystem

$$\begin{aligned} a_{11}x_1 + a_{12}x_2 &= b_1 \\ a_{21}x_1 + a_{22}x_2 &= b_2 \end{aligned}$$ führt das zu der Lösung

$$x_1 = \frac{b_1a_{22} - a_{12}b_2}{a_{11}a_{22} - a_{12}a_{21}} \text{ und } x_2 = \frac{a_{11}b_2 - b_1a_{21}}{a_{11}a_{22} - a_{12}a_{21}}.$$

Die beiden Quotienten ergeben sich jeweils aus dem Koeffizientenschema $\begin{pmatrix} a_{11} & a_{12} \\ a_{21} & a_{22} \end{pmatrix}$ und den Absolutgliedern $\begin{pmatrix} b_1 \\ b_2 \end{pmatrix}$ des Gleichungssystems.

Determinante

Die Zahl $D = a_{11}a_{22} - a_{12}a_{21}$ heißt die **Determinante** des Koeffizientenschemas $\begin{pmatrix} a_{11} & a_{12} \\ a_{21} & a_{22} \end{pmatrix}$ oder kurz die Koeffizientendeterminante.

Man schreibt $D = \det\begin{pmatrix} a_{11} & a_{12} \\ a_{21} & a_{22} \end{pmatrix}$ oder $D = \begin{vmatrix} a_{11} & a_{12} \\ a_{21} & a_{22} \end{vmatrix}$.

Die Elemente a_{11} und a_{22} stehen auf der so genannten **Hauptdiagonalen**, a_{12} und a_{21} auf der **Nebendiagonalen** des Schemas.

Auch die Zähler von x_1 und x_2 können als Determinanten notiert werden:
$b_1a_{22} - a_{12}b_2 = \det\begin{pmatrix} b_1 & a_{12} \\ b_2 & a_{22} \end{pmatrix}$; $a_{11}b_2 - b_1a_{21} = \det\begin{pmatrix} a_{11} & b_1 \\ a_{21} & b_2 \end{pmatrix}$

2

Man erhält diese **Zählerdeterminanten**, indem man im Koeffizientenschema die erste bzw. zweite Spalte durch die Absolutglieder b_1, b_2 des Gleichungssystems ersetzt und dann die Determinanten bildet.

Regel von Cramer für zwei Variable

Das Gleichungssystem $\begin{matrix} a_{11}x_1 + a_{12}x_2 = b_1 \\ a_{21}x_1 + a_{22}x_2 = b_2 \end{matrix}$ ist eindeutig lösbar,

falls $\det\begin{pmatrix} a_{11} & a_{12} \\ a_{21} & a_{22} \end{pmatrix} \neq 0$. Seine Lösung ist dann $(x_1; x_2)$ mit

$$x_1 = \frac{\det\begin{pmatrix} b_1 & a_{12} \\ b_2 & a_{22} \end{pmatrix}}{\det\begin{pmatrix} a_{11} & a_{12} \\ a_{21} & a_{22} \end{pmatrix}}, \quad x_2 = \frac{\det\begin{pmatrix} a_{11} & b_1 \\ a_{21} & b_2 \end{pmatrix}}{\det\begin{pmatrix} a_{11} & a_{12} \\ a_{21} & a_{22} \end{pmatrix}}$$

Regel von Cramer für drei Variable

Das Gleichungssystem $\begin{matrix} a_{11}x_1 + a_{12}x_2 + a_{13}x_3 = b_1 \\ a_{21}x_1 + a_{22}x_2 + a_{23}x_3 = b_2 \\ a_{31}x_1 + a_{32}x_2 + a_{33}x_3 = b_3 \end{matrix}$ mit

$\det\begin{pmatrix} a_{11} & a_{12} & a_{13} \\ a_{21} & a_{22} & a_{23} \\ a_{31} & a_{32} & a_{33} \end{pmatrix} \neq 0$ hat die eindeutige Lösung

$$x_1 = \frac{\det\begin{pmatrix} b_1 & a_{12} & a_{13} \\ b_2 & a_{22} & a_{23} \\ b_3 & a_{32} & a_{33} \end{pmatrix}}{\det\begin{pmatrix} a_{11} & a_{12} & a_{13} \\ a_{21} & a_{22} & a_{23} \\ a_{31} & a_{32} & a_{33} \end{pmatrix}}, \quad x_2 = \frac{\det\begin{pmatrix} a_{11} & b_1 & a_{13} \\ a_{21} & b_2 & a_{23} \\ a_{31} & b_3 & a_{33} \end{pmatrix}}{\det\begin{pmatrix} a_{11} & a_{12} & a_{13} \\ a_{21} & a_{22} & a_{23} \\ a_{31} & a_{32} & a_{33} \end{pmatrix}}, \quad x_3 = \frac{\det\begin{pmatrix} a_{11} & a_{12} & b_1 \\ a_{21} & a_{22} & b_2 \\ a_{31} & a_{32} & b_3 \end{pmatrix}}{\det\begin{pmatrix} a_{11} & a_{12} & a_{13} \\ a_{21} & a_{22} & a_{23} \\ a_{31} & a_{32} & a_{33} \end{pmatrix}}$$

Gaußsches Eliminierungsverfahren

Für das Lösen von Systemen aus drei oder mehr linearen Gleichungen kann das gaußsche Eliminierungsverfahren angewendet werden. Der Grundgedanke dieses Verfahrens besteht darin, durch **äquivalente Umformungen** die Anzahl der Variablen des Systems schrittweise zu verkleinern.

Äquivalenzumformungen

Zwei lineare Gleichungssysteme sind genau dann **äquivalent,** wenn sie beide die gleiche Lösungsmenge besitzen.

Beim Übergang von einem linearen Gleichungssystem zu einem neuen bewirken folgende Operationen Äquivalenzumformungen:

- Vertauschen von zwei Gleichungen;
- Multiplizieren einer Gleichung mit einer von 0 verschiedenen Zahl;
- Addieren einer anderen Gleichung oder eines Vielfachen einer anderen Gleichung zu einer Gleichung. Dabei ist wesentlich, dass man die „andere Gleichung" in das neue System übernimmt.

Schrittfolge des Gauß-Verfahrens

1. Gegebenenfalls Gleichungen so vertauschen, dass in der ersten Gleichung die erste Variable vorkommt.
2. Mithilfe der ersten Gleichung die erste Variable in allen folgenden Gleichungen eliminieren. Dazu die erste Gleichung nacheinander geeignet vervielfachen und zu den folgenden Gleichungen addieren.
3. Die ersten beiden Gleichungen des letzten Systems unverändert übernehmen. Mithilfe der zweiten Gleichung in den folgenden Gleichungen die zweite Variable eliminieren.
4. Die ersten drei Gleichungen des letzten Systems unverändert übernehmen. Die dritte Gleichung ist jetzt Eliminationsgleichung für die dritte Variable.
5. Das Verfahren so lange fortsetzen, bis ein lineares Gleichungssystem entstanden ist, in dem jede Gleichung mindestens eine Variable weniger erhält als die Gleichung darüber. Bei eindeutig lösbaren Gleichungssystemen entsteht eine **Dreiecksform.**

Zu lösen ist das Gleichungssystem

$$\begin{aligned} x_2 - x_3 + 2x_4 &= 8 \\ x_1 + 2x_2 - x_3 + x_4 &= 6 \\ -x_1 + x_2 + 3x_3 + 2x_4 &= -1 \\ x_1 + 5x_2 - 4x_3 + 2x_4 &= 15 \end{aligned}$$

❶ Ordnen des Systems:

(I)	$x_1 + 2x_2 - x_3 + x_4 = 6$	1. Eliminationszeile
(II)	$-x_1 + x_2 + 3x_3 + 2x_4 = -1$	
(III)	$x_1 + 5x_2 - 4x_3 + 2x_4 = 15$	
(IV)	$x_2 - x_3 + 2x_4 = 8$	

❷ Eliminieren von x_1:

(I)	$x_1 + 2x_2 - x_3 + x_4 = 6$	(I) übernommen
(II')	$3x_2 + 2x_3 + 3x_4 = 5$	(I) + (II)
(III')	$3x_2 - 3x_3 + x_4 = 9$	(–1) · (I) + (III)
(IV)	$x_2 - x_3 + 2x_4 = 8$	(IV) übernommen

❸ Eliminieren von x_2:

(I)	$x_1 + 2x_2 - x_3 + x_4 = 6$	(I) übernommen
(II')	$3x_2 + 2x_3 + 3x_4 = 5$	(II') übernommen
(III'')	$-5x_3 - 2x_4 = 4$	(–1) · (II') + (III')
(IV')	$5x_3 - 3x_4 = -19$	(II') + (–3) · (IV)

❹ Eliminieren von x_3:

(I)	$x_1 + 2x_2 - x_3 + x_4 = 6$	(I) übernommen
(II')	$3x_2 + 2x_3 + 3x_4 = 5$	(II') übernommen
(III'')	$-5x_3 - 2x_4 = 4$	(III') übernommen
(IV')	$-5x_4 = -15$	(III'') + (IV')

❺ Durch rückläufige Eliminierung der Variablen erhält man aus der Dreiecksform die Lösung des Gleichungssystems:

$$\begin{aligned} -5x_4 &= -15, \text{ also } x_4 = 3 \\ -5x_3 - 2x_4 &= 4, \text{ mit } x_4 = 3 \text{ folgt } x_3 = -2 \\ 3x_2 + 2x_3 + 3x_4 &= 5, \text{ mit } x_4 = 3, x_3 = -2 \text{ folgt } x_2 = 0 \\ x_1 + 2x_2 - x_3 + x_4 &= 6, \text{ mit } x_4 = 3, x_3 = -2, x_2 = 0 \text{ folgt } x_1 = 1. \end{aligned}$$

Die Lösung des Gleichungssystems ist also das 4-Tupel (1; 0; –2; 3).

2

Diese Eliminierung kann durch Fortführung des gaußschen Algorithmus auch ausführlich dargestellt werden. Das Ergebnis ist ein Gleichungssystem in **Diagonalform**:

(I)	$x_1 + 2x_2 - x_3 + x_4 = 6$	
(II)	$3x_2 + 2x_3 + 3x_4 = 5$	
(III)	$-5x_3 - 2x_4 = 4$	
(IV)	$x_4 = 3$	1. Eliminationszeile
(I')	$x_1 + 2x_2 - x_3 = 3$	–(IV) + (I)
(II')	$3x_2 + 2x_3 = -4$	(–3) · (IV) + (II)
(III')	$-5x_3 = 10$	2 · (IV) + (III)
(IV)	$x_4 = 3$	(IV) übernommen
(I'')	$-5x_1 - 10x_2 = -5$	(III') + (–5) · (I')
(II'')	$15x_2 = 0$	2 · (III') + 5 · (II')
(III')	$-5x_3 = 10$	(III') übernommen
(IV)	$x_4 = 3$	(IV) übernommen
(I''')	$-15x_1 = -15$	2 · (II') + 3 · (I'')
(II'')	$15x_2 = 0$	(II') übernommen
(III')	$-5x_3 = 10$	(III') übernommen
(IV)	$x_4 = 3$	(IV) übernommen
	$x_1 = 1$	
	$x_2 = 0$	
	$x_3 = -2$	
	$x_4 = 3$	

Eine Lösung aus n Zahlen heißt **n-Tupel**, eine Lösung aus drei Zahlen heißt **Tripel**.
Bei einem Gleichungssystem mit mehr Variablen als Gleichungen entsteht durch Anwendung des gaußschen Algorithmus eine **Trapezform**.

Lösbarkeit eines Gleichungssystems

Führen die Äquivalenzumformungen des gaußschen Eliminierungsverfahrens auf eine Trapez- oder Dreiecksform des Systems zu keinem Widerspruch, so ist das System **lösbar**.
Ergibt sich ein Widerspruch (am Ende $0 = b$ mit $b \neq 0$), so ist das Gleichungssystem **nicht lösbar**.

2

Anzahl der Lösungen

- Das Gleichungssystem hat **genau eine Lösung**, falls mithilfe des gaußschen Algorithmus eine Dreiecksform erreichbar ist.
- Das Gleichungssystem hat **unendlich viele Lösungen**, falls Äquivalenzumformungen zu einer Trapezform des Systems führen.

Die Umformung des Gleichungssystems aus zwei Gleichungen mit drei Variablen

$$\begin{aligned} x_1 + x_2 - 3x_3 &= 1 \\ x_1 + 2x_2 - 5x_3 &= -1 \end{aligned}$$

führt zu der Trapezform

$$\begin{aligned} x_1 + x_2 - 3x_3 &= 1 \\ -x_2 + 2x_3 &= 2. \end{aligned}$$

Dieses System hat unendlich viele Lösungen: Jede Zahl x_3 bedingt über die zweite Gleichung eine bestimmte reelle Zahl x_2. Mithilfe der ersten Gleichung ergibt sich dann zu jedem Paar $(x_2; x_3)$ reeller Zahlen eine bestimmte reelle Zahl x_1. Da x_3 frei wählbar ist, erhält man auf diese Weise unendlich viele Tripel $(x_1; x_2; x_3)$.

3 Differenzialrechnung

Wichtige Definitionen

Grenzwerte	
Es gibt Zahlenfolgen (a_n), deren Glieder mit wachsendem Index n einem **Grenzwert** immer näher kommen. Die „Nähe" eines Folgengliedes a_n zum Grenzwert g wird dabei durch den **Abstand** $\|a_n - g\| = \varepsilon$ bestimmt. Wie klein man eine positive Zahl ε auch wählt: Stets gibt es unendlich viele Folgenglieder, deren Abstand von g kleiner als dieses ε ist. Nur endlich viele Folgenglieder haben von g einen größeren Abstand als ε. Man sagt: **In jeder** (noch so kleinen) **ε-Umgebung von** g liegen **fast alle** Glieder der Zahlenfolge. „Fast alle" bedeutet: **alle** Glieder der Folge bis auf **endlich viele** Ausnahmen.	Die Anfangsglieder der Folge $(a_n) = \left(\frac{n-1}{n}\right)$ lassen vermuten, dass die Zahl $g = 1$ Grenzwert der Folge (a_n) ist:

n	1	2	3	4	5	6	7	8
$\mathbf{a_n}$	0	$\frac{1}{2}$	$\frac{2}{3}$	$\frac{3}{4}$	$\frac{4}{5}$	$\frac{5}{6}$	$\frac{6}{7}$	$\frac{7}{8}$

Abstand von a_n und $g = 1$:

$$|a_n - g| = \left|\frac{n-1}{n} - 1\right| = \left|-\frac{1}{n}\right| = \frac{1}{n}.$$

Betrachtet man die „0,01-Umgebung von 1", so ist $|a_n - g| < 0{,}01$ für alle $n > 100$ erfüllt. Das heißt: Alle Folgenglieder a_n ab $n = 101$ haben von $g = 1$ einen Abstand, der kleiner als 0,01 ist. Nur die Folgenglieder a_1 bis a_{100} liegen außerhalb der 0,01-Umgebung von $g = 1$.

Eine Zahlenfolge mit dem Grenzwert 0 heißt **Nullfolge**.	Die Folge $(a_n) = \left(\frac{1}{n^3}\right)$ hat den Grenzwert 0.
Eine Folge, die nicht konvergiert, nennt man **divergent**.	Die Folge $(a_n) = (n^2)$ ist divergent.

Allgemeine Definitionen

Ist g eine beliebige reelle Zahl und ε eine beliebige (kleine) positive reelle Zahl, so nennt man das offene Intervall $U_\varepsilon(g) =]g - \varepsilon; g + \varepsilon[$ die **ε-Umgebung** der Zahl g.
Die Zahl g heißt **Grenzwert der Zahlenfolge** (a_n), wenn für jede positive Zahl ε fast alle Zahlenfolgenglieder a_n in $U_\varepsilon(g)$ liegen, wenn also die Ungleichung $|a_n - g| < \varepsilon$ ab einem bestimmten n erfüllt ist.
Folgen mit einem Grenzwert nennt man **konvergent** (wenn nicht, dann **divergent**).
Schreibweise: $\lim\limits_{n \to \infty} a_n = g$

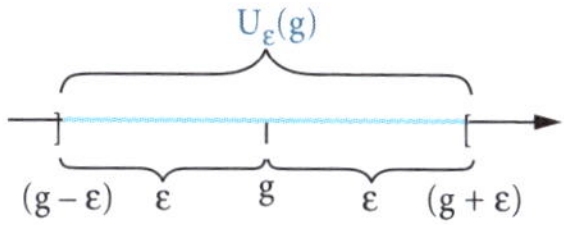

Die Zahlenfolge $\left(\frac{n+3}{2n}\right)$ hat den Grenzwert $g = \frac{1}{2}$.
$\left|\frac{n+3}{2n} - \frac{1}{2}\right| = \left|\frac{3}{2n}\right| = \frac{3}{2n}$ (denn $n \geq 1$)
$\frac{3}{2n} < \varepsilon$ ist also erfüllt für $n > \frac{3}{2\varepsilon}$.
Damit lässt sich für jedes $\varepsilon > 0$ eine Zahl n angeben, sodass ab dem Glied a_{n+1} alle Glieder der Folge näher als ε an $\frac{1}{2}$ liegen.

f sei eine in einer Umgebung von x_0 definierte Funktion.
Die Zahl g heißt **Grenzwert der Funktion f an der Stelle x_0**, wenn für jede Folge (x_n) mit $x_n \in D_f$ und $x_n \neq x_0$, die den Grenzwert x_0 hat, die Folge der zugehörigen Funktionswerte $(f(x_n))$ gegen den Wert g konvergiert.
Schreibweise: $\lim\limits_{x \to x_0} f(x) = g$
Nähern sich die Funktionswerte bei Annäherung von links (rechts) an x_0 dem Wert g_L (g_R), so spricht man von einem **linksseitigen (rechtsseitigen) Grenzwert.**

Die Funktion f mit $f(x) = \frac{x+1}{x-2}$, $D_f = \mathbb{R}\setminus\{2\}$, ist in der Umgebung von $x_0 = 2$ definiert, an der Stelle x_0 selbst jedoch nicht. Nähert man sich von links an x_0, so gehen die Funktionswerte gegen $-\infty$, nähert man sich x_0 von rechts, so geht $f(x)$ gegen $+\infty$. Es existieren somit ein linksseitiger und ein rechtsseitiger Grenzwert.

$$\lim_{\substack{x \to x_0 \\ x < x_0}} f(x) = g_L$$

$$\lim_{\substack{x \to x_0 \\ x > x_0}} f(x) = g_R$$

3.1 Grenzwertsätze

Grenzwertkriterien für Zahlenfolgen

Eine Zahlenfolge, die den Grenzwert $g = 0$ besitzt, heißt **Nullfolge**. Nullfolgen sind beispielsweise $\left(\frac{1}{n}\right)$, $\left(\frac{3}{n^2}\right)$ oder $\left(\left(\frac{1}{2}\right)^n\right)$.

Grenzwert einer Zahlenfolge

Eine Zahlenfolge (a_n) hat genau dann den **Grenzwert** g, wenn die Zahlenfolge $(a_n - g)$ eine Nullfolge ist.

$$\lim_{n \to \infty} a_n = g \Leftrightarrow \lim_{n \to \infty} (a_n - g) = 0$$

Beispiel: Die Anfangsglieder der Zahlenfolge $\left(\frac{n+3}{2n}\right)$ lauten $\frac{4}{2}$; $\frac{5}{4}$; $\frac{6}{6}$; $\frac{7}{8}$; ...; $\frac{103}{200}$; ... $\frac{1\,003}{2\,000}$, sodass die Folge vermutlich gegen $\frac{1}{2}$ konvergiert. Zur Überprüfung wird die Zahlenfolge

$$(a_n - g) = \left(\frac{n+3}{2n} - \frac{1}{2}\right) = \left(\frac{3}{2n}\right)$$

untersucht. Wegen $\lim_{n \to \infty} \left(\frac{3}{2n}\right) = 0$ hat die gegebene Folge tatsächlich $\frac{1}{2}$ als Grenzwert.

Grenzwertsätze für Zahlenfolgen

Die Zahlenfolge (a_n) konvergiere gegen g_1, die Zahlenfolge (b_n) gegen g_2 (d.h. $\lim_{n \to \infty} a_n = g_1$, $\lim_{n \to \infty} b_n = g_2$). Dann gilt:

$$\lim_{n \to \infty} (a_n \pm b_n) = \lim_{n \to \infty} a_n \pm \lim_{n \to \infty} b_n = g_1 \pm g_2,$$

$$\lim_{n \to \infty} (a_n \cdot b_n) = \lim_{n \to \infty} a_n \cdot \lim_{n \to \infty} b_n = g_1 \cdot g_2,$$

$$\lim_{n \to \infty} \frac{a_n}{b_n} = \frac{\lim_{n \to \infty} a_n}{\lim_{n \to \infty} b_n} = \frac{g_1}{g_2} \quad \text{(sofern } b_n \neq 0 \text{ und } g_2 \neq 0\text{).}$$

Grenzwertsätze für Funktionen

Hat die Funktion f an der Stelle x_0 den Grenzwert g, stimmen dort also links- und rechtsseitiger Grenzwert überein, so bedeutet das anschaulich: Der Graph von f „mündet" sowohl von links als auch von rechts in den Punkt $(x_0; g)$ ein, ganz unabhängig davon, ob f an der Stelle x_0 definiert ist oder nicht.

Grenzwertsätze für Funktionen

Besitzen die Funktionen f und g an der Stelle x_0 einen Grenzwert, so gilt

$$\lim_{x \to x_0} (f(x) \pm g(x)) = \lim_{x \to x_0} f(x) \pm \lim_{x \to x_0} g(x);$$

$$\lim_{x \to x_0} (f(x) \cdot g(x)) = \lim_{x \to x_0} f(x) \cdot \lim_{x \to x_0} g(x),$$

$$\lim_{x \to x_0} \frac{f(x)}{g(x)} = \frac{\lim\limits_{x \to x_0} f(x)}{\lim\limits_{x \to x_0} g(x)} \quad \text{mit} \quad \lim_{x \to x_0} g(x) \neq 0 \quad \text{und} \quad g(x) \neq 0.$$

Viele Funktionen haben als Definitionsbereich die Menge $\mathbb{R}$ bzw. halboffene Intervalle $]-\infty; a]$ oder $[a; +\infty[$. Um solche Funktionen für unbeschränkt wachsendes oder fallendes x untersuchen zu können, wird folgende **Erweiterung der Grenzwertdefinition** für Funktionen vorgenommen:

Grenzwert einer Funktion

Eine Zahl g heißt **Grenzwert von f für unbeschränkt wachsendes oder fallendes x** ($x \to +\infty$ bzw. $x \to -\infty$), wenn für jede Folge (x_n) mit dem Grenzwert $+\infty$ bzw. $-\infty$ die Folge der zugehörigen Funktionswerte $(f(x_n))$ gegen den Wert g konvergiert. Man schreibt:

$$\lim_{x \to +\infty} f(x) = g \quad \text{bzw.} \quad \lim_{x \to -\infty} f(x) = g.$$

Beispiel: Zu untersuchen ist die Funktion f: $f(x) = \frac{x^2 - 1}{x^2 + 1}$, $x \in \mathbb{R}$, für $x \to \pm\infty$.

Aus $f(x) = \frac{x^2 - 1}{x^2 + 1}$ folgt $f(x) = \dfrac{x^2\left(1 - \frac{1}{x^2}\right)}{x^2\left(1 + \frac{1}{x^2}\right)} = \dfrac{1 - \frac{1}{x^2}}{1 + \frac{1}{x^2}}$ und damit:

$$\lim_{x \to +\infty} f(x) = \lim_{x \to +\infty} \frac{1 - \frac{1}{x^2}}{1 + \frac{1}{x^2}} = 1, \quad \lim_{x \to -\infty} f(x) = \lim_{x \to -\infty} \frac{1 - \frac{1}{x^2}}{1 + \frac{1}{x^2}} = 1.$$

Für $x \to \pm\infty$ nähert sich der Graph also immer mehr der Geraden $y = 1$. Eine Gerade, an die sich der Graph einer Funktion f immer mehr „anschmiegt", nennt man **Asymptote** von f.

Reihen

Ist $(a_n) = a_1; a_2; a_3; a_4; \ldots$ eine Zahlenfolge, so heißt $a_1 + a_2 + a_3 + a_4 + \ldots$ **unendliche Reihe** oder kurz **Reihe**.

Man schreibt dafür $\sum\limits_{k=1}^{\infty} a_k$ und versteht darunter die Folge der Partialsummen

$$(s_n) = \left(\sum_{k=1}^{n} a_k\right) = a_1;\ a_1 + a_2;\ a_1 + a_2 + a_3; \ldots$$

Für den Fall der Konvergenz der Partialsummenfolge (s_n) heißt ihr Grenzwert g der **Wert** oder die **Summe der Reihe**.

Eine Reihe nennt man konvergent bzw. divergent, wenn die entsprechende Partialsummenfolge konvergiert bzw. divergiert.

Beispiel: Die Partialsummenfolge zur Nullfolge

$$\left(\frac{1}{2^{n-1}}\right) = 1; \frac{1}{2}; \frac{1}{4}; \frac{1}{8}; \ldots$$

lautet: $(s_n) = 1; 1 + \frac{1}{2}; 1 + \frac{1}{2} + \frac{1}{4}; 1 + \frac{1}{2} + \frac{1}{4} + \frac{1}{8}; \ldots$

$$= 1; \frac{3}{2}; \frac{7}{4}; \frac{15}{8}; \frac{31}{16}; \frac{63}{32}; \ldots; 2 - \frac{1}{2^{n-1}}; \ldots$$

Die Partialsummenfolge $\left(2 - \frac{1}{2^{n-1}}\right)$ ist konvergent, denn

$$\lim_{n \to \infty}\left(2 - \frac{1}{2^{n-1}}\right) = \lim_{n \to \infty} 2 - \lim_{n \to \infty} \frac{1}{2^{n-1}} = 2.$$

Konvergenzkriterium für geometrische Reihen

Die geometrische Reihe $\sum\limits_{k=1}^{\infty} a_1 q^{k-1}$ konvergiert genau dann, wenn $|q| < 1$ ist. Sie hat in diesem Fall die Summe $s = \frac{a_1}{1-q}$.

Beispiel: Für den reinperiodischen unendlichen Dezimalbruch

$0,\overline{27}$ gilt: $0,\overline{27} = \frac{27}{100} + \frac{27}{10\,000} + \ldots = \sum\limits_{k=1}^{\infty} \frac{27}{100}\left(\frac{1}{100}\right)^{k-1}$

$$0,\overline{27} = \frac{\frac{27}{100}}{1 - \frac{1}{100}} = \frac{\frac{27}{100}}{\frac{99}{100}} = \frac{27}{99} = \frac{3}{11}$$

3.2 Stetigkeit von Funktionen

Stetigkeit

Die Funktion f heißt **an der Stelle $x_0 \in D_f$ stetig**, wenn der Grenzwert von f an der Stelle x_0 existiert und mit dem Funktionswert an der Stelle x_0 übereinstimmt.
Die Funktion f heißt **stetig**, wenn sie an *jeder* Stelle ihres Definitionsbereiches stetig ist.

Diese Definition präzisiert die anschauliche Vorstellung von „stetig", wonach sich der Graph einer solchen Funktion gewissermaßen „in einem Zuge" (ohne den Stift abzusetzen) zeichnen lässt.

Unstetigkeitsstellen

Existiert an einer Stelle $x_0 \in D_f$ einer Funktion kein endlicher Grenzwert bzw. stimmen Grenzwert und Funktionswert von f in x_0 nicht überein, so ist f an der Stelle x_0 **unstetig**.

Hauptfälle von Unstetigkeitsstellen

(1) f besitzt an der Stelle x_0 einen Grenzwert; Grenzwert für $x \to x_0$ und Funktionswert $f(x_0)$ stimmen nicht überein.

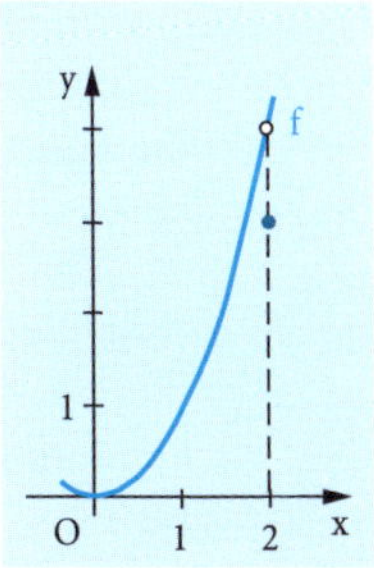

Beispiel: Die Funktion f sei definiert durch

$$f(x) = \begin{cases} x^2; & x \neq 2 \\ 3; & x = 2 \end{cases}$$

Es ist $\lim\limits_{x \to 2} x^2 = 4 \neq f(2) = 3$

(2) f besitzt an der Stelle x_0 einen Grenzwert, ist aber selbst in x_0 nicht definiert.

Beispiel: Die Funktion f mit $f(x) = \frac{x^2 - 1}{x - 1}$ ist für $x_0 = 1$ nicht definiert, besitzt aber den Grenzwert $\lim_{x \to 1} f(x) = 2$. An der Stelle $x_0 = 1$ hat f eine **Lücke.**

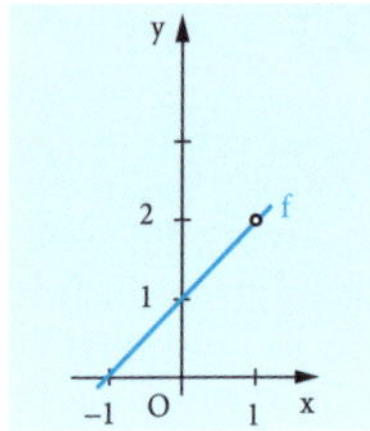

Nun ließe sich eine neue Funktion g „konstruieren" mit $g(x) = \begin{cases} \frac{x^2 - 1}{x - 1}; & x \neq 1 \\ 2; & x = 1 \end{cases}$.

Für diese Funktion g würde $\lim_{x \to 1} g(x) = g(1) = 2$ gelten. g wäre an der Stelle $x_0 = 1$ also stetig. Eine solche Funktion g ist dann **stetige Fortsetzung** der Funktion f an der Stelle x_0. Die Definitionslücke von f ist **stetig hebbar** oder **stetig ergänzbar**.

(3) f hat an der Stelle x_0 keinen Grenzwert, es existiert jedoch der Funktionswert an der Stelle x_0.

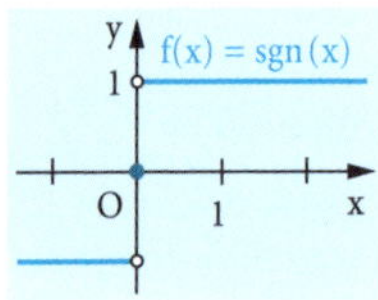

Beispiel: An der Stelle $x_0 = 0$ mit $f(0) = 0$ ist der linksseitige Grenzwert von sgn(x) gleich –1, der rechtsseitige +1. Die Funktion weist an dieser Stelle einen **endlichen Sprung** auf.

(4) f(x) hat an der Stelle x_0 den linksseitigen Grenzwert $+\infty$ und den rechtsseitigen Grenzwert $-\infty$ (oder umgekehrt). f hat hier einen **unendlichen Sprung**.

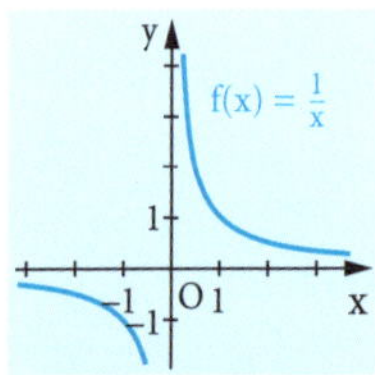

Beispiel: Funktion f mit $f(x) = x^{-1}$; $x_0 = 0$

(5) f besitzt an der Stelle x_0 einen Funktionswert, aber der Grenzwert von f(x) an dieser Stelle existiert nicht.

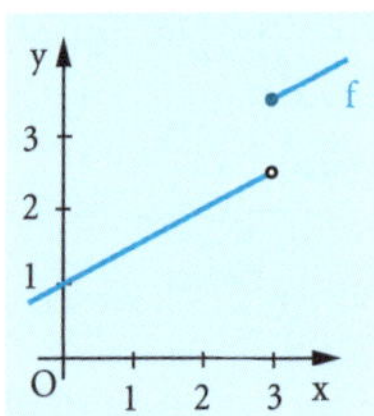

Beispiel: Für f mit $f(x) = 0{,}5x + 1$ für $x < 3$ und $0{,}5x + 2$ für $x \geq 3$ gilt $f(3) = 3{,}5$, aber der Grenzwert für $x \to 3$ existiert nicht. f ist hier unstetig.

Sätze über stetige Funktionen

Stetigkeitssätze für Funktionen

Besitzen die Funktionen f und g einen gemeinsamen Definitionsbereich D und sind sie in $x_0 \in D$ stetig, so sind auch die Funktionen $c \cdot f$ $(c \in \mathbb{R})$, $f + g$, $f - g$ und $f \cdot g$ in x_0 stetig.
Ist ferner $f(x_0) \neq 0$, so sind außerdem die Funktionen $h = \frac{1}{f}$ und $k = \frac{g}{f}$ mit $D_h = D_k = D \setminus \{x \mid f(x) = 0\}$ in x_0 stetig.

3

Nullstellensatz von Bolzano

Ist f eine in einem abgeschlossenen Intervall $[a; b]$ stetige Funktion und gilt $f(a) \cdot f(b) < 0$ (haben also $f(a)$ und $f(b)$ unterschiedliche Vorzeichen), so gibt es wenigstens eine Stelle $x_0 \in \,]a; b[$ mit $f(x_0) = 0$.

Satz über die Annahme von Zwischenwerten

Wenn f eine über dem abgeschlossenen Intervall $[a; b]$ stetige Funktion mit $f(a) \neq f(b)$ ist, dann nimmt f jeden Wert Z, der zwischen den Funktionswerten $f(a)$ und $f(b)$ in den Endpunkten des Intervalls liegt, mindestens einmal an.

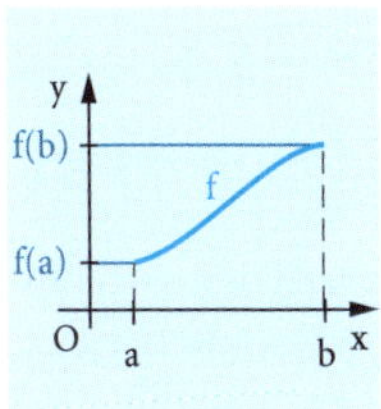

Satz vom Maximum und Minimum (Satz von Weierstraß)

Wenn f eine in einem abgeschlossenen Intervall $[a; b]$ stetige Funktion ist, dann hat f in $[a; b]$ ein Maximum und ein Minimum. Das Maximum (Minimum) ist die größte (kleinste) Zahl unter den Funktionswerten von f in einem Intervall.

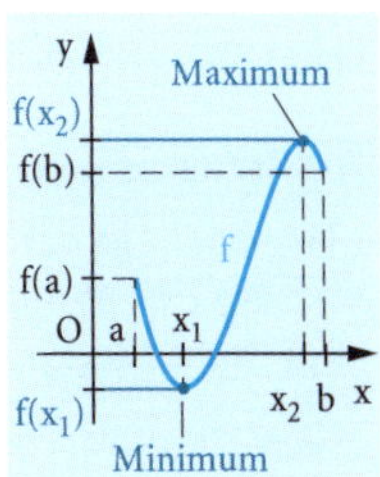

3.3 Ableitung einer Funktion

Für die Untersuchung von Funktionen und ihren Graphen spielt die **Analyse von Grenzwertprozessen** eine besondere Rolle. Der Anstieg eines Funktionsgraphen, das Verhalten einer Kurve in einer „unendlich kleinen" Umgebung eines Punktes oder Übergänge von Sekanten zu Tangenten gehören dabei zu den typischen Problemkreisen.

Differenzenquotient

Es sei $y = f(x)$ eine auf D_f definierte Funktion und $x_0, x_0 + h \in D_f$.
Die Funktion
$d(h) = \frac{f(x_0 + h) - f(x_0)}{h}$ (mit $h \neq 0$) bzw. $d(x) = \frac{f(x) - f(x_0)}{x - x_0}$ (mit $x \neq x_0$)
heißt **Differenzenquotient** von f an der Stelle x_0.

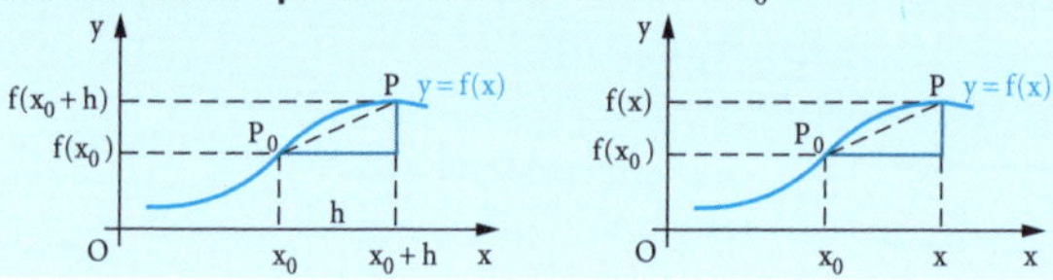

Der Differenzenquotient ist ein Maß für die **mittlere Änderungsrate** der betrachteten Funktion über dem entsprechenden Intervall. Er kennzeichnet den Anstieg der Sekante des Graphen durch die Punkte $P_0(x_0; f(x_0))$ und $P(x; f(x))$. Konvergiert die Differenz $x - x_0$ gegen null, so wird die **Sekante zur Tangente** im Punkt P_0 an den Graphen.

Ableitung

Man nennt f **an der Stelle $x_0 \in D_f$ differenzierbar**, wenn der Grenzwert des Differenzenquotienten
$\lim\limits_{h \to 0} \frac{f(x_0 + h) - f(x_0)}{h}$ bzw. $\lim\limits_{x \to x_0} \frac{f(x) - f(x_0)}{x - x_0}$ in $\mathbb{R}$ existiert.
Dieser Grenzwert heißt **Ableitung** oder **Differenzialquotient** der Funktion f an der Stelle x_0. Man schreibt:
$\lim\limits_{h \to 0} \frac{f(x_0 + h) - f(x_0)}{h} = f'(x_0)$ (gesprochen *f Strich von x_o*)

Der Differenzialquotient (die Ableitung) kennzeichnet die **momentane (punktuelle)** Änderungsrate der Funktion f. Er ist ein Maß für den **Anstieg der Tangente** an den Graphen von f im Punkt P_0. Für den Steigungswinkel α der Tangente im Punkt P_0 gilt $f'(x_0) = \tan \alpha$.

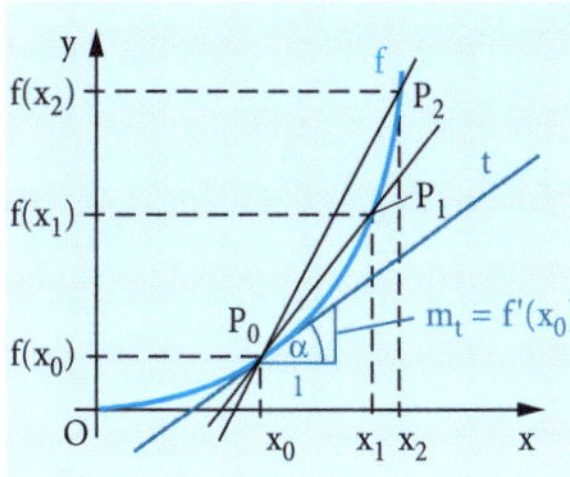

Andere Schreib- und Sprechweisen für die Ableitung einer Funktion f an der Stelle x_0:

$$f'(x_0) = \left.\frac{df(x)}{dx}\right|_{x_0} \quad \textit{df(x) nach dx an der Stelle } x_0,$$

$$= \left.\frac{dy}{dx}\right|_{x_0} \quad \textit{dy nach dx an der Stelle } x_0,$$

$$= y'\big|_{x_0} \quad \textit{y Strich an der Stelle } x_0.$$

Höhere Ableitungen

Ist die Ableitungsfunktion f' mit $y' = f'(x)$ einer Funktion f wiederum differenzierbar, so heißt die Funktion f (an einer Stelle x_0 oder im gesamten Definitionsbereich) **zweimal differenzierbar**; man erhält die **zweite Ableitung** von f.

Man schreibt: $y'' = f''(x)$ (lies: *y zwei Strich gleich f zwei Strich von x*) oder $\frac{d^2y}{dx^2}$ (lies: *d zwei y nach dx Quadrat*). Ab der vierten Ableitung schreibt man $y^{(4)} = f^{(4)}(x), \ldots, \ y^{(n)} = f^{(n)}(x)$.

3.4 Differenziationsregeln

Konstantenregel

Eine konstante Funktion $f(x) = c$ ($c \in \mathbb{R}$, aber fest) besitzt für alle $x \in \mathbb{R}$ die Ableitung $f'(x) = 0$.

Potenzregel

Die Funktion $f(x) = x^n$, $n \in \mathbb{N}$, $n \geq 1$, ist differenzierbar und es gilt $f'(x) = n \cdot x^{n-1}$.

Die Potenzregel gilt unter bestimmten Bedingungen auch für ganzzahlig negative, für rationale und für reelle Exponenten.

Faktorregel

Ist g eine differenzierbare Funktion, so ist auch die Funktion f mit $f(x) = k \cdot g(x)$ $(k \in \mathbb{R})$ differenzierbar, und es gilt $f'(x) = k \cdot g'(x)$.

Beispiel: Als Ableitung von $f(x) = 8 \cdot x^5$ erhält man nach der Faktor- und nach der Potenzregel $f'(x) = 8 \cdot (5 \cdot x^4) = 40 \cdot x^4$.

Summenregel

Sind zwei Funktionen u und v in x_0 differenzierbar, so ist an dieser Stelle auch die Summenfunktion s mit $s(x) = u(x) + v(x)$ differenzierbar. Es gilt:
$s'(x_0) = u'(x_0) + v'(x_0)$ (*Kurzform:* $s = u + v \Rightarrow s' = u' + v'$)
Das heißt: Eine Summenfunktion wird summandenweise differenziert.

Beispiel: Zu ermitteln ist die Ableitung der Funktion $f(x) = 8x^3 + 50x^2$. Setzt man $u(x) = 8x^3$ und $v(x) = 50x^2$ und differenziert summandenweise, so erhält man $u'(x) = 24x^2$ und $v'(x) = 100x$. Nach der Summenregel folgt $f'(x) = 24x^2 + 100x$.

Ist eine der Summandenfunktionen eine konstante Funktion, so folgt mit $v(x) = c$ ($c \in R$, aber fest) als **Sonderfall der Summenregel**: $s(x) = u(x) + c$ und $s'(x_0) = u'(x_0)$. Funktionen, deren Terme sich nur durch eine additive Konstante unterscheiden, haben also die gleiche Ableitung.

Produktregel

Sind zwei Funktionen u und v in x_0 differenzierbar, so ist auch die Funktion p mit $p(x) = u(x) \cdot v(x)$ an dieser Stelle differenzierbar. Es gilt:

$p'(x_0) = u'(x_0) \cdot v(x_0) + v'(x_0) \cdot u(x_0)$
(*Kurzform*: $p = u \cdot v \Rightarrow p' = u' \cdot v + v' \cdot u$)

Die Produktregel lässt sich auf endlich viele Faktoren erweitern. In Kurzform: $u' \cdot v \cdot w + u \cdot v' \cdot w + u \cdot v \cdot w'$

Quotientenregel

Sind zwei Funktionen u und v in x_0 differenzierbar und ist $v(x) \neq 0$, dann ist auch die Funktion q mit $q(x) = \frac{u(x)}{v(x)}$ an der Stelle x_0 differenzierbar. Es gilt:

$$q'(x_0) = \frac{u'(x_0) \cdot v(x_0) - v'(x_0) \cdot u(x_0)}{(v(x_0))^2}$$

$\left(\textit{Kurzform}: q = \frac{u}{v} \Rightarrow q' = \frac{u'v - v'u}{v^2}\right)$

Kettenregel

Es sei die Funktion u an der Stelle x_0 und die Funktion v an der Stelle $u(x_0)$ differenzierbar. Dann ist auch die verkettete Funktion $f = v \circ u$ (gesprochen: v nach u) in x_0 differenzierbar und es gilt $f'(x_0) = v'(u(x_0)) \cdot u'(x_0)$.

Das heißt: Die Ableitung einer verketteten Funktion ist gleich dem Produkt der Ableitungen von äußerer und innerer Funktion (↑ S. 15). **Leibnizsche Schreibweise** der Kettenregel:

Ist $y = f(x) = v(z)$ mit $z = u(x)$ und $f'(x) = \frac{dy}{dx}$, $v'(z) = \frac{dy}{dz}$, $u'(x) = \frac{dz}{dx}$, dann gilt: $\frac{dy}{dx} = \frac{dy}{dz} \cdot \frac{dz}{dx}$

Beispiel: Die Funktion $f(x) = (x^4 - x^3 + 2x^2 - 1)^{25}$ ist die Verkettung f mit $f(x) = v(u(x))$ aus der inneren Funktion

$z = u(x) = x^4 - x^3 + 2x^2 - 1$
und der äußeren Funktion $v(z) = z^{25}$, kurz:
$f = v \circ u$. Demzufolge ist $u'(x) = \frac{dz}{dx} = 4x^3 - 3x^2 + 4x$ und $v'(z) = \frac{dy}{dz} = 25 \cdot z^{24}$. Dann gilt

$$f'(x) = \frac{dy}{dx} = \frac{dy}{dz} \cdot \frac{dz}{dx} = 25 \cdot z^{24} \cdot (4x^3 - 3x^2 + 4x)$$
$$= 25(x^4 - x^3 + 2x^2 - 1)^{24} \cdot (4x^3 - 3x^2 + 4x).$$

Umkehrregel

Es sei f eine in ihrem Definitionsintervall $]a; b[$ umkehrbare und differenzierbare Funktion mit $f'(x_0) \neq 0$ ($x_0 \in]a; b[$). Dann ist die zu f inverse Funktion f^{-1} an der Stelle $y_0 = f(x_0)$ ebenfalls differenzierbar und es gilt:

$$(f^{-1}(y_0))' = \frac{1}{f'(x_0)} \quad \text{oder} \quad \left.\frac{dx}{dy}\right|_{y = y_0} = \left.\frac{1}{\frac{dy}{dx}}\right|_{x = x_0}$$

Beispiel: Es sei die Ableitung der Funktion $y = f(x) = \sqrt{x - 2}$ ($x \geq 2$) an einer Stelle $x_0 \in D_f$ zu ermitteln.

- f ist eine für $x_0 \geq 2$ umkehrbare Funktion. Die Umkehrfunktion von f ist f^{-1} mit $x = f^{-1}(y) = y^2 + 2, y_0 \geq 0$.
- f^{-1} ist für alle $y_0 > 0$ differenzierbar.
  Es gilt $(f^{-1}(y_0))' = 2y_0$. Für $y_0 > 0$ ist $(f^{-1}(y_0))' \neq 0$.
- Dann ist auch f differenzierbar und es folgt
  $f'(x_0) = \frac{1}{(f^{-1}(y_0))'} = \frac{1}{2y_0} = \frac{1}{2 \cdot \sqrt{x_0 - 2}}$ $(x_0 > 2)$.

Ableitung von Funktionen in Parameterdarstellung

Eine in Parameterdarstellung gegebene Funktion (S. 9) $y = f(x)$ mit $x = \varphi(t)$ und $y = \psi(t)$ ist differenzierbar, wenn $\varphi(t)$ und $\psi(t)$ nach t differenzierbar sind und $\varphi'(t) \neq 0$ ist.
Die Ableitungsfunktion lautet dann $f'(x) = \frac{\psi'(t)}{\varphi'(t)}$

3.5 Ableitungen elementarer Funktionen

Ableitung elementarer Funktionen			
f(x)		f'(x)	f''(x)
c	$c \in \mathbb{R}$, const.	0	0
x^n	$n \in \mathbb{N}, n > 0$ $n \in \mathbb{Z}, x \neq 0$ $n \in \mathbb{R}, x > 0$	$n x^{n-1}$	$n(n-1)x^{n-2}$
$\sqrt{x}$	$x \in \mathbb{R}, x \geq 0$	$\frac{1}{2\sqrt{x}}$ $(x > 0)$	$\frac{-1}{4x\sqrt{x}}$ $(x > 0)$
$\sin x$	$x \in \mathbb{R}$	$\cos x$	$-\sin x$
$\cos x$	$x \in \mathbb{R}$	$-\sin x$	$-\cos x$
$\tan x$	$x \in \mathbb{R}$, $x \neq (2k+1)\frac{\pi}{2}, k \in \mathbb{Z}$	$\frac{1}{\cos^2 x} = 1 + \tan^2 x$	$2 \tan x \,(1 + \tan^2 x)$
$\arcsin x$	$x \in [-1; 1]$	$\frac{1}{\sqrt{1-x^2}}, \lvert x\rvert \neq 1$	$\frac{x}{(1-x^2)\sqrt{1-x^2}}, \lvert x\rvert \neq 1$
$\arccos x$	$x \in [-1; 1]$	$-\frac{1}{\sqrt{1-x^2}}, \lvert x\rvert \neq 1$	$\frac{-x}{(1-x^2)\sqrt{1-x^2}}, \lvert x\rvert \neq 1$
$\arctan x$	$x \in \mathbb{R}$	$\frac{1}{1+x^2}$	$\frac{-2x}{(1+x^2)^2}$
a^x	$a \in \mathbb{R}, a > 0, a \neq 1;$ $x \in \mathbb{R}$	$a^x \ln a$	$a^x (\ln a)^2$
e^x	$x \in \mathbb{R}$	e^x	e^x
$\log_a x$	$a \in \mathbb{R}, a > 0, a \neq 1;$ $x \in \mathbb{R}^+$	$\frac{1}{x \cdot \ln a}$	$\frac{-1}{x^2 \cdot \ln a}$
$\ln x$	$x \in \mathbb{R}^+$	$\frac{1}{x}$	$-\frac{1}{x^2}$

3.6 Sätze über differenzierbare Funktionen

Satz von Rolle

Ist eine Funktion f im abgeschlossenen Intervall $[a; b]$ stetig, im offenen Intervall $]a; b[$ differenzierbar und gilt $f(a) = f(b)$, dann existiert mindestens eine Stelle c zwischen a und b (also $c \in]a; b[$), sodass $f'(c) = 0$ ist.

Geometrische Deutung: Wenn die Randpunkte A, B des abgeschlossenen Intervalls [a; b] gleiche y-Werte besitzen, dann gibt es zwischen A und B mindestens einen Punkt C des Graphen der Funktion f, in dem die Tangente parallel zur x-Achse verläuft.

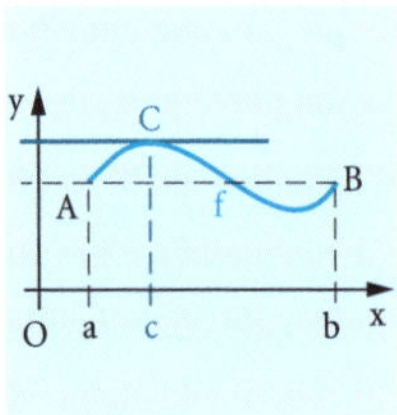

Mittelwertsatz der Differenzialrechnung

Ist eine Funktion f im abgeschlossenen Intervall $[a; b]$ stetig und im offenen Intervall $]a; b[$ differenzierbar, dann existiert mindestens eine Stelle c zwischen a und b, sodass $\frac{f(b) - f(a)}{b - a} = f'(c)$ $(c \in]a; b[)$.

Geometrische Deutung: Ist die durch einen Graphen dargestellte Funktion für $a < x < b$ differenzierbar, so muss es mindestens einen Punkt C(c; f(c)) geben, in dem die Tangente parallel zur Sekante durch die Punkte A(a; f(a)) und B(b; f(b)) verläuft.

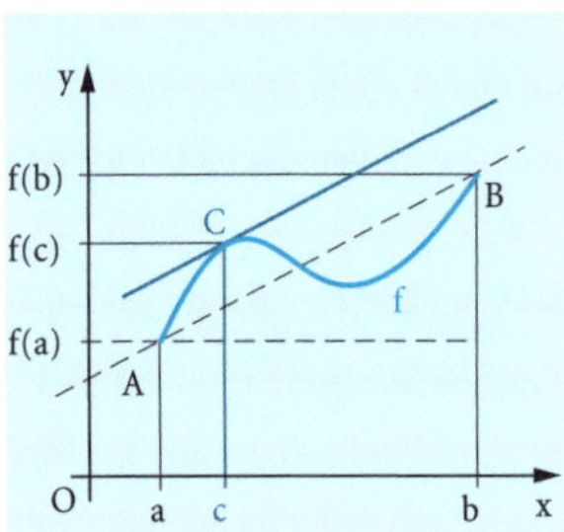

Regel von de l'Hospital

Es seien die Funktionen u und v in einer Umgebung von x_0 differenzierbar und ihre Ableitungsfunktionen in x_0 stetig. Ist nun $u(x_0) = v(x_0) = 0$ sowie $v'(x) \neq 0$ in einer Umgebung von x_0, so gilt
$\lim\limits_{x \to x_0} \frac{u(x)}{v(x)} = \lim\limits_{x \to x_0} \frac{u'(x)}{v'(x)}$, falls $\lim\limits_{x \to x_0} \frac{u'(x)}{v'(x)}$ existiert.

3

Diese Regel kann dann von Nutzen sein, wenn die formale Anwendung der Grenzwertsätze auf unbestimmte Ausdrücke wie $\frac{0}{0}$ oder $\frac{\infty}{\infty}$ führt.

Beispiel: Die Grenzwertsätze ergeben für $\lim\limits_{x \to 0} \frac{\sin x}{x}$ den unbestimmten Ausdruck $\frac{0}{0}$. Mithilfe der Regel von de l'Hospital erhält man: $\lim\limits_{x \to 0} \frac{\sin x}{x} = \lim\limits_{x \to 0} \frac{(\sin x)'}{(x)'} = \lim\limits_{x \to 0} \frac{\cos x}{1} = 1.$

Ergibt sich beim Anwenden der Regeln von de l'Hospital erneut ein unbestimmter Ausdruck der Form $\frac{0}{0}$ bzw. $\frac{\infty}{\infty}$, so kann man diese Regeln mehrfach nutzen. Unbestimmte Ausdrücke der Form $0 \cdot \infty, \infty - \infty, 0^0, 1^\infty$ oder ∞^0 lassen sich häufig auf die Form $\frac{0}{0}$ oder $\frac{\infty}{\infty}$ bringen, sodass man die Regel von de l'Hospital anwenden kann.

Beispiel: Der Grenzwert $\lim\limits_{x \to 0} \left(\frac{1}{x} - \frac{1}{\sin x}\right)$ führt auf den unbestimmten Ausdruck $\infty - \infty$. Die mehrmalige Anwendung der Regel von de l'Hospital ergibt:

$$\lim_{x \to 0} \frac{\sin x - x}{x \cdot \sin x} = \lim_{x \to 0} \frac{\cos x - 1}{\sin x + x \cdot \cos x} = \lim_{x \to 0} \frac{-\sin x}{2\cos x - x \cdot \sin x} = 0.$$

Grenzwertregel für $x \to \infty$

Es seien die Funktionen u und v für alle $x > a$ $(a \in \mathbb{R}^+)$ differenzierbar.
Ist nun $\lim\limits_{x \to \infty} u(x) = \lim\limits_{x \to \infty} v(x) = 0$ sowie $v'(x) \neq 0$, so gilt
$\lim\limits_{x \to \infty} \frac{u(x)}{v(x)} = \lim\limits_{x \to \infty} \frac{u'(x)}{v'(x)}$, falls $\lim\limits_{x \to \infty} \frac{u'(x)}{v'(x)}$ existiert.

3.7 Funktionseigenschaften

Monotonieverhalten

Monotonie und 1. Ableitung an einer Stelle

Ist eine Funktion f an einer Stelle x_0 differenzierbar und

monoton wachsend,	**monoton fallend,**
so gilt $\mathbf{f'(x_0) \geq 0}$	so gilt $\mathbf{f'(x_0) \leq 0}$.

f ist monton wachsend – ihr Graph hat also folgendes Aussehen:

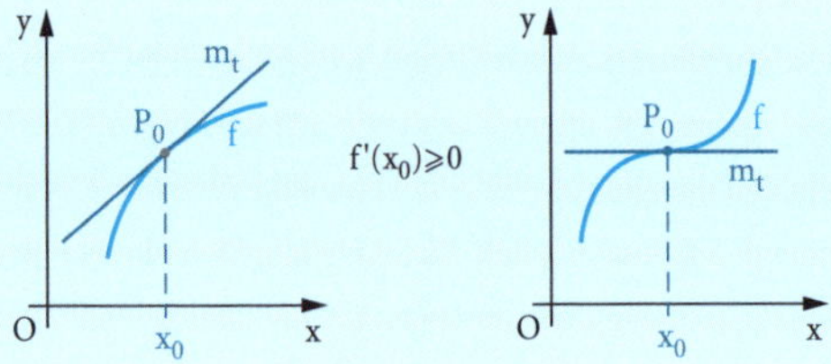

Dann gilt: Der Anstieg m_t der Tangente an den Graphen von f im Punkt $P_0(x_0; f(x_0)$ ist positiv oder mindestens null. **Ist f monton fallend**, dann ist der Anstieg m_t der Tangente an den Graphen von f im Punkt $P_0(x_0; f(x_0)$ negativ oder höchstens null.

Monotonie und 1. Ableitung in einem Intervall

Eine im offenen Intervall I differenzierbare Funktion f ist in diesem Intervall genau dann **monoton wachsend** bzw. **monton fallend**, wenn für alle $x \in I$ gilt $f'(x) \geq 0$ bzw. $f'(x) \leq 0$.

Extrema

Maximum und Minimum einer Funktion (↑ S. 61) werden auch als Extremwerte bezeichnet. Man unterscheidet **globale Extrema**, die den jeweils absolut größten bzw. kleinsten Funktionswert *in einem Intervall* [a; b] kennzeichnen, und **lokale Extrema** $f(x_E)$, die den jeweils größten bzw. kleinsten Funktionswert *in einer Umgebung* von x_E angeben.

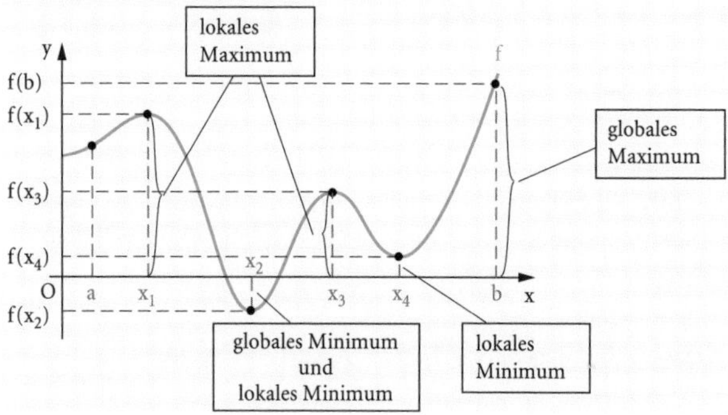

Lokale Maxima und Minima

Ist eine Funktion f in einem offenen Intervall I definiert und x_E ein innerer Punkt von I, dann heißt $f(x_E)$ ein

lokales Maximum	**lokales Minimum**
der Funktion f, wenn es ein $\varepsilon > 0$ gibt, sodass für jedes $x \in I$ gilt:	
$x_E - \varepsilon < x < x_E + \varepsilon \Rightarrow f(x) < f(x_E)$	$x_E - \varepsilon < x < x_E + \varepsilon \Rightarrow f(x) > f(x_E)$

x_E nennt man lokale Extremstelle (Maximum- bzw. Minimumstelle) von f, den Punkt $E(x_E; f(x_E))$ lokalen Extrempunkt (Maximum- bzw. Minimumpunkt) des Graphen von f. Mitunter unterscheidet man zwischen lokalen Extrema im engeren Sinne (ohne Gleichheitszeichen) und im weiteren Sinne (mit Gleichheitszeichen).

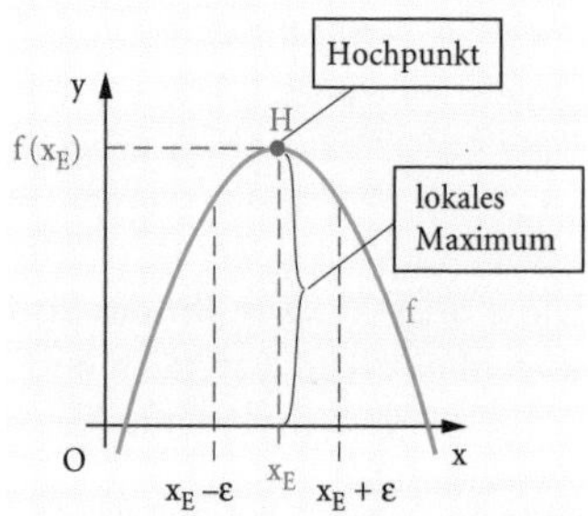

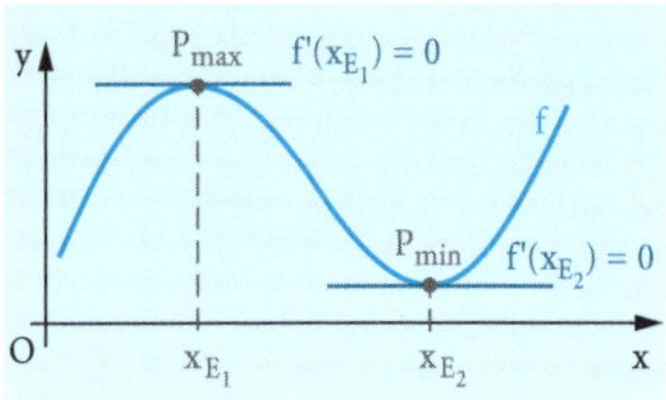

Charakteristisches Merkmal eines lokalen Extremums ist die Änderung des Monotonieverhaltens der Funktion von „monoton wachsend" in „monoton fallend" (beim lokalen Maximum) bzw. umgekehrt (beim lokalen Minimum). An den lokalen Extremstellen selbst gilt demzufolge $f'(x_0) = 0$, die Tangenten an den Graphen von f verlaufen hier parallel zur x-Achse.

Notwendige Bedingung für lokale Extremstellen

Ist die Funktion f in ihrem Definitionsbereich D_f differenzierbar und $x_E \in D_f$ eine lokale Extremstelle von f, so gilt $f'(x_E) = 0$.

Die Bedingung $f'(x_E) = 0$ ist *notwendig*, aber *nicht hinreichend* – sie kann an einer Stelle x_E erfüllt sein, *ohne* dass dort ein Extremum vorliegt. Zum Beispiel gilt für die Funktion f mit $f(x) = x^3$ zwar $f'(0) = 0$, aber die Funktion besitzt an der Stelle 0 *kein* lokales Extremum. Damit an einer Stelle x_E mit $f'(x_E) = 0$ ein Extremum vorliegt, müssen weitere Bedingungen erfüllt sein.

Vorzeichenwechselkriterium (VZW-Kriterium)

Gilt für eine Funktion $f'(x) = 0$ und liegt an der Stelle x_0 für $f'(x)$ ein
- (+/–)-VZW vor, so hat f an der Stelle x_0 ein **lokales Maximum**,
- (–/+)-VZW vor, so hat f an der Stelle x_0 ein **lokales Minimum**.

Diese Bedingung ist für das Vorhandensein eines Extremums sowohl notwendig als auch hinreichend.

Rechnerisch meist einfacher zu handhaben ist das folgende Kriterium:

Notwendige und hinreichende Bedingung

Die Funktion f sei in D_f n-mal differenzierbar. Gilt für $x_E \in D_f$ und n gerade, $n \geq 2$, $f'(x_E) = f''(x_E) = f'''(x_E) = \ldots = f^{(n-1)}(x_E) = 0$ und $f^{(n)}(x_E) \neq 0$, so hat die Funktion an der Stelle x_E ein lokales Extremum, und zwar für $f^{(n)}(x_E) > 0$ ein **lokales Minimum**, für $f^{(n)}(x_E) < 0$ ein **lokales Maximum**.

Die erste von null verschiedene Ableitung an der Stelle x_E muss also eine geradzahlige Ableitung sein. Im einfachsten Fall ist somit $f'(x_E) = 0$ und $f''(x_E) \neq 0$ notwendig und hinreichend für die Existenz eines Extremums an der Stelle x_E.

Beispiel: $f(x) = \frac{1}{3}x^3 + \frac{1}{2}x^2 - 2x$

- Es wird die 1. und die 2. Ableitung von f gebildet:
  $f'(x) = x^2 + x - 2$; $f''(x) = 2x + 1$
- Man ermittelt die Stellen, für welche die notwendige Bedingung $f'(x) = 0$ erfüllt ist. Die sich so ergebende quadratische Gleichung $x^2 + x - 2 = 0$ hat die Lösungen $x_1 = 1$ und $x_2 = -2$. An diesen Stellen *kann* also eine Extremstelle vorliegen.
- Man überprüft, ob an diesen Stellen tatsächlich Extremstellen sind, ob dort also die hinreichende Bedingung für eine Extremstelle erfüllt ist. Unter Verwendung von
  $f''(x) = 2x + 1$ erhält man
  $f''(1) = 3 > 0$, d. h., $x_1 = 1$ ist eine Minimumstelle von f;
  $f''(-2) = -3 < 0$, d. h., $x_2 = -2$ ist eine Maximumstelle von f.

Krümmungsverhalten und Wendepunkte

Krümmungsverhalten

Ist f eine im Intervall I differenzierbare Funktion und ist f' in I

streng monoton fallend,	streng monoton wachsend,

dann bezeichnet man den Graphen von f in I als

rechtsgekrümmt.	**linksgekrümmt.**

Bei einem **rechtsgekrümmten Graphen** liegen die Tangenten *oberhalb* des Graphen und die Tangentenanstiege werden mit wachsendem x immer *kleiner*. Bei einem **linksgekrümmten Graphen** liegen die Tangenten *unterhalb* des Graphen und die Tangentenanstiege werden mit wachsendem x immer *größer*.

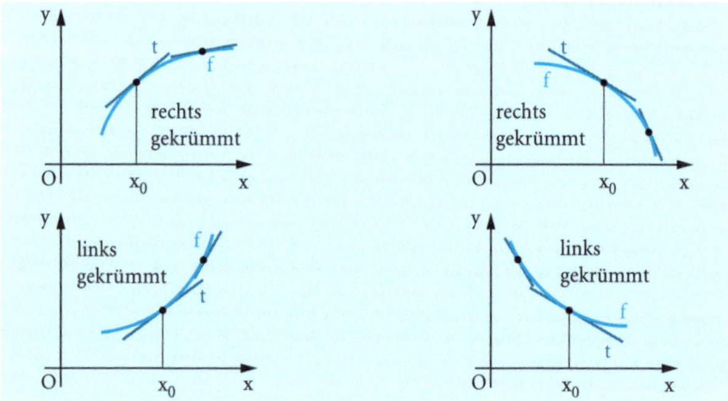

Hinreichendes Kriterium für Krümmungsverhalten

Gilt für alle x eines Intervalls I

$f''(x) < 0$, ist f' also fallend,	$f''(x) > 0$, ist f' also wachsend,

dann ist der Graph von f in I

rechtsgekrümmt.	**linksgekrümmt.**

Wendestellen

Stellen, an denen ein Funktiosgraph sein Krümmungsverhalten von rechtsgekrümmt in linksgekrümmt (oder umgekehrt) ändert, nennt man **Wendestellen** und die zugehörigen Punkte **Wendepunkte**.

Notwendige Bedingung für eine Wendestelle

Ist die Funktion f in D_f zweimal differenzierbar und $x_W \in D_f$ eine Wendestelle von f, so gilt $f''(x_W) = 0$.

Die Bedingung $f''(x_W) = 0$ ist *notwendig,* aber *nicht hinreichend.* Zum Beispiel gilt für $f(x) = x^4$ zwar $f''(0) = 0$, aber die Funktion f hat an der Stelle 0 *keinen Wendepunkt.*

Notwendige und hinreichende Bedingung

Die Funktion f sei in D_f n-mal differenzierbar.
Gilt für $x_W \in D_f$, n ungerade und $n \geq 3$,
$f''(x_w) = f'''(x_w) = \ldots = f^{(n-1)}(x_w) = 0$ und $f^{(n)}(x_w) \neq 0$, so hat die Funktion an der Stelle x_w einen Wendepunkt.

3

Die erste von null verschiedene Ableitung an der Stelle x_w muss also eine *ungeradzahlige* Ableitung sein. Im einfachsten Fall ist somit $f''(x_w) = 0$ und $f'''(x_w) \neq 0$ notwendig und hinreichend für die Existenz eines Wendepunktes an der Stelle x_w.

Beispiel: Die Funktion $f(x) = x^4 - 6x^3 + 12x^2 - 8x + 1$ ist auf Wendepunkte zu untersuchen.

- Man bildet die ersten drei Ableitungen:
  $f'(x) = 4x^3 - 18x^2 + 24x - 8$;
  $f''(x) = 12x^2 - 36x + 24$; $f'''(x) = 24x - 36$
- Die Nullstellen der 2. Ableitung sind die vermutlichen Wendestellen:
  $12x^2 - 36x + 24 = 0$,
  also $x^2 - 3x + 2 = 0 \Rightarrow x_1 = 1, x_2 = 2$
- Man prüft, ob die 3. Ableitung an den Stellen x_1 und x_2 ungleich 0 ist:
  $f'''(1) = -12 \neq 0$, $f'''(2) = 12 \neq 0$

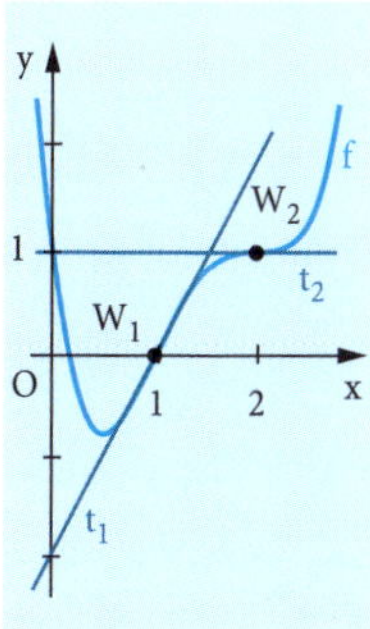

Das heißt: $x_1 = 1$ und $x_2 = 2$ sind Wendestellen von f.

Der Graph obiger Funktion zeigt (und die Rechnung $f'(2) = 0$ bestätigt dies), dass es Wendestellen x_w gibt, für die außerdem $f'(x_w) = 0$ gilt. Die (Wende-)Tangente an den Graphen von f verläuft in diesem Falle also parallel zur x-Achse. Man nennt solche Wendepunkte **Sattelpunkte, Terrassenpunkte** oder **Horizontalwendepunkte**.

Verhalten im Unendlichen

Ist der Definitionsbereich einer Funktion wenigstens nach einer Seite unbeschränkt, so kann man den Grenzwert des Funktionsterms für $x \to \pm\infty$ ermitteln, um das **Verhalten der Funktion** bzw. dessen Graphen **im Unendlichen** zu bestimmen.

Ganzrationale Funktionen

$$\lim_{x \to \pm\infty} f(x) = \lim_{x \to \pm\infty} (a_n x^n + a_{n-1} x^{n-1} + \ldots + a_2 x^2 + a_1 x + a_0), \quad (n \in \mathbb{N}, a_n \neq 0)$$

$$= \lim_{x \to \pm\infty} x^n \left(a_n + \frac{a_{n-1}}{x} + \ldots + \frac{a_2}{x^{n-2}} + \frac{a_1}{x^{n-1}} + \frac{a_0}{x^n} \right) = a_n \cdot \lim_{x \to \pm\infty} x^n.$$

Außer dem ersten Glied besitzen alle anderen Klammersummanden den Grenzwert 0. Für das Verhalten im Unendlichen sind also der Grenzwert $\lim_{x \to \pm\infty} x^n$ und das Vorzeichen von a_n entscheidend.

$n \in \mathbb{N}$	**gerade**	**gerade**	**ungerade**	**ungerade**
$a_n \in \mathbb{R}$	$a_n > 0$	$a_n < 0$	$a_n > 0$	$a_n < 0$
$\lim_{x \to -\infty} f(x)$	$+\infty$	$-\infty$	$-\infty$	$+\infty$
$\lim_{x \to \infty} f(x)$	$+\infty$	$-\infty$	$+\infty$	$-\infty$

Gebrochenrationale Funktionen

$$f(x) = \frac{u(x)}{v(x)} = \frac{a_n x^n + a_{n-1} x^{n-1} + \ldots + a_2 x^2 + a_1 x + a_0}{b_m x^m + b_{m-1} x^{m-1} + \ldots + b_2 x^2 + b_1 x + b_0} \quad (a_n \neq 0; b_m \neq 0)$$

$n < m$	$\lim_{x \to \pm\infty} f(x) = 0$. Der Graph der Funktion nähert sich der Geraden $y = 0$, die x-Achse ist Asymptote.
$n = m$	$\lim_{x \to \pm\infty} f(x) = \frac{a_n}{b_m}$. Die Gerade $y = \frac{a_n}{b_m}$ ist Asymptote.
$n > m$	$\lim_{x \to \pm\infty} f(x) = \mp\infty$ oder $\pm\infty$ oder $+\infty$ oder $-\infty$. Der Funktionsterm kann durch Division in einen ganzrationalen Anteil $g(x)$ (die Grenzkurve) und in einen echt gebrochenrationalen Anteil $e(x)$ zerlegt werden.

3.8 Kurvendiskussion

Das Ermitteln charakteristischer Stellen und das Auffinden typischer Eigenschaften einer durch eine Gleichung gegebenen Funktion und ihres Graphen wird auch als **Kurvendiskussion** bezeichnet.

Grundsätzliche Vorgehensweise

- Bestimmen des (größtmöglichen) Definitionsbereichs;
- Untersuchen auf Symmetrieeigenschaften (↑ S.11);
- Untersuchen des Verhaltens im Unendlichen; Bestimmen eventueller Asymptoten (↑ S.76);
- Untersuchen auf Stetigkeit/Unstetigkeit (↑ S.59);
- Bestimmen der Nullstellen bzw. der Schnittpunkte mit der x-Achse (↑ S.13 und Kapitel 2);
- Ermitteln der Schnittpunkte mit der y-Achse;
- Untersuchen des Monotonieverhaltens (↑ S.70);
- Berechnen der lokalen Extrema bzw. der lokalen Extrempunkte (↑ S.71);
- Untersuchen des Krümmungsverhaltens des Graphen (↑ S.73); Ermitteln der Wendestellen bzw. Wendepunkte, ggf. auch der Wendetangenten (↑ S.74);
- Zeichnen des Graphen.

Ein vollständiges Bearbeiten aller zehn Gesichtspunkte ist nicht immer erforderlich. Die Auswahl muss unter Beachtung der Funktionsart und des jeweiligen Untersuchungsproblems getroffen werden.

Beim Bearbeiten von Extremwertproblemen geht es um das Ermitteln derjenigen Lösung aus der Menge aller Lösungen für ein bestimmtes Problem, die unter Berücksichtigung vorgegebener Bedingungen die optimale Variante darstellt.

Es sollen zylinderförmige Blechdosen mit einem Volumen von 1000 cm^3 hergestellt werden. Wie groß müssen Durchmesser und Höhe der Dosen gewählt werden, damit der Blechverbrauch möglichst gering ist? (Die Blechstärke und der Bedarf für Falze u. Ä. bleiben hier unberücksichtigt.)

Grundsätzliche Lösungsstrategie

1 **Analyse und Mathematisierung des Problems**	Es sind Durchmesser d und Höhe h eines Zylinders mit dem Volumen $V = 1000\ cm^3$ so zu ermitteln, dass die Oberfläche O des Zylinders minimal wird.
2 **Aufstellen der Zielfunktion** (also einer Funktionsgleichung mit derjenigen Größe als abhängige Variable, die einen Extremwert annehmen soll)	Für den Oberflächeninhalt eines Zylinders mit dem Durchmesser d und der Höhe h gilt $O = \pi \frac{d^2}{2} + d\pi h.$ Die Zielfunktion ist abhängig von den zwei Variablen d und h. $O(d, h) = \pi \frac{d^2}{2} + d\pi h$
3 **Angabe von Nebenbedingungen** (die Beziehungen zwischen abhängiger und unabhängigen Variablen in der Zielfunktion herstellen)	Für das Zylindervolumen gilt: $V = \frac{\pi d^2 h}{4}$, im vorliegenden Fall also $1000 = \frac{\pi d^2 h}{4}$, woraus $h = \frac{4000}{\pi d^2}$ folgt.

4 **Einsetzen der Nebenbedingungen in die Zielfunktion** (um eine Zielfunktion mit genau einer unabhängigen Variablen zu erhalten)

Aus $O(d, h) = \pi \frac{d^2}{2} + d\pi h$ und $h = \frac{4000}{\pi d^2}$ folgt:

$$O(d) = \pi \frac{d^2}{2} + \frac{4000}{d}$$

5 **Festlegen des Definitionsbereichs und Berechnen der Ableitungen**

Da der Durchmesser eine positive Zahl sein muss, wird $d \in \mathbb{R}^+$ festgelegt.

$O'(d) = \pi d - \frac{4000}{d^2}$; $O''(d) = \pi + \frac{8000}{d^3}$

6 **Bestimmen des lokalen Extremums**

Aus $\pi d - \frac{4000}{d^2} = 0$ folgt $d^3 = \frac{4000}{\pi}$

und damit $d = \sqrt[3]{\frac{4000}{\pi}} \approx 10{,}84$ (cm).

Da $O''(d) > 0$ für alle d, ist $d \approx 10{,}84$ eine lokale Minimumstelle von O(d).

7 **Ermitteln des globalen Extremums**

Die einzige lokale Extremstelle der im Definitionsbereich stetigen Funktion O(d) ist eine Minimumstelle, die damit auch globale Minimumstelle ist. Erst bei Existenz einer zweiten Extremstelle (hier einer Maximumstelle) im Definitionsbereich könnten die Funktionswerte an den Intervallgrenzen u. U. kleiner als das ermittelte lokale Minimum sein.

8 **Bestimmen der Werte der anderen Variablen im Extremfall und Interpretieren des Resultats der Berechnung**

Aus $d = \sqrt[3]{\frac{4000}{\pi}}$ folgt $h = \frac{4000}{\pi \cdot \left(\sqrt[3]{\frac{4000}{\pi}}\right)^2}$,

also $h = \sqrt[3]{\frac{4000}{\pi}}$.

Durchmesser und Höhe müssen also gleich groß ($\approx 10{,}84$ cm) sein, wenn die Oberfläche des Zylinders bei gegebenem Volumen möglichst klein sein soll.

4 Integralrechnung

Wichtige Definitionen

Die Funktion F heißt eine **Stammfunktion** der Funktion f, wenn die Funktionen f und F einen gemeinsamen Definitionsbereich D_f besitzen und für alle $x \in D_f$ gilt:
$F'(x) = f(x)$

$F(x) = 2x^2$ ist eine Stammfunktion von $f(x) = 4x$, denn $F'(x) = 2 \cdot 2x = 4x = f(x)$; $D_f = D_F$.
$F(x) = \sin x$ ist eine Stammfunktion von $f(x) = \cos x$, denn $F'(x) = \cos x = f(x)$; $D_f = D_F$.

Der Vorgang des Aufsuchens einer Stammfunktion zu einer gegebenen Funktion wird als **Integration** oder **Integrieren** bezeichnet. Das Integrieren ist die **Umkehrung** des Differenzierens.

Ist F_1 eine Stammfunktion von f, so gilt dies genau dann auch für F_2, wenn
$F_2(x) = F_1(x) + C,\ C \in \mathbb{R}$.
Da $F_1(x) = 2x^2$ Stammfunktion von $f(x) = 4x$, sind auch $F_2(x) = 2x^2 + 3$, $F_3(x) = 2x^2 - 2$, $F_4(x) = 2x^2 - \frac{1}{3}$, ... Stammfunktionen von $f(x) = 4x$.

Die Menge aller Stammfunktionen einer Funktion f heißt **unbestimmtes Integral** von f.
Man schreibt:
$\int f(x)\,dx = \{F(x) \mid F'(x) = f(x)\}$
oder
$\int f(x)\,dx = F(x) + C$.

$f(x)$: Integrandenfunktion (Integrand);
x: Integrationsvariable,
C: Integrationskonstante,
dx: Differenzial

Die Funktion $F(x) = 2x^2 + C$ ist das unbestimmte Integral der Funktion $f(x) = 4x$:
$\int 4x\,dx = 2x^2 + C$
$F(x) = \sin x + C$ ist das unbestimmte Intergral von $f(x) = \cos x$:
$\int \cos x\,dx = \sin x + C$
$F(x) = e^x + C$ ist das unbestimmte Intergral von $f(x) = e^x$:
$\int e^x\,dx = e^x + C$

4.1 Integrale und Integrationsregeln

Grundintegrale und weitere spezielle Integrale

$\int 0\,dx = C$	$\int dx = x + C$
$\int a\,dx = ax + C \quad (a \neq 0)$	$\int x\,dx = \frac{1}{2}x^2 + C$
$\int x^2\,dx = \frac{1}{3}x^3 + C$	$\int \frac{1}{x^2}\,dx = -\frac{1}{x} + C \quad (x \neq 0)$
$\int \frac{1}{x}\,dx = \ln\lvert x\rvert + C \quad (x \neq 0)$	$\int \frac{f'(x)}{f(x)}\,dx = \ln\lvert f(x)\rvert + C \quad (f(x) \neq 0)$
$\int \sqrt{x}\,dx = \frac{2}{3}\sqrt{x^3} + C \quad (x \geq 0)$	$\int \frac{1}{\sqrt{x}}\,dx = 2\sqrt{x} + C \quad (x > 0)$
$\int \sin x\,dx = -\cos x + C$	$\int \cos x\,dx = \sin x + C$
$\int a^x\,dx = \frac{1}{\ln a}a^x + C$	$\int e^x\,dx = e^x + C$

Integrationsregeln

Potenzregel

$\int x^n\,dx = \frac{1}{n+1}x^{n+1} + C$ mit $n \in \mathbb{Z}$, $n \neq -1$
(und zusätzlich $x \neq 0$, falls $n < -1$), $C \in \mathbb{R}$.

Erweiterte Potenzregel

Für die Potenzfunktion $f(x) = x^q$ mit $q \in \mathbb{R}$, $q \neq -1$ und $x > 0$ gilt:
$\int x^q\,dx = \frac{1}{q+1}x^{q+1} + C \quad (C \in \mathbb{R})$

Beispiel:

$$\int \frac{1}{\sqrt[3]{x}}\,dx = \int x^{-\frac{1}{3}}\,dx = \frac{1}{-\frac{1}{3}+1}\,x^{-\frac{1}{3}+1} + C = \frac{1}{\frac{2}{3}}\,x^{\frac{2}{3}} + C = \frac{3}{2}\sqrt[3]{x^2} + C$$

Faktorregel

Es sei f eine stetige Funktion. Dann gilt:
$\int k \cdot f(x)\,dx = k \cdot \int f(x)\,dx \quad (k \in \mathbb{R})$

Summenregel

Es seien f und g stetige Funktionen. Dann gilt:
$\int [f(x) \pm g(x)]\,dx = \int f(x)\,dx \pm \int g(x)\,dx$

Beispiel: Es ist das unbestimmte Integral der Funktion $f(x) = 3\sin x - 2\cos x$ zu ermitteln. Unter Anwendung der Summen- und der Faktorregel erhält man:

$$\int (3\sin x - 2\cos x)\,dx = 3\int \sin x\,dx - 2\int \cos x\,dx$$
$$= -3\cos x - 2\sin x + C$$

(Die Integrationskonstante C ist hierbei als Summe der Integrationskonstanten der einzelnen Integrale aufzufassen.)

4.2 Bestimmtes Integral

Es sei f eine im Intervall [a; b] definierte Funktion, die in jedem abgeschlossenen Teilintervall von [a; b] einen kleinsten und einen größten Funktionswert besitzt. Haben die beiden Folgen

$(s_n) = \left(\sum_{i=1}^{n} f(\underline{x}_i) \cdot \Delta x\right)$

und

$(S_n) = \left(\sum_{i=1}^{n} f(\overline{x}_i) \cdot \Delta x\right)$

einen gemeinsamen Grenzwert, so heißt dieser gemeinsame Grenzwert das **bestimmte Integral** der Funktion f im Intervall [a; b].

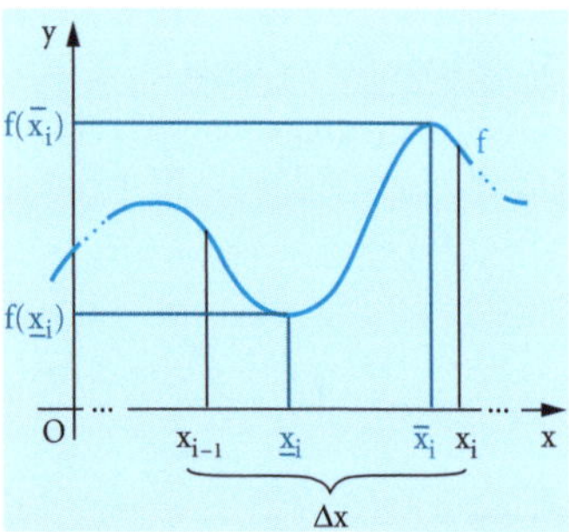

Kurzform: $\lim\limits_{n \to \infty} s_n = \lim\limits_{n \to \infty} S_n = \int_a^b f(x)\,dx$

(gelesen: *Integral über f(x) dx von a bis b*)

In dem bestimmten Integral $\int_a^b f(x)\,dx$ bezeichnet man

a und b als **Integrationsgrenzen**, f(x) als **Integrand**, [a; b] als **Integrationsintervall**, x als **Integrationsvariable**, und dx als **Differenzial.**

Das bestimmte Integral $\int_a^b f(x)\,dx$ ist *eine eindeutig festgelegte Zahl*, die nur von der Funktion f und den Integrationsgrenzen abhängt.

Geometrische Deutung des bestimmten Integrals

Es sei f eine im Intervall [a; b] definierte und dort nichtnegative Funktion, die in jedem abgeschlossenen Teilintervall von [a; b] einen kleinsten und einen größten Funktionswert besitzt.

Dann ist das bestimmte Integral $\int_a^b f(x)\,dx$ diejenige positive Zahl, die den Inhalt A der Fläche angibt, welche vom Graphen der Funktion f, der x-Achse und den Geraden x = a und x = b begrenzt wird. Es gilt:

$A = \int_a^b f(x)\,dx$

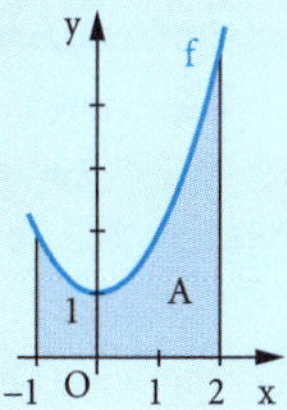

Eigenschaften bestimmter Integrale

Existenz des bestimmten Integrals

Ist f eine im Intervall [a; b] stetige oder monotone Funktion, so existiert das bestimmte Integral $\int_a^b f(x)\,dx$.

Tausch der Integrationsgrenzen

Existiert für die Funktion f im Intervall [a; b] das bestimmte Integral $\int_a^b f(x)\,dx$, so wird festgelegt: $\int_b^a f(x)\,dx = -\int_a^b f(x)\,dx$.
Außerdem gilt: $\int_a^a f(x)\,dx = 0$

Additivität des bestimmten Integrals

Es sei die Funktion f im Intervall [a; b] integrierbar und c eine beliebige Zahl aus dem Intervall [a; b]. Dann gilt:

$$\int_a^b f(x)\,dx = \int_a^c f(x)\,dx + \int_c^b f(x)\,dx$$

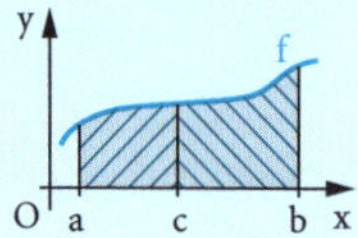

Beispiel:

$$\int_1^3 (5x-1)\,dx + \int_3^7 (5x-1)\,dx + \int_7^1 (5x-1)\,dx = \int_1^7 (5x-1)\,dx - \int_1^7 (5x-1)\,dx = 0$$

Mittelwertsatz der Integralrechnung

Ist f eine im Intervall [a; b] stetige Funktion, dann gibt es mindestens eine Zahl x_0 mit $a < x_0 < b$, für deren Funktionswert $f(x_0)$ gilt:
$\int_a^b f(x)\,dx = f(x_0) \cdot (b-a)$. Die Zahl $f(x_0)$ heißt **Integralmittelwert**.

Geometrische Deutung: Die markierte Figur hat den Flächeninhalt $A = \int_a^b f(x)\,dx$. Dann gibt es eine solche Stelle $x_0 \in [a; b]$, dass das Rechteck über [a; b] und mit der Ordinate $f(x_0)$ als zweiter Seite den Flächeninhalt A hat.

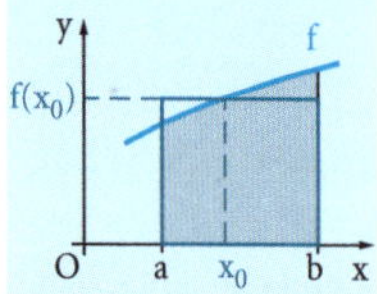

Integralfunktion

Gegeben sei eine Funktion f. Die Funktion F, die jedem x den Wert des Integrals $\int_a^x f(t)\,dt$ zuordnet, heißt **Integralfunktion** von f mit der unteren Grenze a.

4.3 Hauptsatz der Differenzial- und Integralrechnung

Hauptsatz

Ist f eine im Intervall [a; b] stetige Funktion und F eine zu f gehörende Stammfunktion, so gilt $\int_a^b f(x)\,dx = F(b) - F(a)$.

Dieser Hauptsatz (oder Formel nach Newton-Leibniz) stellt den Zusammenhang zwischen der Differenzialrechnung und der Integralrechnung her. Er ermöglicht eine effektive Berechnung bestimmter Integrale mithilfe von Stammfunktionen.

4

Schrittfolge zur Berechnung eines bestimmten Integrals

(1) Ermittle eine Stammfunktion F zu f!
(2) Setze die obere und die untere Integrationsgrenze für x in diese Stammfunktion ein, bilde also F(b) und F(a)!
(3) Berechne die Differenz F(b) – F(a)!

Üblicherweise schreibt man: $\int_a^b f(x)\,dx = [\,F(x)\,]_a^b = F(b) - F(a)$

Beispiel: Das bestimmte Integral $\int_1^5 x^3\,dx$ ist zu berechnen.

(1) Eine Stammfunktion ist $F(x) = \frac{x^4}{4}$

(2) $F(b) = F(5) = \frac{5^4}{4} = \frac{625}{4}$; $\quad F(a) = F(1) = \frac{1^4}{4} = \frac{1}{4}$

(3) $F(b) - F(a) = \frac{625}{4} - \frac{1}{4} = 156$

Man schreibt auch kürzer: $\int_1^5 x^3\,dx = \left[\frac{x^4}{4}\right]_1^5 = \frac{625}{4} - \frac{1}{4} = 156$

4.4 Integrationsmethoden

Viele integrierbare Funktionen müssen zunächst umgeformt werden, damit man eine Stammfunktion ermitteln kann. Hierfür stehen verschiedene Methoden zur Verfügung.

Integration durch Substitution

Lineare Substitution

Es sei f eine verkettete Funktion mit $f(x) = v(u(x))$ und $z = u(x) = mx + n$ sowie F eine Stammfunktion der äußeren Funktion v. Dann gilt $\int f(x)dx = \int v(mx+n)dx = \frac{1}{m}F(mx+n) + C$.

Beispiel: $f(x) = (3x-5)^7$. Mit der Substitution $z = 3x - 5$ erhält man: $\int (3x-5)^7\,dx = \frac{1}{3}\int z^7\,dz = \frac{1}{24}z^8 = \frac{1}{24}(3x-5)^8 + C$

Nichtlineare Substitution

Es sei $f(x) = v(u(x)) \cdot u'(x)$ und V eine Stammfunktion von v. Dann ist F mit $F(x) = V(u(x))$ eine Stammfunktion von f:
$\int f(x)dx = \int v(u(x)) \cdot u'(x)dx = V(u(x)) + C = F(x) + C$

Beispiel: Zu berechnen ist das unbestimmte Integral $\int 2x\sqrt{x^2-3}\,dx$. Man substituiert $z = u(x) = x^2 - 3$; $\frac{dz}{dx} = u'(x) = 2x$, also $dx = \frac{dz}{2x}$. Ersetzt man nun $x^2 - 3$ durch z und dx durch $\frac{dz}{2x}$, folgt

$$\int 2x\sqrt{x^2-3}\,dx = \int 2x\sqrt{z}\,\frac{dz}{2x} = \int \sqrt{z}\,dz$$
$$= \frac{2}{3}\sqrt{z^3} + C = \frac{2}{3}\sqrt{(x^2-3)^3} + C.$$

Partielle Integration

Sind u und v im Intervall $[a; b]$ differenzierbare Funktionen sowie u' und v' im Intervall $[a; b]$ stetig, so gilt
$\int u(x) \cdot v'(x)dx = u(x) \cdot v(x) - \int u'(x) \cdot v(x)dx$.

Dieses Verfahren ergibt sich unmittelbar aus der Produktregel der Differenzialrechnung (↑ S. 65).

Beispiel: $\int x \cdot \cos x\,dx$: Man setzt $u(x) = x$ und $v'(x) = \cos x$ $\Rightarrow u'(x) = 1$ und $v(x) = \sin x$. Durch Anwenden der partiellen Integration erhält man: $\int x \cdot \cos x\,dx = x \cdot \sin x - \int \sin x\,dx$ $= x \cdot \sin x - (-\cos x) + C = x \cdot \sin x + \cos x + C$

Integration durch Partialbruchzerlegung

Integrale gebrochenrationaler Funktionen f können durch Zerlegung der Funktionsterme f(x) in einfachere Partialbrüche auf bekannte Integrale zurückgeführt werden (**Partialbruchzerlegung**).

4

Beispiel für eine mögliche Schrittfolge: $\int \frac{5x-17}{(x-3)(x-5)}\,dx$

(1) Finden eines Ansatzes für die Partialbruchzerlegung: Besteht die Funktion im Nenner aus einem Produkt von Linearfaktoren bzw. lässt sich der Nenner in ein solches Produkt zerlegen (↑ S. 40), so wählt man folgenden Ansatz:

$$\frac{5x-17}{(x-3)(x-5)} = \frac{A}{x-3} + \frac{B}{x-5}$$

(2) Bestimmen der Koeffizienten A und B:

$$\frac{A}{x-3} + \frac{B}{x-5} = \frac{A(x-5)+B(x-3)}{(x-3)(x-5)} = \frac{(A+B)x+(-5A-3B)}{(x-3)(x-5)}$$

Koeffizientenvergleich mit $\frac{5x-17}{(x-3)(x-5)}$ ergibt das Gleichungssystem

$$\begin{aligned} A + B &= 5 \\ -5A - 3B &= -17 \end{aligned}$$

mit den Lösungen A = 1 und B = 4.

Es ist also $\frac{5x-17}{(x-3)(x-5)} = \frac{1}{x-3} + \frac{4}{x-5}$.

(3) Berechnen des Integrals:

$$\int \frac{5x-17}{(x-3)(x-5)}\,dx = \int \frac{1}{x-3}\,dx + \int \frac{4}{x-5}\,dx$$
$$= \ln|x-3| + 4\ln|x-5| + C, \text{ denn}$$

$(\ln|x-3|)' = \frac{1}{x-3}$ und $(4\ln|x-5|)' = \frac{4}{x-5}$ (↑ S. 67, ↑ S. 81)

4.5 Berechnen bestimmter Integrale

Berechnungsregeln

Faktorregel

Sind f und g in [a; b] stetige Funktionen, so gilt:

$$\int_a^b k \cdot f(x)\,dx = k \cdot \int_a^b f(x)\,dx \quad (k \in \mathbb{R})$$

Die Faktorregel für unbestimmte Integrale (↑ S. 82) gilt also auch für bestimmte Integrale.

Summenregel

Sind f und g in [a; b] stetige Funktionen, so gilt:

$$\int_a^b [f(x) \pm g(x)]\,dx = \int_a^b f(x)\,dx \pm \int_a^b g(x)\,dx$$

Beispiel:

$$\int_1^3 (-x^2 + 4x + \sqrt{x})\,dx = \left[-\frac{x^3}{3} + 2x^2 + \frac{2}{3}\sqrt{x^3}\right]_1^3$$

$$= \left(-\frac{3^3}{3} + 2 \cdot 3^2 + \frac{2}{3}\sqrt{3^3}\right) - \left(-\frac{1^3}{3} + 2 \cdot 1^2 + \frac{2}{3}\sqrt{1^3}\right)$$

$$\approx -9 + 18 + 3{,}46 - \left(-\frac{1}{3} + 2 + \frac{2}{3}\right) \approx 10{,}13$$

Berechnen von Flächeninhalten

Die Anwendung der Integralrechnung zur Flächeninhaltsberechnung (vorrangig krummlinig begrenzter Flächen) resultiert aus der Deutung des bestimmten Integrals als Inhalt einer Fläche. Unterschiede in Form und Lage der jeweiligen Flächen im Koordinatensystem erfordern spezifische Vorgehensweisen.

Bei der Berechnung des Inhalts von Flächen, die von Funktionsgraphen und der x-Achse vollständig oder in gegebenen Grenzen eingeschlossen werden, sind zunächst die **Nullstellen** dieser Funktionen zu berechnen. So erhält man Aussagen über die Lage der Flächen bezüglich der x-Achse.

Fläche zwischen Graphen und x-Achse

f sei eine über dem Intervall $[a; b]$ stetige Funktion mit entweder $f(x) \geq 0$ oder $f(x) \leq 0$ für alle $x \in [a; b]$. Der Betrag des bestimmten Integrals der Funktion f über dem Intervall $[a; b]$ ist dann gleich der Maßzahl des Inhalts der Fläche zwischen dem Graphen der Funktion f, der x-Achse sowie den Geraden $x = a$ und $x = b$. Es gilt:

$$A = \int_a^b f(x)\,dx$$

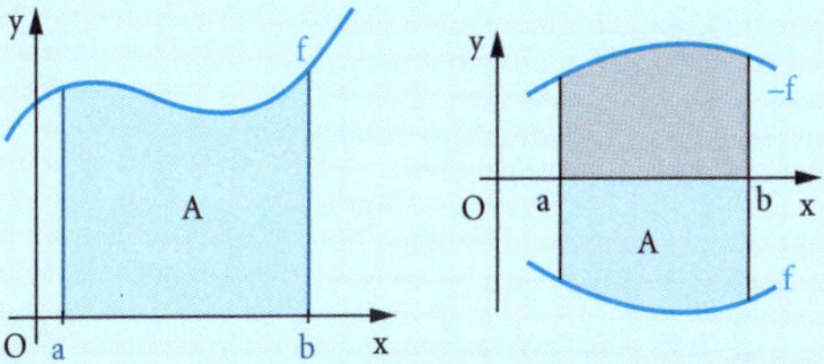

Wechselt $f(x)$ in $[a; b]$ das Vorzeichen, sind die Nullstellen von f zu bestimmen und die Teilflächeninhalte einzeln zu berechnen.

Beispiel: Es ist die Fläche zwischen dem Graphen der Funktion $f(x) = x^2 + 2x$ und der x-Achse über $[-1; 1]$ zu berechnen.

Die Funktion f hat im Intervall $[-1; 1]$ bei $x_0 = 0$ eine Nullstelle. Die zu berechnende Fläche besteht aus einer Teilfläche unterhalb und aus einer Teilfläche oberhalb der x-Achse.

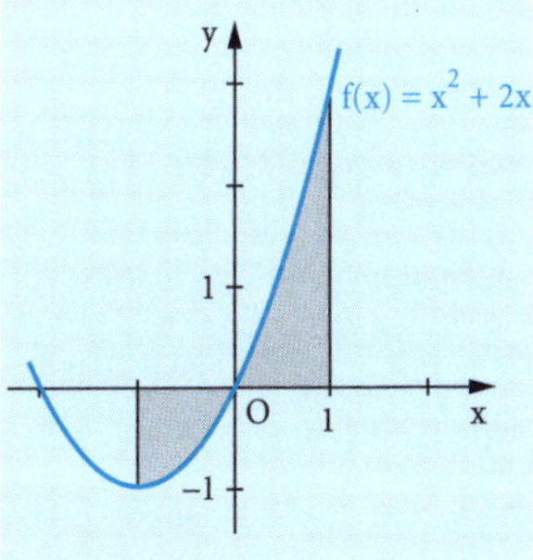

$$A = \left| \int_{-1}^{0} (x^2 + 2x)\,dx \right| + \left| \int_{0}^{1} (x^2 + 2x)\,dx \right|$$
$$= \left| \left[\tfrac{x^3}{3} + x^2\right]_{-1}^{0} \right| + \left| \left[\tfrac{x^3}{3} + x^2\right]_{0}^{1} \right| = \left| -\tfrac{2}{3} \right| + \tfrac{4}{3} = 2 \text{ (FE)}$$

Flächen zwischen zwei Funktionsgraphen

Es seien f und g zwei stetige Funktionen mit $f(x) > g(x)$ für alle x zwischen x_1 und x_2 sowie $f(x_1) \geq g(x_1)$, $f(x_2) \geq g(x_2)$. Dann gilt für die Inhaltsmaßzahl der von den Graphen beider Funktionen im Intervall $[x_1; x_2]$ eingeschlossenen Fläche

$$A = A_1 - A_2 = \int_{x_1}^{x_2} f(x)\,dx - \int_{x_1}^{x_2} g(x)\,dx$$
$$= \int_{x_1}^{x_2} [f(x) - g(x)]\,dx.$$

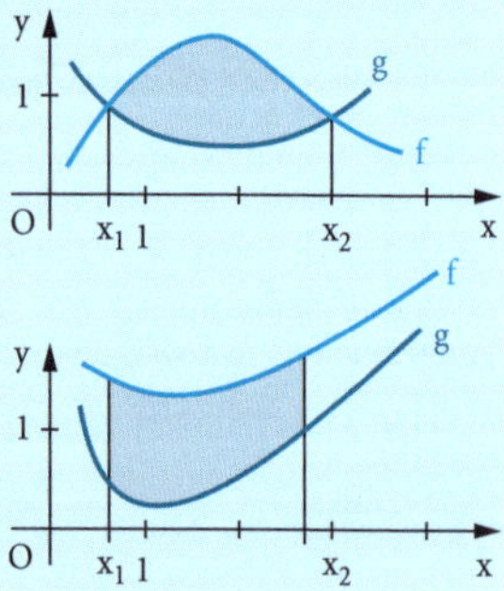

Schneiden die Graphen von f und g einander in $[x_1; x_2]$, so müssen die Teilflächen einzeln berechnet werden.

Beispiel: Es ist die Fläche zu bestimmen, die die Graphen der Funktionen $f(x) = (x-4)^2 + 1$ und $g(x) = -x + 7$ einschließen.
(1) Bestimmen der Integrationsgrenzen als Schnittpunktsabzissen der Graphen von f und g: Aus $(x-4)^2 + 1 = -x + 7$ erhält man $x_1 = 2$ und $x_2 = 5$.
(2) Da f und g für alle $x_1 \leq x \leq x_2$ nichtnegative Funktionen mit $g(x) \geq f(x)$ sind, gilt:

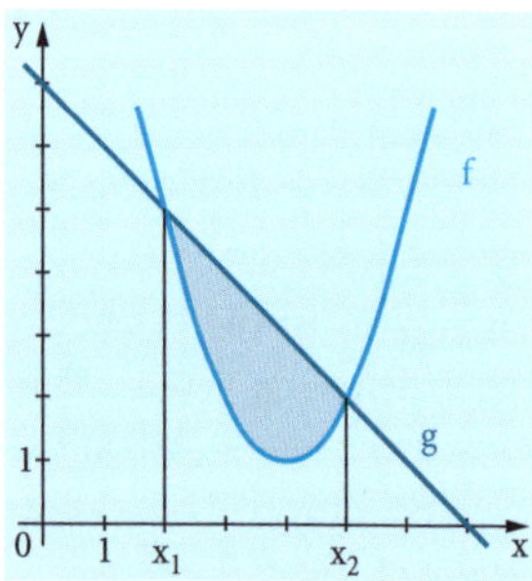

$A = \int_{2}^{5} [g(x) - f(x)]\,dx = \int_{2}^{5} [(-x+7) - ((x-4)^2 + 1)]\,dx$ und damit

$$A = \int_{2}^{5} (-x^2 + 7x - 10)\,dx = \left[-\tfrac{x^3}{3} + \tfrac{7}{2}x^2 - 10x\right]_{2}^{5} = \tfrac{9}{2} \text{ (FE)}.$$

4.7 Uneigentliche Integrale

Unbeschränktes Integrationsintervall

Ist f eine in jedem Intervall $[a; b]$ $(b < \infty)$ stückweise stetige Funktion und existiert der Grenzwert $\lim\limits_{b \to \infty} \int_a^b f(x)\,dx$, so bezeichnet man diesen Grenzwert als uneigentliches Integral von f im Intervall $[a; \infty[$.
Man schreibt: $\int_a^\infty f(x)\,dx = \lim\limits_{b \to \infty} \int_a^b f(x)\,dx.$

Analog kann man mit den Integralen $\int_{-\infty}^b f(x)\,dx$ und $\int_{-\infty}^\infty f(x)\,dx$ verfahren.

Beispiel:

$$\int_1^\infty \frac{dx}{\sqrt{x^3}} = \lim_{b \to \infty} \int_1^b \frac{dx}{\sqrt{x^3}}$$

$$= \lim_{b \to \infty} \left[-\frac{2}{\sqrt{x}}\right]_1^b = \lim_{b \to \infty} \left(-\frac{2}{\sqrt{b}} + 2\right)$$

$$= -0 + 2 = 2$$

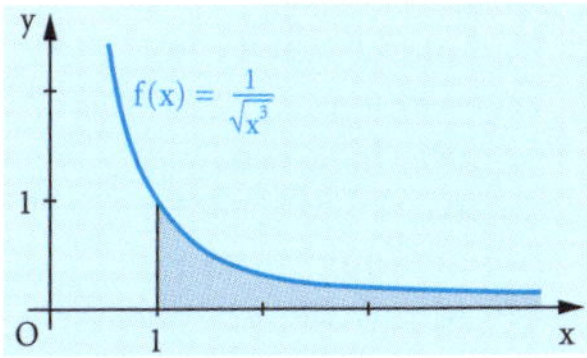

Unbeschränkter Integrand

Ist die Funktion f außer an der Polstelle $x = c$ in den Teilintervallen $[a; c - \varepsilon]$ sowie $[c + \delta; b]$ stückweise stetig und existieren die Grenzwerte $\lim\limits_{\varepsilon \to +0} \int_a^{c-\varepsilon} f(x)\,dx$ und $\lim\limits_{\delta \to +0} \int_{c+\delta}^b f(x)\,dx$,
so bezeichnet man die Summe dieser Grenzwerte als **uneigentliches Integral** von f. Man schreibt:

$$\int_a^b f(x)\,dx = \lim_{\varepsilon \to +0} \int_a^{c-\varepsilon} f(x)\,dx + \lim_{\delta \to +0} \int_{c+\delta}^b f(x)\,dx.$$

Beispiel: Im uneigentlichen Integral $\int_0^1 \frac{dx}{\sqrt{1-x}}$ ist der Integrand bei der oberen Integrationsgrenze $x = 1$ nicht definiert. Es gilt:

$$\int_0^1 \frac{dx}{\sqrt{1-x}} = \lim_{\varepsilon \to +0} \int_0^{1-\varepsilon} \frac{dx}{\sqrt{1-x}} = \lim_{\varepsilon \to +0} \left[-2\sqrt{1-x}\right]_0^{1-\varepsilon} = 2.$$

TOPTHEMA

Berechnung von Rotationskörpern

Durch Rotation eines Flächenstückes unter einer Kurve um eine Achse entstehen sogenannte **Rotationskörper**. Das Kurvenstück selbst erzeugt dabei den Mantel dieses Körpers. Die jeweilige Kurve bezeichnet man als **erzeugende Kurve**, die Achse als **Rotationsachse**.
Das Volumen eines Rotationskörpers kann analog zur Flächeninhaltsberechnung mithilfe der Integralrechnung ermittelt werden.

Vorgehensweise

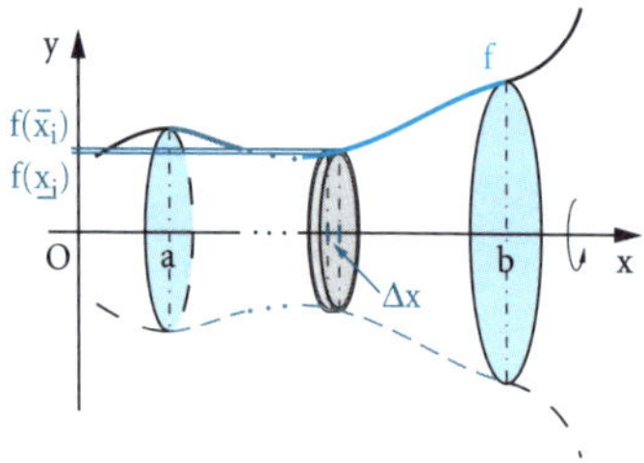

1. Man zerlegt das Intervall $[a; b]$ in n gleich lange Teilintervalle der Länge $\Delta x = \frac{b-a}{n}$.
2. Legt man durch die Intervallendpunkte Schnitte senkrecht zur x-Achse, so wird der Rotationskörper auf diese Weise in „Scheiben" der Höhe Δx zerlegt.
3. Im k-ten Teilintervall sei $f(\underline{x}_k)$ der kleinste und $f(\bar{x}_k)$ der größte Funktionswert. Jeder der entstandenen „Scheiben" kann dann ein (Kreis-)Zylinder mit der Höhe Δx und dem Grundkreisradius $f(\underline{x}_k)$ (Grundflächeninhalt $\pi[f(\underline{x}_k)]^2$) einbeschrieben und ein Zylinder mit der Höhe Δx und dem Grundkreisradius $f(\bar{x}_k)$ (Grundflächeninhalt $\pi[f(\bar{x}_k)]^2$) umbeschrieben werden.
4. Setzt man die Zylinder jeweils zusammen, so liegt das Volumen des Rotationskörpers zwischen den Volumina der beiden zusammengesetzten Körper, die sich als Summe der Zylindervolumina ergeben (Untersumme und Obersumme). Es gilt:

$$s_n = \sum_{i=1}^{n} \pi \cdot (f(\underline{x}_i))^2 \cdot \Delta x \text{ und } S_n = \sum_{i=1}^{n} \pi \cdot (f(\bar{x}_i))^2 \cdot \Delta x \text{ mit } s_n \leq V \leq S_n.$$

5. Nach der Definition des bestimmten Integrals (↑ Seite 82) folgt dann

$$V = \lim_{n \to \infty} s_n = \lim_{n \to \infty} S_n = \int_a^b \pi \cdot (f(x))^2 dx.$$

Ergebnis

Volumen

Ist f eine über dem Intervall [a; b] stetige Funktion, dann besitzt der Körper, der durch Rotation der Fläche unter dem Graphen von f über dem Intervall [a; b] um die x-Achse entsteht, das **Volumen**

$$V = \pi \cdot \int_a^b (f(x))^2 dx = \pi \cdot \int_a^b y^2 dx.$$

Erfolgt die Rotation um die y-Achse und ist f im Intervall [a; b] eineindeutig, so gilt: $V = \pi \cdot \int_c^d x^2 dy$ mit $c = f(a)$ und $d = f(b)$.

Die Fläche unter dem Graphen der Funktion $f(x) = \sqrt{x}$ rotiert im Intervall [0; 5] um die x-Achse. Für das Volumen des entstehenden Rotationskörpers erhält man:

$$V = \pi \cdot \int_0^5 (\sqrt{x})^2 dx = \pi \cdot \int_0^5 x\,dx$$

$$= \pi \cdot \left[\frac{x^2}{2}\right]_0^5 = \pi \cdot \frac{25}{2} \approx 39{,}27 \text{ (VE)}$$

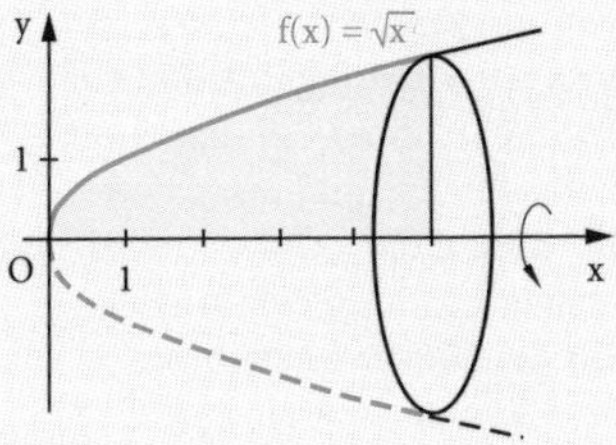

Die Fläche zwischen dem Graphen der Funktion $f(x) = \frac{1}{2}x^2$ und der y-Achse rotiere im Intervall [f(1); f(4)] um die y-Achse.
Weil f eine im Intervall [1; 4] eineindeutige Funktion ist, existiert dort die Umkehrfunktion. Sie hat die Gleichung $x = g(y) = \sqrt{2y}$.
Integrationsgrenzen für die Berechnung des Rotationskörpers:
$c = f(1) = 0{,}5$ und $d = f(4) = 8$. Für das Volumen des Rotationskörpers gilt dann:

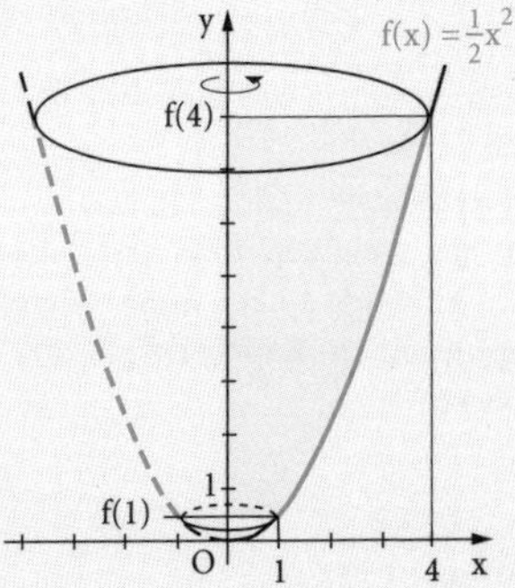

$$V = \pi \cdot \int_{\frac{1}{2}}^{8} 2y\,dy = \pi \cdot [y^2]_{\frac{1}{2}}^{8} = \pi \cdot \left(64 - \frac{1}{4}\right) = \pi \cdot \frac{255}{4} \approx 200{,}3 \text{ (VE)}$$

5 Vektoren und Vektorräume

Wichtige Definitionen

Vektorielle Größen

Zur Beschreibung vektorieller Größen ist neben einer **Maßzahl** zusätzlich noch die Angabe einer **Richtung** (im Sinn von *parallel zu einer Geraden*) und eines **Richtungssinns** (Orientierung) erforderlich. Zur Veranschaulichung vektorieller Größen werden gerichtete Strecken (auch **Pfeile** genannt) verwendet. Über die zur Bezeichnung verwendeten Buchstaben wird ein Pfeil gesetzt: $\vec{a}, \vec{b}, \vec{c}, \ldots, \vec{x}, \vec{y}, \ldots$

Beispiele für vektorielle Größen sind etwa Kraft ($\vec{F}$), Weg ($\vec{s}$), Geschwindigkeit ($\vec{v}$), Beschleunigung ($\vec{a}$).
Verschiebungen in der Ebene oder im Raum stellen ein besonders anschauliches Beispiel für vektorielle Größen dar.

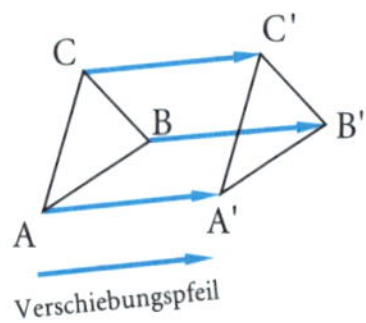

Unter einem **Vektor** versteht man die Menge aller Pfeile, die gleich lang, zueinander parallel und gleich orientiert sind. Ein einzelner Pfeil aus dieser Menge heißt ein **Repräsentant** des Vektors.

Jede Verschiebung ist bereits durch einen ihrer Verschiebungspfeile eindeutig bestimmt. Die Menge aller Verschiebungspfeile, die gleich lang sind, parallel zueinander verlaufen und in dieselbe Richtung zeigen, ist ein Vektor. Der Vektor $\vec{a}$ beschreibt also die Verschiebung, die A in A', B in B', … überführt.
Man schreibt
$\vec{a} = \overrightarrow{AA'} = \overrightarrow{BB'} = \ldots$

5.1 Rechnen mit Vektoren

Gleichheit von Vektoren

Zwei Vektoren sind genau dann gleich, wenn sie durch ein und denselben Pfeil beschrieben werden können. Genau dann stimmen die zugehörigen Pfeilmengen überein.

Beispiel: Für die durch nebenstehende Figur repräsentierten Vektoren gilt:

$\vec{a} = \vec{b} = \vec{c} = \vec{d}$

$\vec{e} = \vec{f} = \vec{g} = \vec{h}$

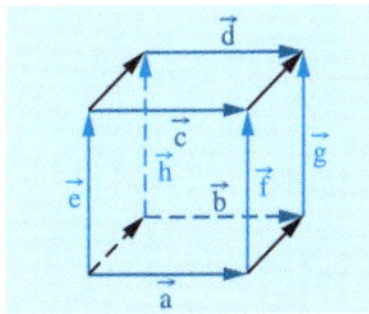

Um mit Vektoren rechnen zu können, müssen die erforderlichen Operationen definiert und dafür Rechengesetze angegeben werden.

5

Addition zweier Vektoren

Die **Addition zweier Vektoren** bedeutet die **Nacheinanderausführung** der sie beschreibenden Verschiebungen. Das Resultat ist stets wieder durch eine Verschiebung beschreibbar und unabhängig von der Wahl der Repräsentanten der Vektoren.

In der angegebenen Figur ist der Vektor $\vec{c}$ die Summe der Vektoren $\vec{a}$ und $\vec{b}$, also $\vec{a} + \vec{b} = \vec{c}$, und mit $\vec{a} = \overrightarrow{AB}$, $\vec{b} = \overrightarrow{CD}$ gilt für den Summenvektor: $\vec{c} = \overrightarrow{AP}$ mit $\overrightarrow{BP} = \overrightarrow{CD}$

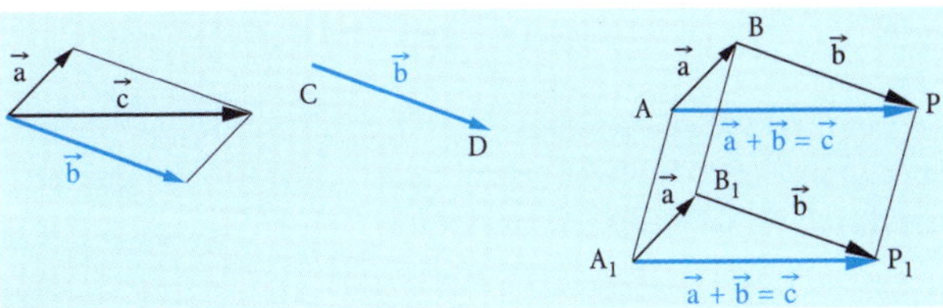

Die Addition zweier Vektoren kann mithilfe der **Dreiecksregel** (Aneinanderlegen der Vektoren, siehe unten links) oder mithilfe der **Parallelogrammregel** ($\vec{a}$ und $\vec{b}$ spannen ein Parallelogramm auf, siehe unten rechts) erfolgen.

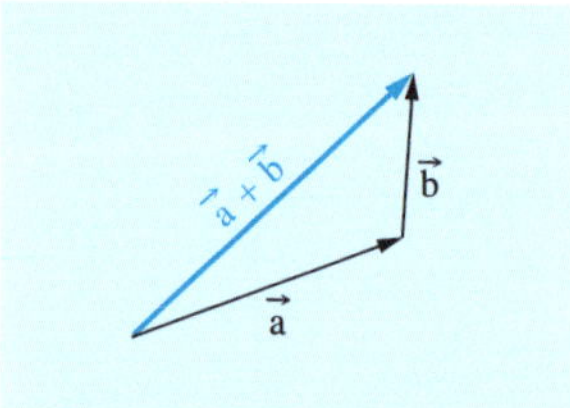

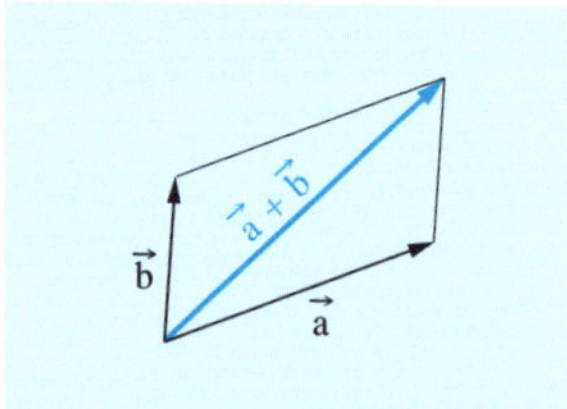

Kommutativ- und Assoziativgesetz der Vektoraddition

Für alle Vektoren $\vec{a}$ und $\vec{b}$ gilt: $\vec{a}+\vec{b}=\vec{b}+\vec{a}$
Für alle Vektoren $\vec{a}$, $\vec{b}$ und $\vec{c}$ gilt: $(\vec{a}+\vec{b})+\vec{c}=\vec{a}+(\vec{b}+\vec{c})$

Wegen der Assoziativität der Vektoraddition ist die Summe dreier Vektoren von der Reihenfolge der schrittweisen Addition unabhängig. Deshalb setzt man kurz
$(\vec{a}+\vec{b})+\vec{c}=\vec{a}+(\vec{b}+\vec{c})=\vec{a}+\vec{b}+\vec{c}$,
lässt also gegebenenfalls Klammern weg (bzw. fügt diese zwecks einer Strukturierung sinnvoll ein).

Nullvektor

Nullvektor $\vec{o}$ nennt man denjenigen Vektor, der durch die identische Abbildung in der Menge der Verschiebungen beschrieben wird. Für jeden Vektor $\vec{a}$ gilt: $\vec{a}+\vec{o}=\vec{o}+\vec{a}=\vec{a}$.

Der Nullvektor ist ebenfalls eine Menge von Pfeilen, die hier aber die Länge 0 besitzen. Die „Pfeile“ entarten zu Punkten – die durch sie bewirkte „Verschiebung“ überführt jeden Punkt in sich selbst.

Entgegengesetzter Vektor

Unter dem **entgegengesetzten Vektor** $-\vec{a}$ eines Vektors $\vec{a}$ versteht man denjenigen Vektor, dessen Pfeile im Vergleich zu denen von $\vec{a}$ gleich lang, parallel, aber entgegengesetzt orientiert sind.

Wenn $\vec{a} = \overrightarrow{AB}$, dann ist $-\vec{a} = \overrightarrow{BA} = \overrightarrow{AB'}$, wobei B und B' symmetrisch zu A liegen.

Subtraktion von Vektoren

Ein Vektor $\vec{b}$ wird von einem Vektor $\vec{a}$ **subtrahiert**, indem man den zu $\vec{b}$ entgegengesetzten Vektor $-\vec{b}$ zu $\vec{a}$ addiert: $\vec{a} - \vec{b} = \vec{a} + (-\vec{b})$.

Die Differenz zweier Vektoren $\vec{a}$ und $\vec{b}$ ist gleichbedeutend mit der Lösung der Gleichung $\vec{b} + \vec{x} = \vec{a}$. Nachfolgende Figur zeigt die Vektoren $\vec{a} + \vec{b}$ und $\vec{a} - \vec{b}$ in einem von $\vec{a}$ und $\vec{b}$ aufgespannten Parallelogramm.

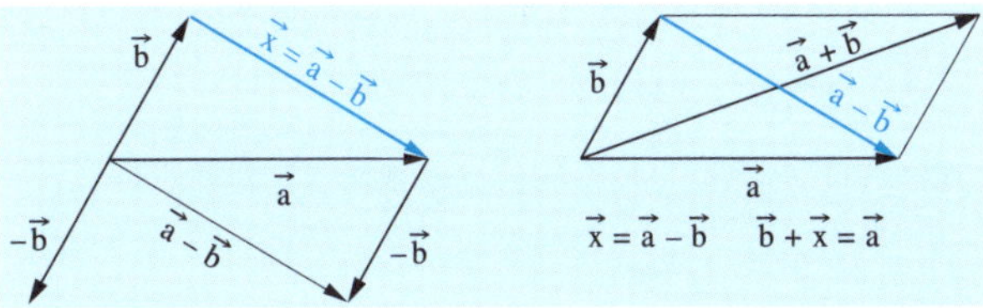

Vektorkette

Ist die Summe von (drei oder mehr) Vektoren gleich dem Nullvektor $\vec{o}$, so lässt diese sich als eine (geschlossene) **Vektorkette** darstellen.

Für die nebenstehend abgebildete Vektorkette gilt: $\vec{a} + \vec{b} + \vec{c} + (-\vec{d}) = \vec{o}$.

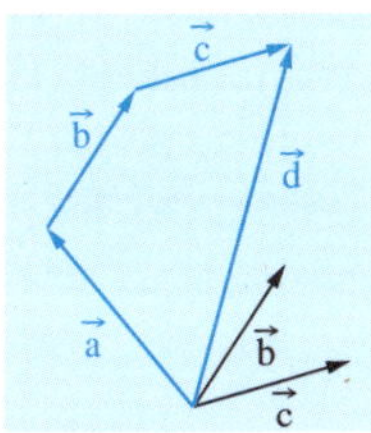

Aus der Vektorkette heraus kann man jeden Summanden darstellen, indem man vom Anfangspunkt des zugehörigen Vektors (Pfeils) die Vektorkette bis zum Endpunkt des Vektors durchläuft und dabei die Vorzeichen beachtet. Hier beispielsweise gilt $\vec{a} = \vec{d} + (-\vec{c}) + (-\vec{b}) = \vec{d} - \vec{c} - \vec{b}$. Zu demselben Resultat gelangt man, wenn man die Gleichung $\vec{a} + \vec{b} + \vec{c} + (-\vec{d}) = \vec{o}$ nach den Regeln für Gleichungen über Zahlenbereichen umformt.

Vervielfachung von Vektoren

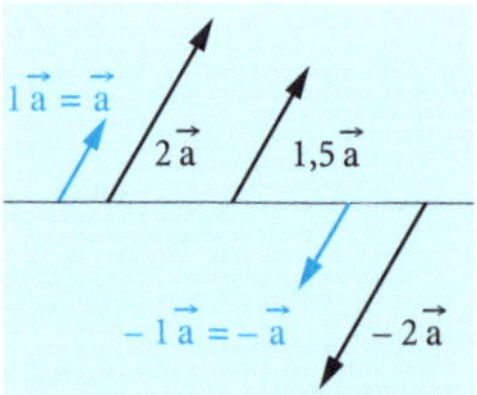

Die **Vervielfachung** $r\vec{a}$ eines Vektors $\vec{a}$ mit einer reellen Zahl r ist ein Vektor mit folgenden (in Bezug auf $\vec{a}$ formulierten) Eigenschaften:

$r > 0$ gleich gerichtet, r-fache Länge
$r < 0$ entgegengesetzt gerichtet, $|r|$-fache Länge
$r = 0$ $0\vec{a} = \vec{o}$ (Für $r = 1$ erhält man $1\vec{a} = \vec{a}$.)

Rechnen mit Vervielfachungen

Für alle reellen Zahlen r und s sowie für alle Vektoren $\vec{a}$ und $\vec{b}$ gilt:

$r(s\vec{a}) = (rs)\vec{a}$ $(r + s)\vec{a} = r\vec{a} + s\vec{a}$ $r(\vec{a} + \vec{b}) = r\vec{a} + r\vec{b}$

Ergänzende Regeln sind:
- Aus $r\vec{a} = \vec{o}$ folgt $r = 0$ oder $\vec{a} = \vec{o}$
- $r(-\vec{a}) = (-r)\vec{a} = -(r\vec{a})$

Betrag eines Vektors

Der **Betrag** $|\vec{a}|$ eines Vektors $\vec{a}$ ist gleich der Länge der Strecke $\overline{AB}$ für einen beliebigen Repräsentanten $\overrightarrow{AB}$ von $\vec{a}$. Gilt also $\vec{a} = \overrightarrow{AB}$, so ist $|\vec{a}| = |\overrightarrow{AB}|$. Im Fall $|\vec{a}| = 1$ nennt man $\vec{a}$ einen **Einheitsvektor**.

Rechnen mit Beträgen von Vektoren

Für beliebige Vektoren $\vec{a}$ und $\vec{b}$ gilt ($r \in \mathbb{R}$):

$|\vec{a}| \geq 0$ $|r\vec{a}| = |r| \cdot |\vec{a}|$ $|\vec{a} + \vec{b}| \leq |\vec{a}| + |\vec{b}|$

5.2 Lagebeziehungen

Parallelität von Vektoren

Ein Vektor $\vec{a}$ ist genau dann zu einem Vektor $\vec{b}$ **parallel** ($\vec{a} \parallel \vec{b}$), wenn es eine reelle Zahl r oder eine reelle Zahl s gibt, sodass $\vec{a} = r\vec{b}$ oder $\vec{b} = s\vec{a}$ gilt.
Durch Bilden aller Vielfachen von $\vec{a} \neq \vec{o}$ werden alle zum Vektor $\vec{a}$ parallelen Vektoren $\vec{x}$ erzeugt: $\vec{x} = r\vec{a}$, $r \in \mathbb{R}$.

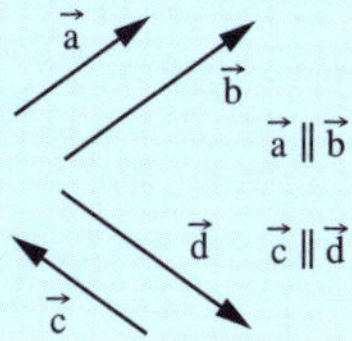

Kollinearität und Komplanarität

Vektoren, deren Pfeile (Repräsentanten) auf einer Geraden liegen können, heißen **kollineare Vektoren**. Solche Vektoren sind somit paarweise parallel (Fig. ① und ②).

Vektoren, die durch Pfeile ein und derselben Ebene beschrieben werden, heißen **komplanare Vektoren**. Komplanare Vektoren sind also Vektoren ein und derselben Ebene (Fig. ① bis ④).

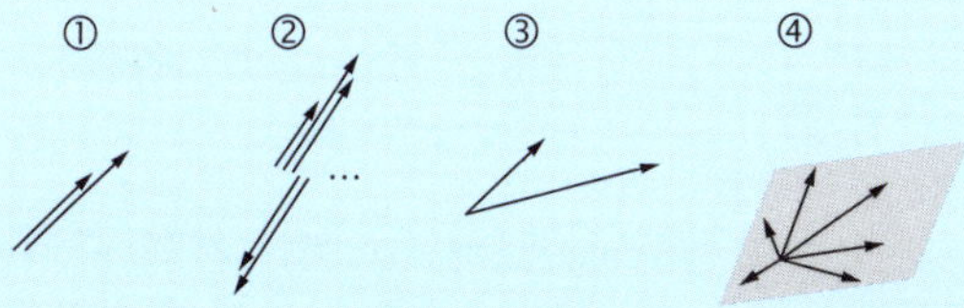

Vektoren sind genau dann **nicht kollinear**, wenn es keine Gerade gibt, die von jedem dieser Vektoren einen Pfeil enthält. Vektoren sind genau dann **nicht komplanar**, wenn ihre beschreibenden (repräsentierenden) Pfeile mit einem gemeinsamen Anfangspunkt nicht in einer Ebene liegen.

Linearkombination von Vektoren

Der Vektor $\vec{b}$ heißt **Linearkombination** der Vektoren $\vec{a}_1$, $\vec{a}_2$, … , $\vec{a}_n$, wenn es reelle Zahlen $r_1, r_2, \ldots, r_n$ gibt, sodass $\vec{b} = r_1 \vec{a}_1 + r_2 \vec{a}_2 + \ldots + r_n \vec{a}_n$ gilt. $r_1, r_2, \ldots, r_n$ nennt man die **Koeffizienten** der Linearkombination.

Lineare Abhängigkeit und Unabhängigkeit

Vektoren $\vec{a}_1, \vec{a}_2, \ldots, \vec{a}_n$ heißen **linear unabhängig**, falls sich kein Vektor von ihnen als Linearkombination der übrigen Vektoren darstellen lässt.

Kann man wenigstens einen der Vektoren $\vec{a}_1, \vec{a}_2, \ldots, \vec{a}_n$ als Linearkombination der übrigen Vektoren darstellen, so heißen die Vektoren **linear abhängig**.

Zwei **Vektoren der Ebene** sind genau dann **linear abhängig**, wenn sie **kollinear** sind.

Drei **Vektoren des Raumes** sind genau dann **linear abhängig**, wenn sie **komplanar** sind, also in einer gemeinsamen Ebene liegen.

Kriterien für lineare Abhängigkeit und Unabhängigkeit

Vektoren $\vec{a}_1, \vec{a}_2, \ldots, \vec{a}_n$ sind **linear unabhängig**, wenn aus $r_1 \vec{a}_1 + r_2 \vec{a}_2 + \ldots + r_n \vec{a}_n = \vec{o}$ stets $r_1 = r_2 = \ldots = r_n = 0$ folgt.
Gibt es dagegen reelle Zahlen $r_1, r_2, \ldots, r_n$, die nicht alle gleich 0 sind, sodass $r_1 \vec{a}_1 + r_2 \vec{a}_2 + \ldots + r_n \vec{a}_n = \vec{o}$ gilt, so sind die Vektoren $\vec{a}_1$, $\vec{a}_2, \ldots, \vec{a}_n$ **linear abhängig**.

In der Ebene können maximal jeweils zwei Vektoren, im Raum maximal jeweils drei Vektoren linear unabhängig sein – jeder hinzukommende Vektor lässt sich aus diesen zwei bzw. drei Vektoren linear kombinieren.

5.3 Komponenten und Koordinaten von Vektoren

Darstellungssatz für Vektoren in der Ebene

Sind $\vec{a}_1$ und $\vec{a}_2$ nicht parallele Vektoren in der Ebene, so gibt es für jeden Vektor $\vec{b}$ der Ebene eindeutig bestimmte reelle Zahlen x und y mit $\vec{b} = x\,\vec{a}_1 + y\,\vec{a}_2$.

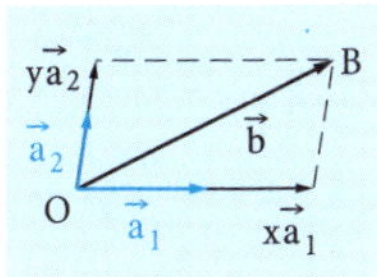

Die Menge $\{\vec{a}_1, \vec{a}_2\}$ heißt eine **Basis** für die Vektoren der Ebene. Die reellen Zahlen x und y bezeichnet man als die **Koordinaten** und die Vektoren $x\,\vec{a}_1$ und $y\,\vec{a}_2$ als die **Komponenten** von $\vec{b}$ bezüglich der Basis $\{\vec{a}_1, \vec{a}_2\}$.

Darstellungssatz für Vektoren im Raum

Sind $\vec{a}_1$, $\vec{a}_2$ und $\vec{a}_3$ nicht komplanare Vektoren des Raumes, so gibt es für jeden Vektor $\vec{b}$ eindeutig bestimmte reelle Zahlen x, y und z mit $\vec{b} = x\,\vec{a}_1 + y\,\vec{a}_2 + z\,\vec{a}_3$.

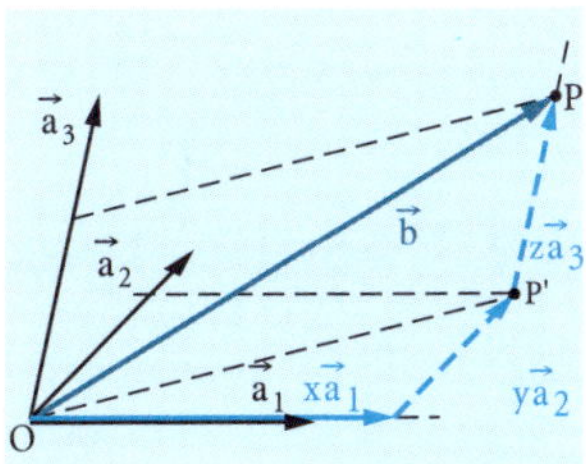

Die Menge $\{\vec{a}_1, \vec{a}_2, \vec{a}_3\}$ heißt eine **Basis** für die Vektoren des Raumes. Die reellen Zahlen x, y und z bezeichnet man als die **Koordinaten** und die Vektoren $x\,\vec{a}_1$, $y\,\vec{a}_2$ und $z\,\vec{a}_3$ als die **Komponenten** von $\vec{b}$ bezüglich $\{\vec{a}_1, \vec{a}_2, \vec{a}_3\}$.

Ist mit $\{\vec{a}_1, \vec{a}_2\}$ in der Ebene bzw. mit $\{\vec{a}_1, \vec{a}_2, \vec{a}_3\}$ im Raum jeweils eine feste Basis vorgegeben, so kann man jeden Vektor der Ebene bzw. des Raumes durch seine Koordinaten beschreiben. Sie stellen für einen ebenen Vektor ein geordnetes Paar und für einen räumlichen Vektor ein geordnetes Tripel dar. Man notiert diese Koordinaten in Spaltenform.

Prinzip des Koordinatenvergleichs

Zwei Vektoren

der Ebene	des Raumes
$\vec{a} = \begin{pmatrix} a_x \\ a_y \end{pmatrix} \quad \vec{b} = \begin{pmatrix} b_x \\ b_y \end{pmatrix}$	$\vec{a} = \begin{pmatrix} a_x \\ a_y \\ a_z \end{pmatrix} \quad \vec{b} = \begin{pmatrix} b_x \\ b_y \\ b_z \end{pmatrix}$

sind genau dann gleich, wenn sie jeweils in ihren Koordinaten übereinstimmen:

$\vec{a} = \vec{b} \Leftrightarrow a_x = b_x;\ a_y = b_y$	$\vec{a} = \vec{b} \Leftrightarrow a_x = b_x;\ a_y = b_y;\ a_z = b_z$

Beispiel: Es ist zu untersuchen, ob es Zahlen $u, t \in \mathbb{R}$ gibt, sodass die beiden Vektoren $\vec{a} = \begin{pmatrix} 2t-1 \\ 4u+1 \end{pmatrix}$ und $\vec{b} = \begin{pmatrix} 4u-1 \\ -2t+5 \end{pmatrix}$ gleich sind.
Koordinatenvergleich ergibt das Gleichungssystem
(I) $2t - 1 = 4u - 1$
(II) $4u + 1 = -2t + 5$, das die Lösung $t = 1$, $u = 0{,}5$ besitzt.
Für diese Werte von u und t sind also die Vektoren $\vec{a}$ und $\vec{b}$ gleich.

5.4 Koordinatensysteme

Ein Koordinatensystem der Ebene besteht aus einem fest gewählten Punkt O als Ursprung und einer Basis $\{\vec{a}_1, \vec{a}_2\}$ für die Vektoren der Ebene. Es wird mit $(O; \vec{a}_1, \vec{a}_2)$ bezeichnet.

Im Raum liegt mit $(O; \vec{a}_1, \vec{a}_2, \vec{a}_3)$ ein **Koordinatensystem** vor, falls $\{\vec{a}_1, \vec{a}_2, \vec{a}_3\}$ eine Basis für die Vektoren des Raumes bildet, d.h., falls diese drei Vektoren nicht komplanar sind.

Ein Koordinatensystem der Ebene $(O; \vec{a}_1, \vec{a}_2)$ bzw. des Raumes $(O; \vec{a}_1, \vec{a}_2, \vec{a}_3)$ ordnet jedem Punkt umkehrbar eindeutig den **Ortsvektor** $\vec{p} = \overrightarrow{OP}$ und

- (für die Ebene) ein **Zahlenpaar** (x; y) mit $\overrightarrow{OP} = \vec{p} = x\vec{a}_1 + y\vec{a}_2$
- (für den Raum) ein **Zahlentripel** (x; y; z) mit $\overrightarrow{OP} = \vec{p} = x\vec{a}_1 + y\vec{a}_2 + z\vec{a}_3$ zu.

Kartesisches Koordinatensystem

Ein Koordinatensystem

$(O; \vec{a}_1, \vec{a}_2)$ der Ebene heißt	$(O; \vec{a}_1, \vec{a}_2, \vec{a}_3)$ des Raumes heißt

kartesisches Koordinatensystem,

falls die Basisvektoren $\vec{a}_1, \vec{a}_2$ orthogonal $(\vec{a}_1 \perp \vec{a}_2)$	falls die Basisvektoren $\vec{a}_1, \vec{a}_2, \vec{a}_3$ paarweise orthogonal

und wie in nachstehenden Figuren $(\vec{a}_i = \vec{e}_i)$ angeordnete Einheitsvektoren $(|\vec{e}_i| = 1)$ sind:

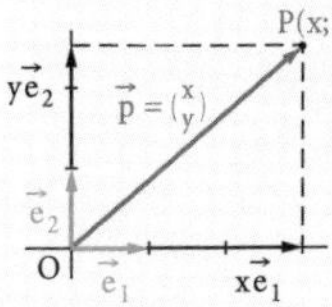

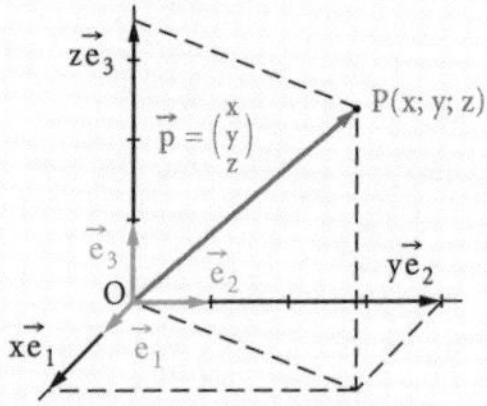

$$\vec{p} = \begin{pmatrix} x \\ y \end{pmatrix} = x\vec{e}_1 + y\vec{e}_2 \qquad \vec{p} = \begin{pmatrix} x \\ y \\ z \end{pmatrix} = x\vec{e}_1 + y\vec{e}_2 + z\vec{e}_3$$

Beispiel:

$\vec{p}_1 = -3\vec{e}_1 - 1{,}5\vec{e}_2$

$\vec{a} = 2\vec{e}_1 - 3\vec{e}_2$

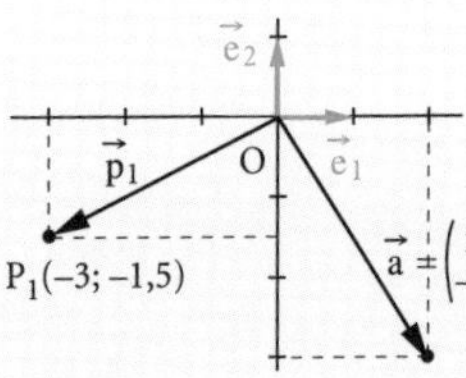

Beispiel:

$\vec{p}_2 = 2\vec{e}_1 + 1{,}5\vec{e}_2 + 2\vec{e}_3$

$\vec{a} = \vec{e}_1 - 1{,}5\vec{e}_2 + \vec{e}_3$

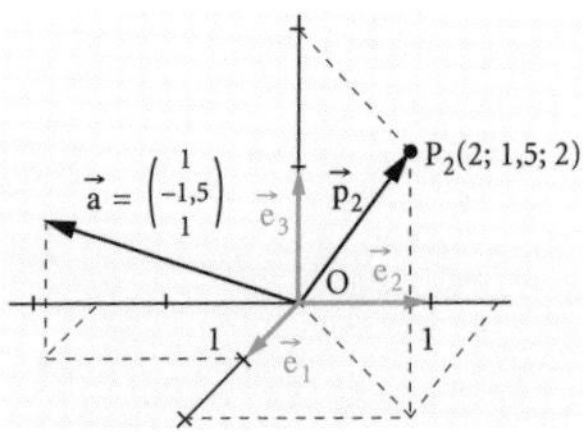

In der Ebene sind die Vektoren $\vec{e}_1$ und $\vec{e}_2$ so angeordnet, dass $\vec{e}_1$ entgegen dem Uhrzeigersinn (mathematisch positiv) „auf kürzestem Weg" in $\vec{e}_2$ gedreht werden kann. Im Raum soll die gleiche Überführung von $\vec{e}_1$ in $\vec{e}_2$ bei einer gedachten Rechtsschraube ein Herausdrehen in die $\vec{e}_3$-Richtung bewirken.

Skalar- und Vektorprodukt

Außer durch Addition und Subtraktion sowie Vervielfachung lassen sich Vektoren auch multiplikativ verknüpfen. Im Unterschied zur Multiplikation von reellen Zahlen gibt es für Vektoren jedoch zwei multiplikative Verknüpfungen – die skalare Multiplikation und die vektorielle Multiplikation. Dabei ist das Skalarprodukt zweier Vektoren eine reelle Zahl, das Vektorprodukt jedoch wieder ein Vektor. Die Skalarproduktbildung führt also aus der Menge der Vektoren hinaus, die Vektorproduktbildung hingegen nicht.

Skalarprodukt

Lastkähne auf Kanälen werden gelegentlich von Pferdegespannen mit einem Seil parallel zum Kanal gezogen.

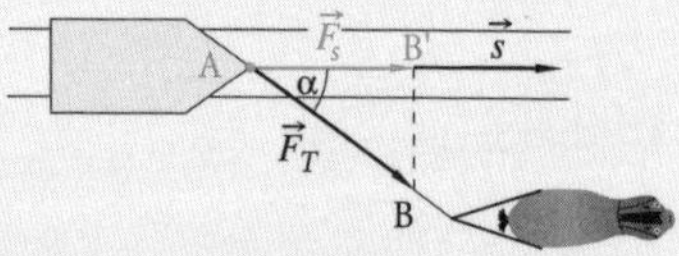

Die Zugkraft $\vec{F}_T$ des Gespanns kann jedoch nicht vollständig zur Fortbewegung des Kahns genutzt werden. Nur der Teil $\vec{F}_s$ der Zug-kraft $\vec{F}_T$ wird wirksam, der in Richtung des Weges $\vec{s}$ zeigt. Der Zahlenwert der Zugkraft ist der Betrag des Vektors $\vec{F}_T$, also $|\vec{F}_T|$.

Für die mechanische Arbeit W, die vom Gespann an dem Kahn verrichtet wird, gilt $W = |\vec{F}_s| \cdot |\vec{s}|$. Weil $\vec{F}_T$ und $\vec{F}_s$ den Winkel α einschließen, erhält man daraus $W = |\vec{F}_T| \cdot |\vec{s}| \cdot \cos\alpha$. Für dieses Produkt schreibt man auch kurz $\vec{F}_T \circ \vec{s}$ und nennt es das Skalarprodukt der Vektoren $\vec{F}_T$ und $\vec{s}$.

Definition

Sind $\vec{a}$ und $\vec{b}$ zwei Vektoren, so nennt man die reelle Zahl $\vec{a} \circ \vec{b} = |\vec{a}| \cdot |\vec{b}| \cdot \cos\alpha$ das **Skalarprodukt** der Vektoren $\vec{a}$ und $\vec{b}$, wobei α den von $\vec{a}$ und $\vec{b}$ eingeschlossenen Winkel bezeichnet.

Eigenschaften

(1) $\vec{a} \circ \vec{b} = \vec{b} \circ \vec{a}$ (Kommutativität),
(2) $\vec{a} \circ (\vec{b} + \vec{c}) = \vec{a} \circ \vec{b} + \vec{a} \circ \vec{c}$ (Distributivität),
(3) $(t\,\vec{a}) \circ \vec{b} = t\,(\vec{a} \circ \vec{b})$,
(4) $\vec{a}^2 \geq 0$, wobei $\vec{a}^2 = 0$ genau dann, wenn $\vec{a} = \vec{o}$.

Orthogonalität von Vektoren

Das Skalarprodukt zweier Vektoren ist genau dann 0, wenn die beiden Vektoren senkrecht aufeinander stehen.

Dabei wird vorausgesetzt, dass der Nullvektor $\vec{o}$ zu jedem anderen Vektor senkrecht ist. Im Unterschied zum Produkt zweier reeller Zahlen kann das Skalarprodukt zweier Vektoren auch dann gleich 0 sein, wenn beide Vektoren vom Nullvektor verschieden sind.

Projektionssatz

Sind $\vec{a}$ und $\vec{b}$ zwei Vektoren und bezeichnet b' die vorzeichenbehaftete Länge der Projektion von $\vec{b}$ auf $\vec{a}$, so gilt $\vec{a} \circ \vec{b} = |\vec{a}| \cdot b'$.

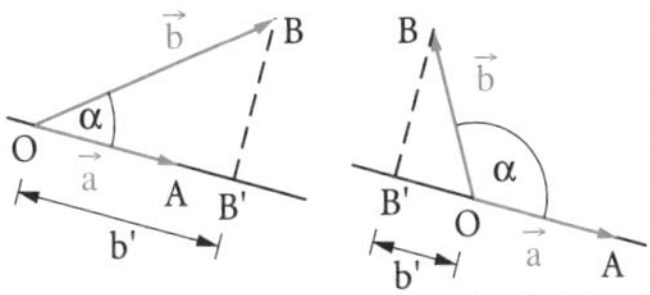

Koordinatendarstellung des Skalarprodukts

Sind bezüglich eines kartesischen Koordinatensystems

die beiden Vektoren der Ebene	die beiden Vektoren des Raumes
$\vec{a} = \begin{pmatrix} a_x \\ a_y \end{pmatrix}$ und $\vec{b} = \begin{pmatrix} b_x \\ b_y \end{pmatrix}$	$\vec{a} = \begin{pmatrix} a_x \\ a_y \\ a_z \end{pmatrix}$ und $\vec{b} = \begin{pmatrix} b_x \\ b_y \\ b_z \end{pmatrix}$
gegeben, dann ist:	
$\vec{a} \circ \vec{b} = a_x b_x + a_y b_y$	$\vec{a} \circ \vec{b} = a_x b_x + a_y b_y + a_z b_z$

Unter Berücksichtigung der Aussagen zur Orthogonalität von Vektoren gilt damit $\vec{a} \perp \vec{b}$ genau dann, wenn

$a_x b_x + a_y b_y = 0$ (in der Ebene) bzw. $a_x b_x + a_y b_y + a_z b_z = 0$ (im Raum).

Für den Spezialfall $\vec{a} = \vec{b}$ ergibt sich:

- $\vec{a} \circ \vec{a} = |\vec{a}| \cdot |\vec{a}| \cdot \cos 0° = |\vec{a}|^2$, also $|\vec{a}| = \sqrt{\vec{a}^2}$
- in der Ebene $\vec{a} \circ \vec{a} = a_x^2 + a_y^2$, also $|\vec{a}| = \sqrt{a_x^2 + a_y^2}$,
- im Raum $\vec{a} \circ \vec{a} = a_x^2 + a_y^2 + a_z^2$, also $|\vec{a}| = \sqrt{a_x^2 + a_y^2 + a_z^2}$

Winkelberechnung mithilfe des Skalarprodukts

Für den Winkel α zwischen zwei Vektoren $\vec{a}$ und $\vec{b}$ gilt:

$$\cos\alpha = \frac{\vec{a}\circ\vec{b}}{|\vec{a}|\cdot|\vec{b}|}$$

Der Winkel zwischen den Vektoren $\vec{a} = \begin{pmatrix}-1\\2\\-1\end{pmatrix}$ und $\vec{b} = \begin{pmatrix}-2\\4\\0\end{pmatrix}$ ist

$$\cos\alpha = \frac{\begin{pmatrix}-1\\2\\-1\end{pmatrix}\circ\begin{pmatrix}-2\\4\\0\end{pmatrix}}{\sqrt{(-1)^2+2^2+(-1)^2}\cdot\sqrt{(-2)^2+4^2+0^2}} = \frac{2+8+0}{\sqrt{6}\cdot\sqrt{20}} \approx 0{,}9129,$$

also $\alpha \approx 24{,}09°$.

Vektorprodukt

Unter dem **Vektorprodukt** $\vec{a}\times\vec{b}$ zweier Vektoren $\vec{a}$ und $\vec{b}$ versteht man den im Raum durch die folgenden drei Bedingungen charakterisierten Vektor $\vec{v}$:

(1) $|\vec{v}| = |\vec{a}|\cdot|\vec{b}|\cdot|\sin\sphericalangle(\vec{a},\vec{b})|$

(2) $\vec{v}\perp\vec{a}$ und $\vec{v}\perp\vec{b}$.

(3) Sind $\vec{a}$ und $\vec{b}$ linear unabhängig, so bildet $(\vec{a},\vec{b},\vec{v})$ ein Rechtssystem.

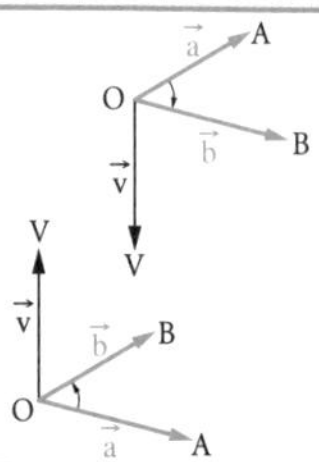

Für den Vektor $\vec{v} = \vec{a}\times\vec{b}$ gilt somit:

- Der Betrag des Vektors $\vec{v}$ ist gleich der Inhaltsmaßzahl des von $\vec{a}$ und $\vec{b}$ gebildeten Parallelogramms.
- $\vec{v}$ verläuft senkrecht zu der durch $\vec{a}$ und $\vec{b}$ ($\vec{a} \not\parallel \vec{b}$) bestimmten Ebene.
- Das Vektorsystem $\{\vec{a},\vec{b},\vec{v}\}$ bildet für $\vec{a}\not\parallel\vec{b}$ ein Rechtssystem. Das bedeutet: Dreht man a um O auf kürzestem Weg in $\vec{b}$, so muss sich eine entsprechend gedrehte Rechtsschraube in Richtung von $\vec{v}$ bewegen.
- $\vec{v} = \vec{a}\times\vec{b} = \vec{o}$ genau dann, wenn $\vec{a}$ und $\vec{b}$ linear abhängig.

Rechengesetze für das Vektorprodukt	
Alternativgesetz	$\vec{a} \times \vec{b} = -(\vec{b} \times \vec{a})$ bzw. $\vec{a} \times \vec{b} = -\vec{b} \times \vec{a}$
Distributivgesetz	$(\vec{a} + \vec{b}) \times \vec{c} = \vec{a} \times \vec{c} + \vec{b} \times \vec{c}$
Vervielfachung	$\lambda\,(\vec{a} \times \vec{b}) = (\lambda\,\vec{a}) \times \vec{b} = \vec{a} \times (\lambda\,\vec{b})\ \ (\lambda \in \mathbb{R})$

Vektorprodukte spezieller Einheitsvektoren

Für die Einheitsvektoren in Achsenrichtung gilt:

$\vec{e}_1 \times \vec{e}_1 = \vec{e}_2 \times \vec{e}_2 = \vec{e}_3 \times \vec{e}_3 = \vec{o};\quad \vec{e}_1 \times \vec{e}_2 = \vec{e}_3,\ \vec{e}_2 \times \vec{e}_3 = \vec{e}_1,$

$\vec{e}_3 \times \vec{e}_1 = \vec{e}_2;\quad \vec{e}_2 \times \vec{e}_1 = -\vec{e}_3,\ \vec{e}_3 \times \vec{e}_2 = -\vec{e}_1,\ \vec{e}_1 \times \vec{e}_3 = -\vec{e}_2$

5

Berechnung des Vektorprodukts

Sind $\vec{a} = \begin{pmatrix} a_x \\ a_y \\ a_z \end{pmatrix}$ und $\vec{b} = \begin{pmatrix} b_x \\ b_y \\ b_z \end{pmatrix}$ zwei Vektoren im Raum, so gilt

$$\vec{a} \times \vec{b} = \begin{vmatrix} \vec{e}_1 & \vec{e}_2 & \vec{e}_3 \\ a_x & a_y & a_z \\ b_x & b_y & b_z \end{vmatrix}$$

$$= (a_y b_z - a_z b_y)\vec{e}_1 + (a_z b_x - a_x b_z)\vec{e}_2 + (a_x b_y - a_y b_x)\vec{e}_3 = \begin{pmatrix} a_y b_z - a_z b_y \\ a_z b_x - a_x b_z \\ a_x b_y - a_y b_x \end{pmatrix}$$

Für $\vec{a} = \begin{pmatrix} 2 \\ 1 \\ 5 \end{pmatrix}$ und $\vec{b} = \begin{pmatrix} -2 \\ 3 \\ -1 \end{pmatrix}$ gilt $\vec{a} \times \vec{b} = \begin{vmatrix} \vec{e}_1 & \vec{e}_2 & \vec{e}_3 \\ 2 & 1 & 5 \\ -2 & 3 & -1 \end{vmatrix}$

$= -16\vec{e}_1 - 8\vec{e}_2 + 8\vec{e}_3.$

Da der Vektor $\vec{a} \times \vec{b}$ senkrecht zu den Vektoren $\vec{a}$ und $\vec{b}$ steht, ist er ein **Normalenvektor** der von diesen Vektoren aufgespannten Ebene.

5.5 Spatprodukt

Das Produkt $(\vec{a} \times \vec{b}) \circ \vec{c}$ dreier Vektoren $\vec{a}$, $\vec{b}$, $\vec{c}$ im Raum heißt **Spatprodukt** dieser Vektoren.

In Abhängigkeit davon, ob $\vec{a}$, $\vec{b}$ und $\vec{c}$ ein Rechtssystem bilden (oder nicht), ist das Spatprodukt positiv (oder negativ).

Berechnung des Spatproduktes

$$(\vec{a} \times \vec{b}) \circ \vec{c} = \begin{vmatrix} a_x & a_y & a_z \\ b_x & b_y & b_z \\ c_x & c_y & c_z \end{vmatrix} = \vec{a} \circ (\vec{b} \times \vec{c})$$

Da im Spatprodukt skalare und vektorielle Multiplikation miteinander vertauscht werden können, schreibt man das Spatprodukt auch in der Kurzform $[\vec{a}\,\vec{b}\,\vec{c}]$. Zyklische Vertauschung der Faktoren lässt das Spatprodukt unverändert.

Anwendungen des Spatprodukts

- Sind $\vec{a}$, $\vec{b}$ und $\vec{c}$ drei Vektoren, die ein Parallelepiped (Spat) bestimmen, so gilt für die Maßzahl des Volumens dieses Körpers $V(\vec{a}, \vec{b}, \vec{c}) = |(\vec{a} \times \vec{b}) \circ \vec{c}|$.
- Sind A, B, C und D vier Punkte im Raum, so liegen diese vier Punkte genau dann in einer gemeinsamen Ebene (sind also komplanar), wenn gilt: $(\overrightarrow{AB} \times \overrightarrow{AC}) \circ \overrightarrow{AD} = 0$

Weitere multiplikative Verknüpfungen von Vektoren:

- **Doppeltes Vektorprodukt** – das Resultat ist ein Vektor:

$\vec{a} \times (\vec{b} \times \vec{c}) = (\vec{a} \circ \vec{c})\,\vec{b} - (\vec{a} \circ \vec{b})\,\vec{c}$; $(\vec{a} \times \vec{b}) \times \vec{c} = (\vec{a} \circ \vec{c})\,\vec{b} - (\vec{b} \circ \vec{c})\,\vec{a}$

- Vierfaches Produkt – das Resultat ist ein Skalar:

$(\vec{a} \times \vec{b}) \circ (\vec{c} \times \vec{d}) = (\vec{a} \circ \vec{c})\,(\vec{b} \circ \vec{d}) - (\vec{a} \circ \vec{d})\,(\vec{b} \circ \vec{c})$

- *Sonderfall:* $(\vec{a} \times \vec{b})^2 = \vec{a}^2\,\vec{b}^2 - (\vec{a} \circ \vec{b})^2$

Da $|\vec{a} \times \vec{b}|$ gleich der Inhaltsmaßzahl A des von $\vec{a}$ und $\vec{b}$ gebildeten Parallelogramms ist, gilt auch $A = \sqrt{\vec{a}^2\,\vec{b}^2 - (\vec{a} \circ \vec{b})^2}$

5.6 Vektorräume

Definition des Vektorraums

Eine nichtleere Menge V, für deren Elemente eine Addition + und eine Vervielfachung · mit reellen Zahlen definiert sind (Symbol: (V,+,·)), nennt man **Vektorraum** und ihre Elemente Vektoren genau dann, wenn für alle $\vec{a}$, $\vec{b}$ und $\vec{c}$ aus V sowie für alle reellen Zahlen r und s gilt:

(1) $\vec{a} + \vec{b} = \vec{b} + \vec{a}$	(Kommutativgesetz)
(2) $(\vec{a} + \vec{b}) + \vec{c} = \vec{a} + (\vec{b} + \vec{c})$	(Assoziativgesetz)
(3) Es gibt ein solches Element $\vec{o}$ in V, dass für alle $\vec{a} \in V$ gilt: $\vec{a} + \vec{o} = \vec{a}$.	(Existenz eines Nullelements)
(4) Zu jedem Element $\vec{a} \in V$ gibt es in V ein Element $-\vec{a}$ mit $\vec{a} + (-\vec{a}) = \vec{o}$.	(Existenz eines entgegengesetzten Elements)
(5) $r \cdot (s \cdot \vec{a}) = (rs) \cdot \vec{a}$	
(6) $(r + s) \cdot \vec{a} = r \cdot \vec{a} + s \cdot \vec{a}$	(Rechenregeln für die
(7) $r \cdot (\vec{a} + \vec{b}) = r \cdot \vec{a} + r \cdot \vec{b}$	Vielfachenbildung
(8) $1 \cdot \vec{a} = \vec{a}$	

Beispiele für Vektorräume sind

- die Mengen der Verschiebungen der Ebene bzw. des Raumes;
- die Mengen $\mathbb{R}^2$ und $\mathbb{R}^3$ der Paare bzw. Tripel reeller Zahlen,
- die Mengen der auf ganz $\mathbb{R}$ bzw. auf dem Intervall [a; b] differenzierbaren Funktionen;
- die Menge P_3 der Polynome höchstens dritten Grades.

Kein Vektorraum ist hingegen die Menge $\mathbb{Z}$ der ganzen Zahlen. ($\mathbb{Z}$, +) erfüllt die Bedingungen (1) bis (4) der Vektorraumdefinition, aber $\mathbb{Z}$ ist bezüglich der Vervielfachung mit reellen Zahlen nicht abgeschlossen, denn diese führt aus dem Bereich der ganzen Zahlen heraus.

5

Unterräume und Erzeugendensysteme

Definition des Unterraums

Eine Teilmenge U eines Vektorraumes V, die selbst bezüglich der Addition und der Vervielfachung in V ein Vektorraum ist, heißt **Unterraum U des Vektorraumes V**.

Unterraumkriterium

Eine nichtleere Teilmenge U eines Vektorraumes V ist genau dann ein Unterraum von V, wenn für alle Vektoren $\vec{a}, \vec{b}$ aus U und für alle reellen Zahlen r gilt:
$\vec{a}, \vec{b} \in U \Rightarrow \vec{a} + \vec{b} \in U, \vec{a} \in U, r \in \mathbb{R} \Rightarrow r \cdot \vec{a} \in U$

Beispiel: Der Vektorraum $\mathbb{R}^3$ lässt sich geometrisch durch alle Ortsvektoren des Raumes bezüglich eines festen Punktes O (Koordinatenursprung) veranschaulichen.
Unterräume des $\mathbb{R}^3$ (und zwar alle möglichen) sind dann
- der Vektorraum, der nur aus dem Nullvektor $\vec{o}$ besteht;
- alle Ortsvektoren, die Punkte einer festen Geraden g durch O beschreiben;
- alle Ortsvektoren, die Punkte in einer festen Ebene ε durch O beschreiben;
- der ganze Vektorraum $\mathbb{R}^3$ selbst.

Lineare Hülle und Erzeugendensystem

Der durch alle Linearkombinationen der Vektoren $\vec{a}_1, \vec{a}_2, \ldots, \vec{a}_m$ (↑ S. 100) gebildete Unterraum U heißt
- die **lineare Hülle U** der Vektoren $\vec{a}_1, \vec{a}_2, \ldots, \vec{a}_m$ bzw.
- der von $\vec{a}_1, \vec{a}_2, \ldots, \vec{a}_m$ **erzeugte Unterraum U** bzw.
- der von $\vec{a}_1, \vec{a}_2, \ldots, \vec{a}_m$ **aufgespannte Unterraum U.**

Die Menge $\{\vec{a}_1, \vec{a}_2, \ldots, a_m\}$ wird ein **Erzeugendensystem** des Unterraumes U genannt.

Basis und Dimension

Definition von Basis und Dimension

Es sei U ein Unterraum des Vektorraumes V mit $V \neq \{\vec{o}\}$.
Ein Erzeugendensystem $\{\vec{a}_1, \vec{a}_2, \ldots, \vec{a}_m\}$ von U heißt genau dann eine **Basis von U**, wenn die Vektoren $\vec{a}_1, \vec{a}_2, \ldots, \vec{a}_m$ linear unabhängig (↑ S. 100) sind.
Die Anzahl der Vektoren einer Basis von U nennt man die **Dimension von U**.

Da V Unterraum von sich selbst ist, sind durch obige Formulierung auch die Begriffe *Basis von V* und *Dimension von V* mit erfasst.

Beispiel:

- Je zwei nicht parallele Vektoren (also zwei linear unabhängige Vektoren) bilden eine Basis des Vektorraumes $\mathbb{R}^2$. $\mathbb{R}^2$ hat demzufolge die Dimension 2.
- Im Vektorraum $\mathbb{R}^3$, dessen Vektoren durch Tripel reeller Zahlen beschrieben werden, stellen je drei nicht komplanare, d.h. je drei linear unabhängige Vektoren, eine Basis dar. Die Dimension von $\mathbb{R}^3$ ist 3.

5

Natürliche Basis des Vektorraums $\mathbb{R}^n$

$B = \{\vec{e}_1, \vec{e}_2, \ldots, \vec{e}_n\}$ mit $\vec{e}_1 = \begin{pmatrix} 1 \\ 0 \\ 0 \\ \vdots \\ 0 \end{pmatrix}, \vec{e}_2 = \begin{pmatrix} 0 \\ 1 \\ 0 \\ \vdots \\ 0 \end{pmatrix}, \ldots, \vec{e}_n = \begin{pmatrix} 0 \\ 0 \\ \vdots \\ 0 \\ 1 \end{pmatrix}$ heißt

die **natürliche Basis** des n-dimensionalen Vektorraumes $\mathbb{R}^n$. Je n linear unabhängige Vektoren des $\mathbb{R}^n$ bilden eine Basis von $\mathbb{R}^n$.
Die natürliche Basis von $\mathbb{R}^2$ und $\mathbb{R}^3$ ist $\{\vec{e}_1, \vec{e}_2\}$ bzw. $\{\vec{e}_1, \vec{e}_2, \vec{e}_3\}$.

6 Matrizen

Wichtige Definitionen

Eine rechteckige Anordnung von $m \cdot n$ Zahlen a_{ik} in m Zeilen und n Spalten wird **Matrix** (Pl.: Matrizen) vom Typ $(m; n)$- oder $(m \times n)$-Matrix genannt. Man schreibt:

$$\mathbf{A}_{(m;\,n)} = \begin{pmatrix} a_{11} & a_{12} & a_{13} & \cdots & a_{1n} \\ a_{21} & a_{22} & a_{23} & \cdots & a_{2n} \\ \cdots & \cdots & \cdots & \cdots & \cdots \\ a_{m1} & a_{m2} & a_{m3} & \cdots & a_{mn} \end{pmatrix}$$

Die Zahlen a_{ik} heißen **Elemente** (oder Komponenten) der Matrix **A**.
Der Doppelindex beim Element a_{ik} gibt an, dass das betreffende Element in der i-ten Zeile und der k-ten Spalte der Matrix steht.

Matrizen vom Typ $(1; n)$ heißen **Zeilenvektoren** und $(m; 1)$-Matrizen **Spaltenvektoren**.
Matrizen und Vektoren können als Bausteine linearer Gleichungssysteme angesehen werden.

Dabei enthält die **Koeffizientenmatrix A** die Koeffizienten der Variablen und der **Spaltenvektor** $\vec{b}$ die Absolutglieder.

Zu beschreibendes Gleichungssystem:

$$\begin{aligned} 2x + 3y - z &= 1 \\ x + 3y + z &= 2 \\ -2 \;\; -2y + 4z &= 4 \end{aligned}$$

Koeffizientenmatrix A des Gleichungssystems:

$$\mathbf{A} = \begin{pmatrix} 2 & 3 & -1 \\ 1 & 3 & 1 \\ -2 & -2 & 4 \end{pmatrix}$$

Spaltenvektor $\vec{b}$ der Absolutglieder: $\vec{b} = \begin{pmatrix} 1 \\ 2 \\ 4 \end{pmatrix}$ ((3; 1)-Matrix)

Die aus Koeffizienten und Absolutgliedern bestehende Matrix heißt **erweiterte Koeffizientenmatrix** $(\mathbf{A}, \vec{b})$

$$(\mathbf{A}, \vec{b}) = \begin{pmatrix} 2 & 3 & -1 & 1 \\ 1 & 3 & 1 & 2 \\ -2 & -2 & 4 & 4 \end{pmatrix}$$

6.1 Spezielle Matrizen

Quadratische Matrizen

Stimmen die Anzahl der Zeilen und Spalten einer Matrix $\mathbf{A} = \mathbf{A}(m; n)$ überein, ist also $m = n$, so heißt diese Matrix **quadratische Matrix** vom Typ $(n; n)$ oder **n-reihige Matrix**.

$$\mathbf{A}_{(m;\,n)} = \begin{pmatrix} a_{11} & a_{12} & \cdots & a_{1n} \\ a_{21} & a_{22} & \cdots & a_{2n} \\ \dots & \dots & \dots & \dots \\ a_{n1} & a_{n2} & \cdots & a_{nn} \end{pmatrix}$$

Die Elemente $a_{11}, a_{22}, \dots, a_{nn}$ bilden die **Hauptdiagonale** der Matrix.

Diagonalmatrix

Bei einer **Diagonalmatrix D** gilt $a_{ik} = 0$ für $i \neq k$, d. h., alle Elemente außerhalb der Hauptdiagonalen sind gleich 0.

$$\mathbf{D} = \begin{pmatrix} a_{11} & 0 & \dots & 0 \\ 0 & a_{22} & \dots & 0 \\ \dots & \dots & \dots & \dots \\ 0 & 0 & \dots & a_{nn} \end{pmatrix}$$

Einheitsmatrix

Bei einer **Einheitsmatrix E** gilt $a_{ik} = 1$ für $i = k$ und $a_{ik} = 0$ für $i \neq k$, d. h., alle Elemente in der Hauptdiagonalen sind gleich 1 und alle Elemente außerhalb von dieser gleich 0.

$$\mathbf{E} = \begin{pmatrix} 1 & 0 & \dots & 0 \\ 0 & 1 & \dots & 0 \\ \dots & \dots & \dots & \dots \\ 0 & 0 & \dots & 1 \end{pmatrix}$$

Obere und untere Dreiecksmatrix

Bei einer **oberen Dreiecksmatrix $\mathbf{A_o}$** gilt $a_{ik} = 0$ für $i > k$, d. h., alle Elemente unterhalb der Hauptdiagonalen sind gleich 0.

$$\mathbf{A_o} = \begin{pmatrix} a_{11} & a_{12} & \cdots & a_{1n} \\ 0 & a_{22} & \cdots & a_{2n} \\ \dots & \dots & \dots & \dots \\ 0 & 0 & \dots & a_{nn} \end{pmatrix}$$

Bei einer **unteren Dreiecksmatrix $\mathbf{A_u}$** gilt $a_{ik} = 0$ für $i < k$, d. h., alle Elemente oberhalb der Hauptdiagonalen sind gleich 0.

$$\mathbf{A_u} = \begin{pmatrix} a_{11} & 0 & \dots & 0 \\ a_{21} & a_{22} & \dots & 0 \\ \dots & \dots & \dots & \dots \\ a_{n1} & a_{n2} & \cdots & a_{nn} \end{pmatrix}$$

Ohne Beschränkung auf einen bestimmten Typ von Matrizen treten außerdem folgende Spezialformen auf:

Nullmatrix

Bei einer **Nullmatrix O** gilt $a_{ik} = 0$ für alle i, k, d. h., alle Elemente sind gleich 0.

$$\mathbf{O} = \begin{pmatrix} 0 & 0 & \dots & 0 \\ 0 & 0 & \dots & 0 \\ \dots & \dots & \dots & \dots \\ 0 & 0 & \dots & 0 \end{pmatrix}$$

Transponierte Matrix zu einer Matrix

Schreibt man die Zeilen einer Matrix **A** vom Typ (m; n) als Spalten einer Matrix $\mathbf{A}^T$, so nennt man $\mathbf{A}^T$ die zu **A transponierte Matrix.**

$$\mathbf{A} = \begin{pmatrix} a_{11} & a_{12} & \dots & a_{1n} \\ a_{21} & a_{22} & \dots & a_{2n} \\ a_{31} & a_{32} & \dots & a_{3n} \\ \dots & \dots & \dots & \dots \\ a_{m1} & a_{m2} & \dots & a_{mn} \end{pmatrix} \qquad \mathbf{A}^T = \begin{pmatrix} a_{11} & a_{21} & \dots & a_{m1} \\ a_{12} & a_{22} & \dots & a_{m2} \\ a_{13} & a_{23} & \dots & a_{m3} \\ \dots & \dots & \dots & \dots \\ a_{1n} & a_{2n} & \dots & a_{mn} \end{pmatrix}$$

Eine quadratische Matrix heißt **symmetrisch**, wenn sie mit ihrer transponierten übereinstimmt; sie heißt **schiefsymmetrisch**, wenn die Elemente ihrer transponierten entgegengesetzte Vorzeichen haben.

6.2 Rechnen mit Matrizen

Addition von Matrizen gleichen Typs

Matrizen gleichen Typs werden elementweise addiert. Sind $\mathbf{A} = (a_{ik})$ und $\mathbf{B} = (b_{ik})$ $(m \times n)$-Matrizen, dann versteht man unter ihrer

Summe $\mathbf{A} + \mathbf{B}$ eine Matrix $\mathbf{C} = \begin{pmatrix} a_{11} + b_{11} & a_{12} + b_{12} & \dots & a_{1n} + b_{1n} \\ a_{21} + b_{21} & a_{22} + b_{22} & \dots & a_{2n} + b_{2n} \\ \dots & \dots & \dots & \dots \\ a_{m1} + b_{m1} & a_{m2} + b_{m2} & \dots & a_{mn} + b_{mn} \end{pmatrix}$.

Die Summe $\mathbf{A} + \mathbf{B} = \mathbf{C} = (c_{ik})$ ist eine Matrix vom Typ (m, n) mit $c_{ik} = a_{ik} + b_{ik}$.

Beispiel:

Mit $\mathbf{A} = \begin{pmatrix} 2 & 0 & -1 \\ 1 & -2 & 3 \end{pmatrix}$ und $\mathbf{B} = \begin{pmatrix} 1 & 2 & -1 \\ 0 & 2 & 3 \end{pmatrix}$ gilt für die Summe

$$\mathbf{A} + \mathbf{B} = \begin{pmatrix} 2+1 & 0+2 & -1-1 \\ 1+0 & -2+2 & 3+3 \end{pmatrix} = \begin{pmatrix} 3 & 2 & -2 \\ 1 & 0 & 6 \end{pmatrix}.$$

Skalare Vervielfachung einer Matrix

Unter dem **Vielfachen** $r\,\mathbf{A}$ ($r \in \mathbb{R}$) einer $(m \times n)$-Matrix $\mathbf{A} = (a_{ik})$ versteht man eine Matrix **C** mit der Eigenschaft

$$\mathbf{C} = r \begin{pmatrix} a_{11} & a_{12} & \dots & a_{1n} \\ a_{21} & a_{22} & \dots & a_{2n} \\ \dots & \dots & \dots & \dots \\ a_{m1} & a_{m2} & \dots & a_{mn} \end{pmatrix} = \begin{pmatrix} ra_{11} & ra_{12} & \dots & ra_{1n} \\ ra_{21} & ra_{22} & \dots & ra_{2n} \\ \dots & \dots & \dots & \dots \\ ra_{m1} & ra_{m2} & \dots & ra_{mn} \end{pmatrix}.$$

Das Vielfache $r\,\mathbf{A} = \mathbf{C} = (c_{ik})$ ist eine Matrix vom Typ (m, n) mit $c_{ik} = r\,a_{ik}$.

Beispiel:

Die Vervielfachung der Matrix $\mathbf{M} = \begin{pmatrix} 0 & 2 & 4 \\ -3 & 1 & 0 \\ 1 & 0 & -2 \end{pmatrix}$ mit der Zahl (–2) ergibt:

$$(-2)\mathbf{M} = (-2)\begin{pmatrix} 0 & 2 & 4 \\ -3 & 1 & 0 \\ 1 & 0 & -2 \end{pmatrix} = \begin{pmatrix} -2\cdot 0 & -2\cdot 2 & -2\cdot 4 \\ -2\cdot(-3) & -2\cdot 1 & -2\cdot 0 \\ -2\cdot 1 & -2\cdot 0 & -2\cdot(-2) \end{pmatrix} = \begin{pmatrix} 0 & -4 & -8 \\ 6 & -2 & 0 \\ -2 & 0 & 4 \end{pmatrix}$$

Rechenregeln für Addition und Vervielfachung

Für beliebige $(m \times n)$-Matrizen **A**, **B** und **C** sowie $r, s \in \mathbb{R}$ gilt:

(1) $\mathbf{A} + \mathbf{B} = \mathbf{B} + \mathbf{A}$

(2) $(\mathbf{A} + \mathbf{B}) + \mathbf{C} = \mathbf{A} + (\mathbf{B} + \mathbf{C})$

(3) Es gibt eine Matrix **O** mit $\mathbf{A} + \mathbf{O} = \mathbf{A}$.

(4) Zu **A** gibt es eine Matrix –**A** mit $\mathbf{A} + (-\mathbf{A}) = \mathbf{O}$.

(5) $r\,(s\,\mathbf{A}) = (r\,s)\,\mathbf{A}$

(6) $(r + s)\,\mathbf{A} = r\,\mathbf{A} + s\,\mathbf{A}$

(7) $r\,(\mathbf{A} + \mathbf{B}) = r\,\mathbf{A} + r\,\mathbf{B}$

(8) $1\,\mathbf{A} = \mathbf{A}$

Multiplikation Matrix · Vektor

$\mathbf{A} = (a_{ik})$ sei eine $(m \times n)$-Matrix und $\vec{c}$ ein Vektor aus n Koordinaten. Das Produkt $\mathbf{A} \cdot \vec{c}$ ist dann ein Vektor **B** mit der Eigenschaft

$$\mathbf{A} \cdot \vec{c} = \mathbf{B} = \begin{pmatrix} a_{11} & \dots & a_{1n} \\ \vdots & & \\ a_{m1} & \dots & a_{mn} \end{pmatrix} \cdot \begin{pmatrix} c_1 \\ \\ c_n \end{pmatrix} = \begin{pmatrix} a_{11}c_1 + a_{12}c2 + & \dots & + a_{1n}c_n \\ \vdots & & \\ a_{m1}c_1 + a_{m2}c_2 + & \dots & + a_{mn}c_n \end{pmatrix}.$$

Um die Elemente von **B** zu erhalten, werden also die Zeilenvektoren von **A** mit dem Spaltenvektor $\vec{c}$ skalar multipliziert.

Beispiel: $\begin{pmatrix} 2 & 3 & 1 \\ 2 & 1 & 0 \\ 1 & 1 & 1 \\ 0 & -4 & 1 \end{pmatrix} \cdot \begin{pmatrix} 2 \\ 1 \\ 4 \end{pmatrix} = \begin{pmatrix} 2 \cdot 2 + 3 \cdot 1 + 1 \cdot 4 \\ 2 \cdot 2 + 1 \cdot 1 + 0 \cdot 4 \\ 1 \cdot 2 + 1 \cdot 1 + 1 \cdot 4 \\ 0 \cdot 2 + (-4) \cdot 1 + 1 \cdot 4 \end{pmatrix} = \begin{pmatrix} 11 \\ 5 \\ 7 \\ 0 \end{pmatrix}$

Die Multiplikation zweier Matrizen $\mathbf{A}_{(m;\, n)}$ und $\mathbf{B}_{(p;\, q)}$ ist ausführbar, wenn $n = p$. **A** und **B** heißen dann (in dieser Reihenfolge!) **verkettet**.

Multiplikation Matrix · Matrix

Die **Produktmatrix** C zweier Matrizen $\mathbf{A}_{(m;\, n)}$ und $\mathbf{B}_{(p;\, q)}$ ist vom Typ $(m;\, q)$. Man erhält die Elemente c_{ik} von C jeweils als Skalarprodukt des i-ten Zeilenvektors von **A** mit dem k-ten Spaltenvektor von **B**.

Beispiel:

$$\begin{pmatrix} 1 & 2 \\ 2 & 1 \\ 3 & 1 \end{pmatrix} \cdot \begin{pmatrix} 2 & 4 & 1 \\ 3 & 1 & 4 \end{pmatrix} = \begin{pmatrix} 1 \cdot 2 + 2 \cdot 3 & 1 \cdot 4 + 2 \cdot 1 & 1 \cdot 1 + 2 \cdot 4 \\ 2 \cdot 2 + 1 \cdot 3 & 2 \cdot 4 + 1 \cdot 1 & 2 \cdot 1 + 1 \cdot 4 \\ 3 \cdot 2 + 1 \cdot 3 & 3 \cdot 4 + 1 \cdot 1 & 3 \cdot 1 + 1 \cdot 4 \end{pmatrix} = \begin{pmatrix} 8 & 6 & 9 \\ 7 & 9 & 6 \\ 9 & 13 & 7 \end{pmatrix}$$

Rechenregeln für Matrizenmultiplikation

$\mathbf{A}, \mathbf{A}_1, \mathbf{A}_2$ seien $(m \times n)$-Matrizen, $\mathbf{B}, \mathbf{B}_1, \mathbf{B}_2$ seien $(n \times q)$-Matrizen und **C** sei eine $(q \times t)$-Matrix. Dann gilt:

(1) $(\mathbf{A}_1 + \mathbf{A}_2) \cdot \mathbf{B} = \mathbf{A}_1 \cdot \mathbf{B} + \mathbf{A}_2 \cdot \mathbf{B}$; $\quad \mathbf{A} \cdot (\mathbf{B}_1 + \mathbf{B}_2) = \mathbf{A} \cdot \mathbf{B}_1 + \mathbf{A} \cdot \mathbf{B}_2$

(2) $r\,(\mathbf{A} \cdot \mathbf{B}) = (r\,\mathbf{A}) \cdot \mathbf{B} = \mathbf{A} \cdot (r\,\mathbf{B})$ $(r \in \mathbb{R})$ (3) $\mathbf{A} \cdot (\mathbf{B} \cdot \mathbf{C}) = (\mathbf{A} \cdot \mathbf{B}) \cdot \mathrm{C}$

6.3 Inverse Matrizen

Die inverse Matrix

Sind $\mathbf{A}$ und $\mathbf{A}^{-1}$ quadratische Matrizen und gilt
$\mathbf{A} \cdot \mathbf{A}^{-1} = \mathbf{A}^{-1} \cdot \mathbf{A} = \mathbf{E}$ ($\mathbf{E}$ Einheitsmatrix),
so heißt $\mathbf{A}^{-1}$ die **zu $\mathbf{A}$ inverse Matrix.**

Beispiel:
$\mathbf{A}^{-1} = \begin{pmatrix} 1 & \frac{1}{2} \\ 0 & \frac{1}{2} \end{pmatrix}$ ist die inverse Matrix zu $\mathbf{A} = \begin{pmatrix} 1 & -1 \\ 0 & 2 \end{pmatrix}$, denn es gilt

$$\begin{pmatrix} 1 & -1 \\ 0 & 2 \end{pmatrix} \cdot \begin{pmatrix} 1 & \frac{1}{2} \\ 0 & \frac{1}{2} \end{pmatrix} = \begin{pmatrix} 1 & 0 \\ 0 & 1 \end{pmatrix} = \mathbf{E} \text{ und } \begin{pmatrix} 1 & \frac{1}{2} \\ 0 & \frac{1}{2} \end{pmatrix} \cdot \begin{pmatrix} 1 & -1 \\ 0 & 2 \end{pmatrix} = \begin{pmatrix} 1 & 0 \\ 0 & 1 \end{pmatrix} = \mathbf{E}.$$

6.4 Lineare Abbildungen

Die lineare Abbildung

Eine Abbildung f vom Vektorraum $\mathbb{R}^n$ in den Vektorraum $\mathbb{R}^m$ heißt genau dann **linear**, wenn für alle $a, b \in \mathbb{R}^n$ und $r \in \mathbb{R}$ gilt:
(1) $f(a + b) = f(a) + f(b)$, d.h., f ist additiv,
(2) $f(ra) = r\,f(a)$, d.h., f ist homogen.

6

Abbildungsmatrix

Ist f eine lineare Abbildung vom Vektorraum $\mathbb{R}^n$ in den Vektorraum $\mathbb{R}^m$, dann gibt es eine $(m \times n)$-Matrix $\mathbf{A}$, die **Abbildungsmatrix** der linearen Abbildung, sodass $f(x) = \mathbf{A} \cdot \vec{x}$.

Beispiel: Durch Anwenden der Abbildungsgleichungen $x' = 2x - y$, $y' = -x$ auf die Punkte $A(-3; -2)$ und $B(4; 3)$ erhält man die Bildpunkte $A'(-4; 3)$ und $B'(5; -4)$. Unter Verwendung der aus dem Gleichungssystem abzulesenden Abbildungsmatrix $\mathbf{M} = \begin{pmatrix} 2 & -1 \\ -1 & 0 \end{pmatrix}$ erhält man die Koordinaten der Bildpunkte auch durch Multiplikation der Matrix mit dem Ortsvektor von A bzw. B.

Lineare Abbildungen im $\mathbb{R}^2$ und $\mathbb{R}^3$

Lineare Abbildung	Darstellung	Abbildungsgleichungen	Matrix
Spiegelung an der x-Achse	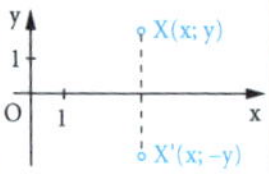	$x' = x = 1x + 0y$ $y' = -y = 0x + (-1)y$	$\begin{pmatrix} 1 & 0 \\ 0 & -1 \end{pmatrix}$
Spiegelung an der y-Achse	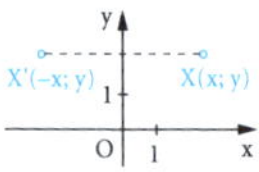	$x' = -x = (-1)x + 0y$ $y' = y = 0x + 1y$	$\begin{pmatrix} -1 & 0 \\ 0 & 1 \end{pmatrix}$
Spiegelung am Koordinatenursprung	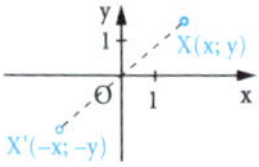	$x' = -x = (-1)x + 0y$ $y' = -y = 0x + (-1)y$	$\begin{pmatrix} -1 & 0 \\ 0 & -1 \end{pmatrix}$
90° Drehung um den Koordinatenursprung	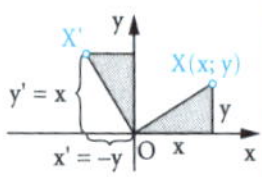	$x' = -y = 0x + (-1)y$ $y' = x = 1x + 0y$	$\begin{pmatrix} 0 & -1 \\ 1 & 0 \end{pmatrix}$
Drehung um einen beliebigen Winkel α um O	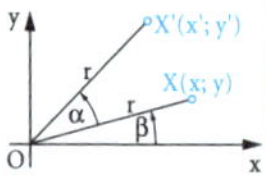	$x' = x\cos\alpha - y\sin\alpha$ $y' = x\sin\alpha + y\cos\alpha$	$\begin{pmatrix} \cos\alpha & -\sin\alpha \\ \sin\alpha & \cos\alpha \end{pmatrix}$
Identische Abbildung	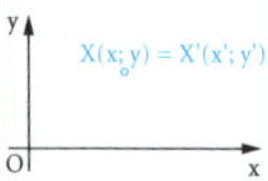	$x' = x = 1x + 0y$ $y' = y = 0x + 1y$	$\begin{pmatrix} 1 & 0 \\ 0 & 1 \end{pmatrix}$
zentrische Streckung mit Streckungszentrum O und Faktor k	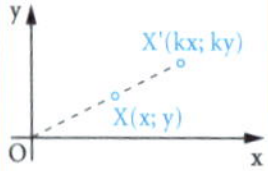	$x' = kx = kx + 0y$ $y' = ky = 0x + ky$	$\begin{pmatrix} k & 0 \\ 0 & k \end{pmatrix}$

Ein Dreieck ABC soll um 270° um den Koordinatenursprung gedreht werden. Die Abbildungsmatrix lautet dann:

$$\begin{pmatrix} \cos 270° & -\sin 270° \\ \sin 270° & \cos 270° \end{pmatrix} = \begin{pmatrix} 0 & 1 \\ -1 & 0 \end{pmatrix}$$

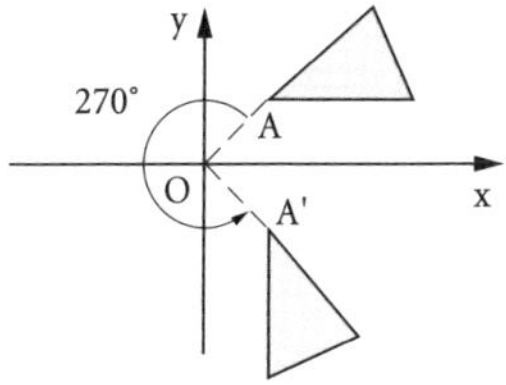

Abbildungsmatrizen räumlicher linearer Abbildungen			
Spiegelung an der x-Achse	$\begin{pmatrix} 1 & 0 & 0 \\ 0 & -1 & 0 \\ 0 & 0 & -1 \end{pmatrix}$	Spiegelung an O(0; 0; 0)	$\begin{pmatrix} -1 & 0 & 0 \\ 0 & -1 & 0 \\ 0 & 0 & -1 \end{pmatrix}$
Spiegelung an der xy-Ebene	$\begin{pmatrix} 1 & 0 & 0 \\ 0 & 1 & 0 \\ 0 & 0 & -1 \end{pmatrix}$	Spiegelung an der xz-Ebene	$\begin{pmatrix} 1 & 0 & 0 \\ 0 & -1 & 0 \\ 0 & 0 & 1 \end{pmatrix}$
Spiegelung an der yz-Ebene	$\begin{pmatrix} -1 & 0 & 0 \\ 0 & 1 & 0 \\ 0 & 0 & 1 \end{pmatrix}$	Drehung um α um die y-Achse	$\begin{pmatrix} \cos\alpha & 0 & -\sin\alpha \\ 0 & 1 & 0 \\ \sin\alpha & 0 & \cos\alpha \end{pmatrix}$
Drehung um α um die x-Achse	$\begin{pmatrix} 1 & 0 & 0 \\ 0 & \cos\alpha & -\sin\alpha \\ 0 & \sin\alpha & \cos\alpha \end{pmatrix}$	Drehung um α um die z-Achse	$\begin{pmatrix} \cos\alpha & -\sin\alpha & 0 \\ \sin\alpha & \cos\alpha & 0 \\ 0 & 0 & 1 \end{pmatrix}$

2

1

Der Punkt P(3; 2; 3) soll zuerst an der xz-Ebene und danach an der x-Achse gespiegelt werden.

1) Ergebnis der ersten Spiegelung (P'):

$$\begin{pmatrix} x' \\ y' \\ z' \end{pmatrix} = \begin{pmatrix} 1 & 0 & 0 \\ 0 & -1 & 0 \\ 0 & 0 & 1 \end{pmatrix} \cdot \begin{pmatrix} 3 \\ 2 \\ 3 \end{pmatrix} = \begin{pmatrix} 3 \\ -2 \\ 3 \end{pmatrix}$$

2) Ergebnis der zweiten Spiegelung (P"):

$$\begin{pmatrix} x'' \\ y'' \\ z'' \end{pmatrix} = \begin{pmatrix} 1 & 0 & 0 \\ 0 & -1 & 0 \\ 0 & 0 & -1 \end{pmatrix} \cdot \begin{pmatrix} 3 \\ -2 \\ 3 \end{pmatrix} = \begin{pmatrix} 3 \\ 2 \\ -3 \end{pmatrix}$$

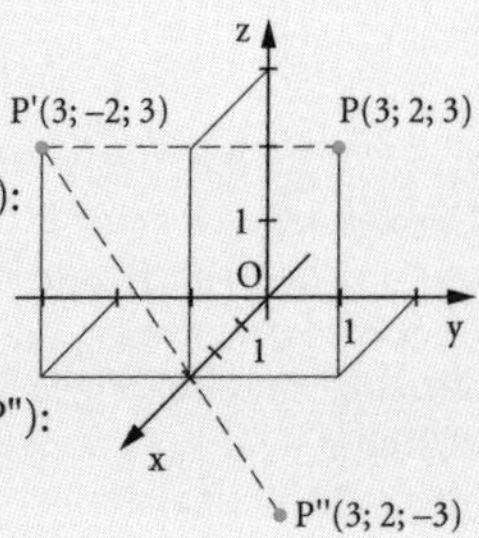

7 Analytische Geometrie

Wichtige Definitionen

Grundbegriffe

Sind in der Ebene oder im Raum ein Punkt P_0 und ein Vektor $\vec{a} \neq \vec{o}$ gegeben, so ist dadurch eine Gerade g durch P_0 mit der Richtung von $\vec{a}$ eindeutig bestimmt. Der Vektor $\vec{a}$ heißt dementsprechend **Richtungsvektor** der Geraden g.
Den Punkt P_0 nennt man **Stützpunkt** (oder **Trägerpunkt**) von g und den zugehörigen Ortsvektor $\vec{p}_0$ dann **Stützvektor** der Geraden g.

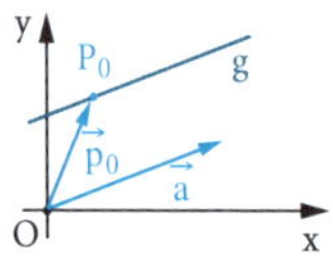

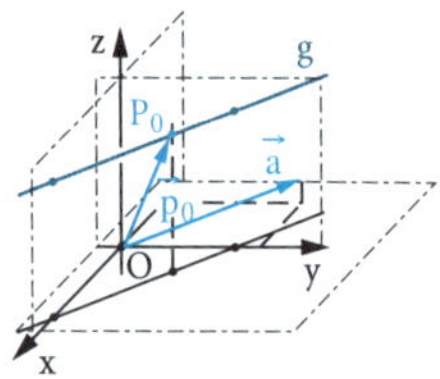

P_0: Stützpunkt
$\vec{a}$: Richtungsvektor
$\vec{p}_0$: Ortsvektor

Besitzt eine Gerade g den Richtungsvektor $\vec{a} = \begin{pmatrix} a_x \\ a_y \end{pmatrix}$, so

ist ihr **Anstieg** $m = \frac{a_y}{a_x}$.
Eine Gerade g ist in der Ebene oder im Raum auch durch zwei ihrer Punkte eindeutig bestimmt. Die zugehörigen **Ortsvektoren** $\vec{p}_1$ **und** $\vec{p}_2$ lassen sich ebenfalls zur analytischen Beschreibung von g verwenden.

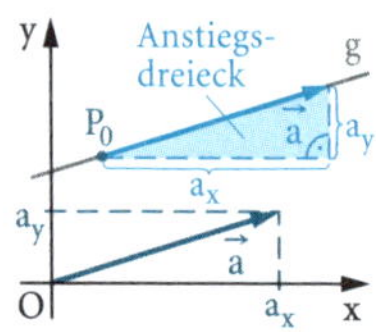

7.1 Geraden in Ebene und Raum

Punktrichtungsgleichung einer Geraden

Punktrichtungsgleichung (Vektorform/Parameterform)

Die Gerade g, die durch den Punkt P_0 mit dem Ortsvektor $\vec{p}_0 = \overrightarrow{OP_0}$ und den Richtungsvektor $\vec{a}$ $(\vec{a} \neq \vec{o})$ bestimmt ist, kann durch die Gleichung $\vec{x} = \vec{p}_0 + t\,\vec{a}$ $(t \in \mathbb{R})$ beschrieben werden.

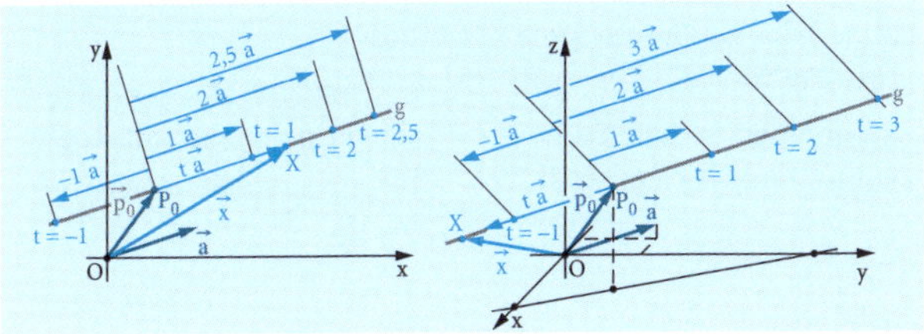

Beispiel:

- Die Gerade g des Raumes, die durch den Punkt $P_0(-1; 3; 2)$ und den Richtungsvektor $\vec{a} = \begin{pmatrix} 2 \\ -1 \\ -2 \end{pmatrix}$ bestimmt ist, hat die Gleichung $\vec{x} = \begin{pmatrix} -1 \\ 3 \\ 2 \end{pmatrix} + t\begin{pmatrix} 2 \\ -1 \\ -2 \end{pmatrix}$.
- Für $t_1 = -0{,}7$ erhält man $\vec{x}_1 = \begin{pmatrix} -1 \\ 3 \\ 2 \end{pmatrix} - 0{,}7\begin{pmatrix} 2 \\ -1 \\ -2 \end{pmatrix} = \begin{pmatrix} -1 \\ 3 \\ 2 \end{pmatrix} - \begin{pmatrix} 1{,}4 \\ -0{,}7 \\ -1{,}4 \end{pmatrix}$, also $x_1 = \begin{pmatrix} -2{,}4 \\ 3{,}7 \\ 3{,}4 \end{pmatrix}$.
  Somit ist $X_1(-2{,}4; 3{,}7; 3{,}4)$ ein Punkt von g.
- Wenn der gegebene Punkt $X_2(1; 2; 1)$ auf g liegt, muss es ein t_2 geben, so dass $\begin{pmatrix} 1 \\ 2 \\ 1 \end{pmatrix} = \begin{pmatrix} -1 \\ 3 \\ 2 \end{pmatrix} + t_2\begin{pmatrix} 2 \\ -1 \\ -2 \end{pmatrix}$ bzw. $\begin{pmatrix} 2 \\ -1 \\ -1 \end{pmatrix} = \begin{pmatrix} 2t_2 \\ -1t_2 \\ -2t_2 \end{pmatrix}$ gilt.
  Das sich hieraus durch Koeffizientenvergleich (↑ S. 102) ergebende Gleichungssystem (I) $2 = 2 \cdot t_2$, (II) $-1 = -1 \cdot t_2$, (III) $-1 = -2 \cdot t_2$ besitzt keine Lösung. X_2 ist demzufolge kein Punkt von g.

7

Punktrichtungsgleichung einer Geraden der Ebene (Koordinatenschreibweise)

Die Gerade g der Ebene, die durch den Punkt $P_0(x_0; y_0)$ und den Richtungsvektor $\vec{a} = \begin{pmatrix} a_x \\ a_y \end{pmatrix}$ bestimmt ist, lässt sich durch die **parameterfreie Gleichung** $(x - x_0)a_y - (y - y_0)a_x = 0$ beschreiben.
Diese Gleichung nimmt für $a_x \neq 0$ die Form $y - y_0 = \frac{a_y}{a_x}(x - x_0)$ bzw. $y - y_0 = m(x - x_0)$ an. m ist dabei der **Anstieg** der Geraden.

Allgemeine parameterfreie Gleichung einer Geraden der Ebene; Richtungsvektor

Hat eine Gerade g der Ebene die **allgemeine parameterfreie Gleichung** $ax + by + d = 0$, so ist $\vec{a} = \begin{pmatrix} -b \\ a \end{pmatrix}$ ein **Richtungsvektor** von g.

Zweipunktegleichung einer Geraden

Zweipunktegleichung (Vektorform/Parameterform)

Die Gerade g, die durch die beiden Punkte P_1 und P_2 $(P_1 \neq P_2)$ mit den Ortsvektoren $\vec{p}_1$ und $\vec{p}_2$ bestimmt ist, kann durch die Gleichung $\vec{x} = \vec{p}_1 + t(\vec{p}_2 - \vec{p}_1)$ $(t \in \mathbb{R})$ beschrieben werden.

Zweipunktegleichung einer Geraden der Ebene (Koordinatenschreibweise)

Die Gerade g der Ebene, die durch die zwei verschiedenen Punkte $P_1(x_1; y_1)$ und $P_2(x_2; y_2)$ bestimmt ist, lässt sich durch die parameterfreie Gleichung $(x - x_1)(y_2 - y_1) - (y - y_1)(x_2 - x_1) = 0$ beschreiben.
Diese Gleichung nimmt für $x_2 - x_1 \neq 0$ die Form $y - y_1 = \frac{y_2 - y_1}{x_2 - x_1} \cdot (x - x_1)$ an. $\frac{y_2 - y_1}{x_2 - x_1}$ ist dabei der **Anstieg** der Geraden g.

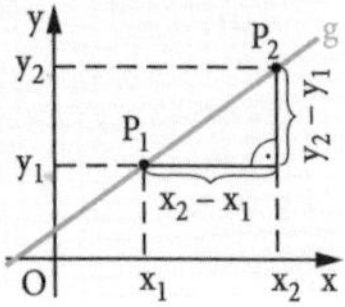

Beispiel: Die Gleichung der Geraden durch $P_1(3; 2; 0)$ und $P_2(0; 0; 5)$ lautet: $\vec{x} = \begin{pmatrix} 3 \\ 2 \\ 0 \end{pmatrix} + t\left[\begin{pmatrix} 0 \\ 0 \\ 5 \end{pmatrix} - \begin{pmatrix} 3 \\ 2 \\ 0 \end{pmatrix}\right]$, also $\vec{x} = \begin{pmatrix} 3 \\ 2 \\ 0 \end{pmatrix} + t\begin{pmatrix} -3 \\ -2 \\ 5 \end{pmatrix}$

Eine besondere Form der parameterfreien Zweipunktgleichung einer Geraden g in der Ebene erhält man, wenn man die Schnittpunkte von g mit den Koordinatenachsen zugrunde legt.

Achsenabschnittsgleichung einer Geraden der Ebene

In der Ebene ist $\frac{x}{s_x} + \frac{y}{s_y} = 1$ ($s_x \neq 0$ und $s_y \neq 0$) die **Achsenabschnittsgleichung** einer Geraden mit den Achsenschnittpunkten $S_x(s_x; 0)$ und $S_y(0; s_y)$.

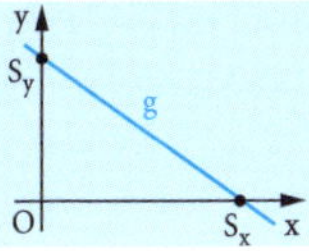

Umwandlung von Parameterform in Koordinatenschreibweise (und umgekehrt)

Gegeben: Parametergleichung einer Geraden der Ebene

- Gleichung ausführlich schreiben: $\vec{x} = \begin{pmatrix} x \\ y \end{pmatrix} = \begin{pmatrix} x_0 \\ y_0 \end{pmatrix} + t\begin{pmatrix} a_x \\ a_y \end{pmatrix}$
- Prinzip des Koordinatenvergleichs anwenden:
  $x = x_0 + ta_x$ bzw. $x - x_0 = ta_x$; $y = y_0 + ta_y$ bzw. $y - y_0 = ta_y$
- Parameter t eliminieren, z.B. $\frac{x - x_0}{a_x} = \frac{y - y_0}{a_y}$
- Gleichung umformen.

Oder:

- Aus $\vec{a} = \begin{pmatrix} a_x \\ a_y \end{pmatrix}$ ablesen: $m = \frac{a_y}{a_x}$
- Koordinaten $(x_0; y_0)$ eines Punktes P_0 von g bestimmen
- m, x_0, y_0 in parameterfreie Punktrichtungsgleichung einsetzen.

Gegeben: Parameterfreie Gleichung einer Geraden der Ebene

- Koordinaten zweier Punkte von g berechnen
- In die Zweipunktform der Geradengleichung (Parameterform) einsetzen.

Normalform der Gleichung einer Geraden der Ebene

Normalenvektor

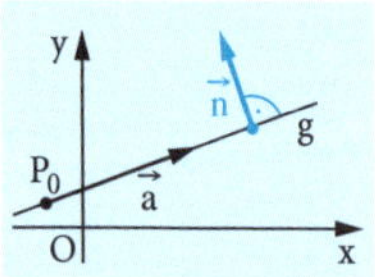

Einen zum Richtungsvektor $\vec{a}$ einer Geraden g orthogonalen Vektor $\vec{n}$ ($\vec{n} \neq \vec{o}$) nennt man **Normalenvektor** dieser Geraden. Der zugehörige Einheitsvektor heißt **Normaleneinheitsvektor** und wird mit $\vec{n}^0$ bezeichnet. Mit $\vec{n}$ ist auch jedes Vielfache $r\vec{n}$ ($r \neq 0$) Normalenvektor von g.

Ist $ax + by + d = 0$ die allgemeine parameterfreie Gleichung einer Geraden g in der Ebene, so ist $\vec{n} = \binom{a}{b}$ ein Normalenvektor von g.

Hessesche Normalform

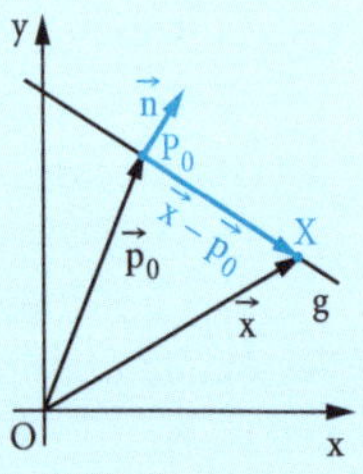

Eine Gerade g der Ebene, die durch den Punkt P_0 und einen Normaleneinheitsvektor $\vec{n}^0$ bestimmt ist, kann durch die Vektorgleichung $(\vec{x} - \vec{p}_0) \circ \vec{n}^0 = 0$ beschrieben werden.
Ist eine Gerade der Ebene durch eine Gleichung der Form $ax + by + d = 0$ gegeben, so lautet deren **hessesche Normalform in Koordinatenschreibweise** $\frac{ax + by + d}{\sqrt{a^2 + b^2}} = 0$.

Beispiel: Die Gerade g mit der Gleichung $3x - y - 2 = 0$ hat den Normalenvektor $\vec{n} = \binom{3}{-1}$. Mit $\vec{n}^0 = \frac{1}{\sqrt{10}}\binom{3}{-1}$ und $\vec{p}_0 = \binom{3}{7}$ ergibt sich als hessesche Normalform für g:

$\frac{1}{\sqrt{10}}\left[\vec{x} - \binom{3}{7}\right] \circ \binom{3}{-1} = 0$. Wegen $\sqrt{a^2 + b^2} = \sqrt{10}$ erhält man als hessesche Normalform in Koordinatenschreibweise: $\frac{3x - y - 2}{\sqrt{10}} = 0$.

Lagebeziehungen von Geraden

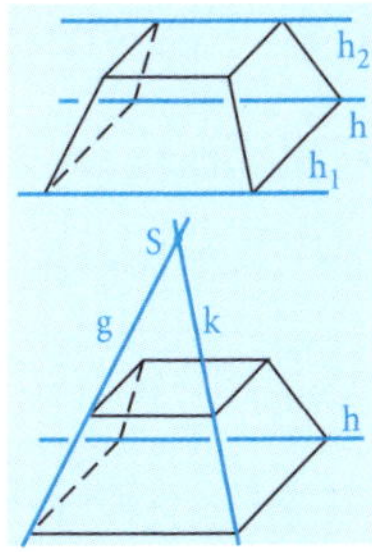

Zwei Geraden des Raums können
- parallel zueinander (oder im Spezialfall gleich) sein (h, h_1, h_2,...),
- einander schneiden (g, k) oder
- windschief zueinander sein (h/k, h/g).

▶ Parallelität von Geraden

Zwei Geraden g_1 und g_2 der Ebene oder des Raumes sind genau dann parallel zueinander, wenn die zugehörigen Richtungsvektoren $\vec{a}_1$ und $\vec{a}_2$ linear abhängig (also parallel) sind.

Rechnerische Untersuchung der Lagebeziehung

Untersuchung durch Lösen des Gleichungssystem:

(I) $\vec{x} = \vec{p}_1 + r\vec{a}_1$ (II) $\vec{x} = \vec{p}_2 + t\vec{a}_2$

Das Gleichungssystem mit den Gleichungen (I) und (II) hat für t, r
keine Lösung | genau eine Lösung t^*, r^* | unendlich viele Lösungen

- keine Lösung → g_1 und g_2 haben keine gemeinsamen Punkte: $g_1 \cap g_2 = \emptyset$
  → Sind die Richtungsvektoren $\vec{a}_1$ und $\vec{a}_2$ parallel zueinander? Ist $\vec{a}_1 = k\vec{a}_2$, $k \in \mathbb{R}$?
  - ja → g_1 und g_2 sind „echt" parallel zueinander $g_1 \parallel g_2$; $g_1 \neq g_2$
  - nein → g_1 und g_2 sind windschief zueinander
- genau eine Lösung → Es gibt genau einen Schnittpunkt S von g_1 und g_2: $g_1 \cap g_2 = \{S\}$
  $\vec{s} = \vec{p}_1 + r^*\vec{a}_1$ bzw.
  $\vec{s} = \vec{p} + t^*\vec{a}_2$
- unendlich viele Lösungen → g_1 und g_2 sind gleich: $g_1 = g_2$

7.2 Ebenen

Gleichungen einer Ebene in Vektorform

Punktrichtungsgleichung einer Ebene

Ist P_0 ein Punkt des Raumes mit dem zugehörigen Ortsvektor $\vec{p}_0$ und sind $\vec{u}$ und $\vec{v}$ zwei nicht parallele Vektoren, so wird die dadurch eindeutig bestimmte **Ebene** ε durch die Gleichung $\vec{x} = \vec{p}_0 + r\vec{u} + s\vec{v}$ $(r, s \in \mathbb{R})$ beschrieben. Der Punkt P_0 heißt **Trägerpunkt**, die Vektoren $\vec{u}$ und $\vec{v}$ nennt man **Spann-** oder **Richtungsvektoren** von ε.

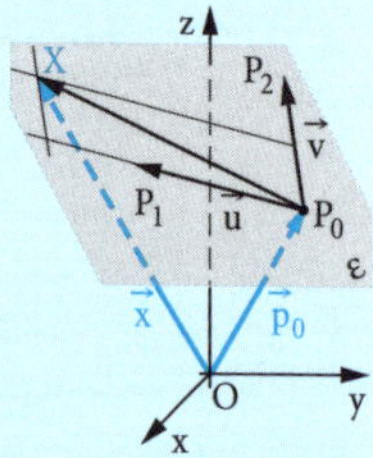

Dreipunktegleichung einer Ebene

Sind P_0, P_1 und P_2 drei Punkte des Raumes, die nicht auf derselben Geraden liegen, und bezeichnen $\vec{p}_0$, $\vec{p}_1$ und $\vec{p}_2$ die zugehörigen Ortsvektoren, so wird die dadurch eindeutig bestimmte **Ebene** ε durch die Gleichung $\vec{x} = \vec{p}_0 + r(\vec{p}_1 - \vec{p}_0) + s(\vec{p}_2 - \vec{p}_0)$ $(r, s \in \mathbb{R})$ beschrieben.

Beispiel: Gegeben sind $P_1(0;\,1;\,2)$, $P_2(0;\,2;\,1)$, $P_3(1;\,2;\,0)$ der Ebene ε. Bei Verwendung von P_1 als Trägerpunkt ergibt sich mit

$$\vec{u} = \overrightarrow{P_1P_2} = \begin{pmatrix} 0 \\ 1 \\ -1 \end{pmatrix}, \vec{v} = \overrightarrow{P_1P_3} = \begin{pmatrix} 1 \\ 1 \\ -2 \end{pmatrix} \text{ für } \varepsilon\text{: } \vec{x} = \begin{pmatrix} 0 \\ 1 \\ 2 \end{pmatrix} + r\begin{pmatrix} 0 \\ 1 \\ -1 \end{pmatrix} + s\begin{pmatrix} 1 \\ 1 \\ -2 \end{pmatrix}.$$

Um zu prüfen, ob $P_4(2;\,1;\,0)$ in ε liegt, setzt man den Ortsvektor $\vec{p}_4$ für $\vec{x}$ in die Gleichung ein. Durch Koordinatenvergleich erhält man ein Gleichungssystem aus drei Gleichungen mit den zwei Unbekannten r und s. Lassen sich für r, s reelle Zahlen finden, die alle drei Gleichungen erfüllen, so gilt $P_4 \in \varepsilon$.

Gleichungen einer Ebene in Koordinatenschreibweise

Aus der vektoriellen Gleichung einer Ebene ε

$$\begin{pmatrix} x \\ y \\ z \end{pmatrix} = \begin{pmatrix} x_0 \\ y_0 \\ z_0 \end{pmatrix} + r \begin{pmatrix} u_x \\ u_y \\ u_z \end{pmatrix} + s \begin{pmatrix} v_x \\ v_y \\ v_z \end{pmatrix} \quad (r, s \in \mathbb{R})$$ erhält man durch

Koordinatenvergleich ein Gleichungssystem, in dem die Koordinaten x, y und z mittels der Parameter r und s beschrieben sind. Schrittweise Elimination dieser Parameter führt zu einer parameterfreien Gleichung von ε.

Allgemeine parameterfreie Gleichung einer Ebene:
Eine **Ebene** ε wird beschrieben durch die Gleichung
$ax + by + cz + d = 0$, wobei die drei Koeffizienten a, b und c nicht gleichzeitig 0 sein dürfen.

Achsenabschnittsgleichung einer Ebene

Schneidet eine Ebene ε die Achsen eines Koordinatensystems in den Punkten $S_x(x_s; 0; 0)$, $S_y(0; y_s; 0)$ und $S_z(0; 0; z_s)$ (mit $x_s \neq 0$, $y_s \neq 0$, $z_s \neq 0$), so besitzt sie die Koordinatengleichung

$$\frac{x}{s_x} + \frac{y}{s_y} + \frac{z}{s_z} = 1.$$

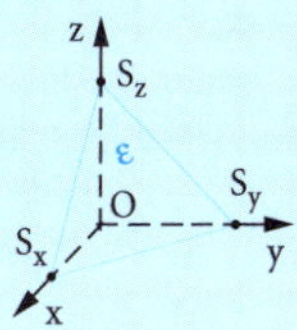

Hessesche Normalform der Ebenengleichung

Normalenvektor einer Ebene

Einen zu den Spannvektoren $\vec{u}$ und $\vec{v}$ einer Ebene ε orthogonalen Vektor $\vec{n}$ ($\vec{n} \neq \vec{o}$) nennt man **Normalenvektor** von ε. Der zugehörige Einheitsvektor heißt **Normaleneinheitsvektor** und wird mit $\vec{n}^0$ bezeichnet.

7

Hessesche Normalform der Gleichung einer Ebene im Raum

Eine Ebene ε, die durch den Punkt P_0 und ihren Normaleneinheitsvektor $\vec{n}^0$ bestimmt ist, kann in **Vektorform** durch die Gleichung $(\vec{x} - \vec{p}_0) \circ \vec{n}^0 = 0$ beschrieben werden.
In **Koordinatenschreibweise** lautet die hessesche Normalform der allgemeinen Gleichung einer Ebene ε:
$$\frac{ax + by + cz + d}{\sqrt{a^2 + b^2 + c^2}} = 0$$

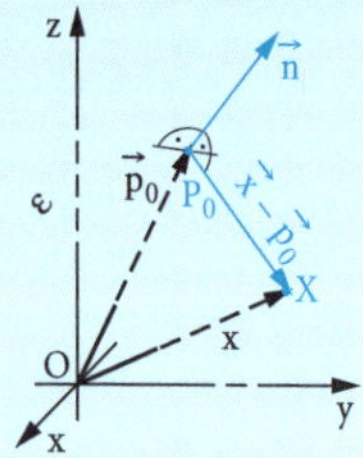

Beschreibung des Normalenvektors einer Ebene

Ist $ax + by + cz + d = 0$ die allgemeine parameterfreie Gleichung einer Ebene ε, so ist $\vec{n} = \begin{pmatrix} a \\ b \\ c \end{pmatrix}$ ein **Normalenvektor** von ε.

Beispiel: Eine Ebene ε sei durch die Gleichung $3x - 2y + 5z + 2 = 0$ gegeben. Es ist die hessesche Normalform dieser Gleichung in Vektor- und in Koordinatenschreibweise anzugeben.

- Aus $3x - 2y + 5z + 2 = 0$ liest man $\vec{n} = \begin{pmatrix} 3 \\ -2 \\ 5 \end{pmatrix}$ ab. Mit $\vec{n}^0 = \frac{1}{\sqrt{38}} \begin{pmatrix} 3 \\ -2 \\ 5 \end{pmatrix}$ und (z. B.) $\vec{p}_0 = \begin{pmatrix} 4 \\ 2 \\ -2 \end{pmatrix}$ als Ortsvektor eines beliebigen Punktes P_0 von ε ergibt sich daraus als hessesche Normalform dieser Gleichung in Vektorschreibweise:
  $$\varepsilon\colon \frac{1}{\sqrt{38}} \left(\vec{x} - \begin{pmatrix} 4 \\ 2 \\ -2 \end{pmatrix}\right) \circ \begin{pmatrix} 3 \\ -2 \\ 5 \end{pmatrix} = 0$$

- Wegen $\sqrt{a^2 + b^2 + c^2} = \sqrt{38}$ erhält man als hessesche Normalform dieser Gleichung in Koordinatenschreibweise: $\frac{3x - 2y + 5z + 2}{\sqrt{38}} = 0$

Lagebeziehungen von Gerade und Ebene

Mögliche Lagebeziehungen von Gerade und Ebene		
g_1 und ε haben keinen Punkt gemeinsam; g_1 ist „echt" parallel zu ε.	g_2 liegt in ε; auch in diesem Fall ist g_2 parallel zu ε.	g_3 und ε haben genau einen Punkt gemeinsam; sie schneiden einander.

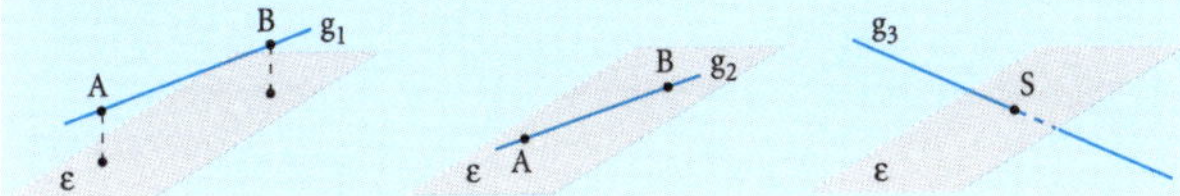

Rechnerische Untersuchung

Es wird angenommen, dass g: $\vec{x} = \vec{p}_0 + t\vec{a}$ und ε: $\vec{x} = \vec{q}_0 + r\vec{u} + s\vec{v}$ einen Punkt S gemeinsam haben. In diesem Fall muss es drei reelle Zahlen t_1, r_1 und s_1 so geben, dass $\vec{p}_0 + t_1\vec{a} = q_0 + r_1\vec{u} + s_1\vec{v}$ gilt.

Nach dem **Prinzip des Koordinatenvergleichs** erhält man aus dieser Vektorgleichung ein **Gleichungssystem** aus drei Gleichungen und mit den drei Unbekannten t_1, r_1 und s_1.

Interpretation der Lösung dieses Gleichungssystems	
Das Gleichungssystem hat für die unbekannten Parameter t_1, r_1 und s_1	Interpretation
keine Lösung	g hat mit ε keinen gemeinsamen Punkt; g ist echt parallel zu ε
unendlich viele Lösungen	g liegt in ε
genau eine Lösung	g hat mit ε genau einen Punkt gemeinsam; es existiert ein Schnittpunkt von g mit ε

Lagebeziehungen von zwei Ebenen

Mögliche Lagebeziehungen von zwei Ebenen

ε und η_1 haben keinen Punkt gemeinsam; ε ist „echt“ parallel zu η_1.

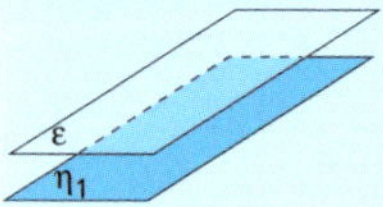

ε fällt mit η_2 zusammen; auch in diesem Fall ist ε parallel zu η_2.

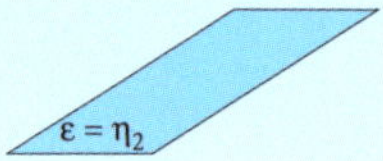

ε und η_3 haben genau eine Gerade gemeinsam; sie schneiden einander.

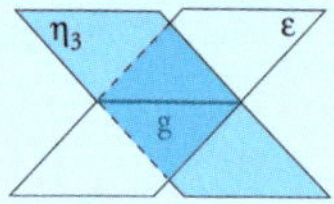

Rechnerische Untersuchung

Es wird angenommen, dass die Ebenen ε und η gemeinsame Punkte besitzen.

- Sind die beiden Ebenen durch **vektorielle Gleichungen** $\varepsilon\colon \vec{x} = \vec{p}_0 + r\,\vec{u} + s\,\vec{v}$ bzw. $\eta\colon \vec{x} = \vec{q}_0 + r\,\vec{c} + s\,\vec{d}$ gegeben, so müsste es in diesem Fall reelle Zahlen r_1, s_1, r_2 und s_2 so geben, dass $\vec{p}_0 + r_1\vec{u} + s_1\vec{v} = \vec{q}_0 + r_2\vec{c} + s_2\vec{d}$ gilt. Nach dem **Prinzip des Koordinatenvergleichs** erhält man aus dieser Vektorgleichung ein **Gleichungssystem** aus drei Gleichungen und mit den vier Unbekannten r_1, s_1, r_2 und s_2.
- Sind die beiden Ebenen durch **parameterfreie Gleichungen** $\varepsilon\colon a_1x + b_1y + c_1z + d_1 = 0$ bzw. $\eta\colon a_2x + b_2y + c_2z + d_2 = 0$, also in Koordinatenschreibweise gegeben, so müsste es reelle Zahlen x_s, y_s und z_s geben, die das Gleichungssystem

  $$\begin{aligned} &(\mathrm{I})\ \ a_1x_s + b_1y_s + c_1z_s + d_1 = 0 \\ &(\mathrm{II})\ a_2x_s + b_2y_s + c_2z_s + d_2 = 0 \end{aligned}$$

  erfüllen.
- Ist die Gleichung einer der beiden Ebenen **in Vektorform**, die der zweiten **in Koordinatenschreibweise** gegeben, so kann man das Gleichungssystem durch Einsetzen der sich für die drei Koordinaten aus der Vektorgleichung ergebenden Ausdrücke in die Gleichung in Koordinatenschreibweise lösen (s. Beispiel).

Interpretation der Lösung des Gleichungssystems

$\vec{x} = \vec{p}_0 + r_1\vec{u} + s_1\vec{v}$ bzw. $a_1x_s + b_1y_s + c_1z_s + d_1 = 0$

$\vec{x} = \vec{q}_0 + r_2\vec{c} + s_2\vec{d}$ $a_2x_s + b_2y_s + c_2z_s + d_2 = 0$:

Das Gleichungssystem hat für die Unbekannten r_1, s_1, r_2 und s_2 bzw. x_s, y_s und z_s	Interpretation:
keine Lösung	η hat mit ε keinen gemeinsamen Punkt; η ist echt parallel zu ε
hat eine Lösung mit genau zwei Parametern	η und ε fallen zusammen
hat eine Lösung mit genau einem Parameter;	η und ε schneiden einander in einer Geraden.

Beispiel: Gegeben sind die Ebenen ε und τ mit den Gleichungen

$\varepsilon: \vec{x} = \begin{pmatrix} 3 \\ 4 \\ -2 \end{pmatrix} + r\begin{pmatrix} -1 \\ -1 \\ 3 \end{pmatrix} + s\begin{pmatrix} -0{,}5 \\ -2{,}5 \\ 2 \end{pmatrix}$ und $\tau: 11x + 1y + 4z - 29 = 0$.

ε und τ mögen einen Punkt $S(s_x; s_y; s_z)$ gemeinsam haben.

Aus der Vektorgleichung von ε erhält man die folgenden drei Gleichungen für die Koordinaten von S:

$x_s = 3 - 1r - 0{,}5\,s$
$y_s = 4 - 1r - 2{,}5\,s$
$z_s = -2 + 3r + 2\,s$

Durch Einsetzen in die Gleichung für die Ebene τ ergibt sich die Gleichung
$11\,(3 - 1r - 0{,}5s) + 1\,(4 - 1r - 2{,}5s) + 4\,(-2 + 3r + 2s) - 29 = 0$
mit den Unbekannten r und s.

Durch Umformen der linken Seite dieser Gleichung erhält man 0 = 0. Folglich erfüllen alle reellen Zahlen r und s diese Gleichung, das heißt, ε und τ **fallen zusammen**.

7

TOPTHEMA

Ebenen in spezieller Lage

Ausgehend von der allgemeinen parameterfreien Gleichung einer Ebene ε: $ax + by + cz + d = 0$ mit $a^2 + b^2 + c^2 > 0$ ergeben sich für **Sonderfälle der Koeffizienten** a, b, c **spezielle Lagen** der entsprechenden Ebenen im Raum.

- Für $d = 0$ verläuft die Ebene ε durch den Koordinatenursprung. In diesem Fall wird die zugehörige Gleichung $ax + by + cz = 0$ nämlich von den Koordinaten des Koordinatenursprungs O(0; 0; 0) erfüllt.
- Für $c = 0$ und $a, b \neq 0$ besitzt die zu betrachtende Ebene die Gleichung $ax + by + d = 0$. Diese Gleichung wird von allen Punkten X (x'; y'; z') des Raumes erfüllt, für die $ax' + by' + d = 0$ gilt, wobei z' jeden beliebigen Wert annehmen kann.

Das heißt: ε ist eine Ebene, die auf der xy-Ebene senkrecht steht. Für $z = 0$ beschreibt $ax + by + d = 0$ eine Gerade in der xy-Ebene.

Übersicht über Ebenen in spezieller Lage

a	b	c	$d \neq 0$	$d = 0$
$\neq 0$	$\neq 0$	$\neq 0$	$ax + by + cz + d = 0$ 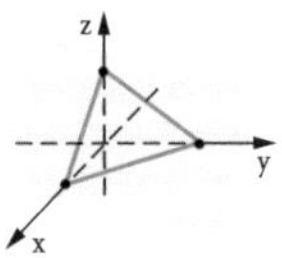 ε in beliebiger Lage ε enthält nicht den Koordinatenursprung	$ax + by + cz = 0$ 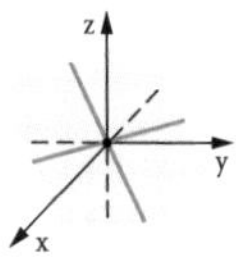 ε enthält den Koordinatenursprung

a	b	c	d ≠ 0	d = 0
≠ 0	≠ 0	= 0	$ax + by + d = 0$ 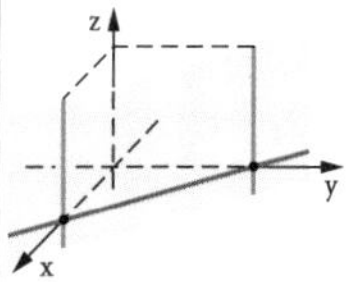 ε ⊥ xy-Ebene ε enthält nicht die z-Achse	$ax + by = 0$ 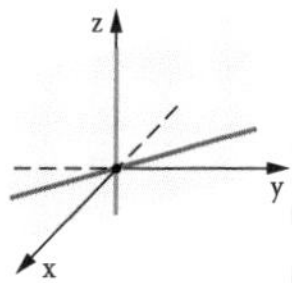 ε enthält die z-Achse
≠ 0	= 0	≠ 0	$ax + cz + d = 0$ 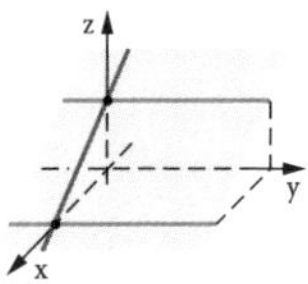 ε ⊥ xz-Ebene ε enthält nicht die y-Achse	$ax + cz = 0$ 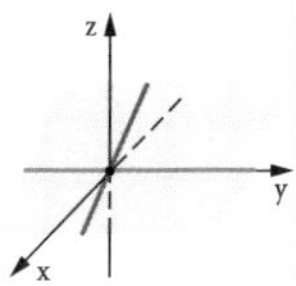 ε enthält die y-Achse
= 0	≠ 0	≠ 0	$by + cz + d = 0$ 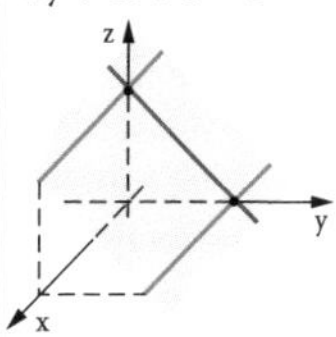 ε ⊥ yz-Ebene ε enthält nicht die x-Achse	$by + cz = 0$ 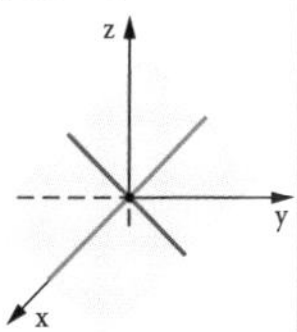 ε enthält die x-Achse
= 0	= 0	≠ 0	$cz + d = 0$ 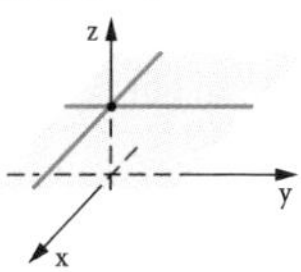 ε ⊥ z-Achse ε ist parallel zur xy-Ebene	$cz = 0$ $(z = 0)$ 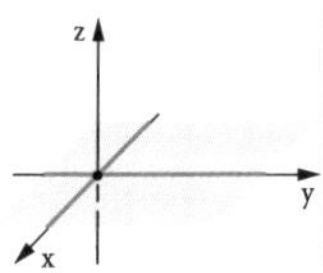 ε ist die xy-Ebene
= 0	≠ 0	= 0	ε ist parallel zur xz-Ebene	ε ist die xz-Ebene
≠ 0	= 0	= 0	ε ist parallel zur yz-Ebene	ε ist die yz-Ebene

7.3 Schnittwinkel

Geraden in der Ebene

Schneiden zwei Geraden g_1 und g_2 einander in einem Punkt S, so entstehen zwei Paare jeweils kongruenter Scheitelwinkel ψ bzw. ψ'. Der kleinere der beiden Winkel heißt Schnittwinkel von g_1 und g_2.

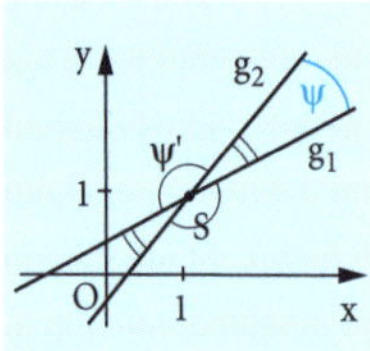

Berechnung des Schnittwinkels

Ist ψ der Schnittwinkel der Geraden g_1 und g_2 mit den Gleichungen $y = m_1x + n_1$ bzw. $y = m_2x + n_2$ $(m_1 \neq m_2,\ m_1 \cdot m_2 \neq -1)$,
so gilt $\tan\psi = \left|\dfrac{m_2 - m_1}{1 + m_1 \cdot m_2}\right|$.

Orthogonalitätsbedingung

Für Geraden g_1 und g_2 mit den Gleichungen $y = m_1x + n_1$ bzw. $y = m_2x + n_2$ $(m_1, m_2 \neq 0)$ gilt $g_1 \perp g_2$ genau dann, wenn $m_1 \cdot m_2 = -1$.

Geraden im Raum

Berechnung des Schnittwinkels

Ist ψ der Schnittwinkel der Geraden g_1 und g_2 mit den Gleichungen $g_1\colon \vec{x} = \vec{p}_1 + r\vec{a}$ bzw. $g_2\colon \vec{x} = \vec{p}_2 + t\vec{b}$, so gilt $\cos\psi = \dfrac{\vec{a} \circ \vec{b}}{|\vec{a}| \cdot |\vec{b}|}$.

Beispiel: Für den Schnittwinkel ψ der beiden Geraden

$g_1\colon \vec{x} = \begin{pmatrix} 1 \\ 2 \\ 3 \end{pmatrix} + t\begin{pmatrix} 1 \\ -2 \\ 2 \end{pmatrix}$ und $g_2\colon \vec{x} = \begin{pmatrix} 1 \\ 2 \\ 3 \end{pmatrix} + t\begin{pmatrix} 1 \\ 2 \\ 2 \end{pmatrix}$ gilt:

$$\cos\psi = \frac{\begin{pmatrix}1\\-2\\2\end{pmatrix}\circ\begin{pmatrix}1\\2\\2\end{pmatrix}}{3\cdot 3} = \frac{1}{9} \text{ und damit } \psi = 83{,}62°.$$

Gerade und Ebene

Unter dem Schnittwinkel einer Ebene ε mit einer Geraden g versteht man den Winkel φ zwischen g und der senkrechten Projektion von g in die Ebene ε.

Berechnung des Schnittwinkels

Der **Schnittwinkel** φ wird unter Verwendung eines Normalenvektors $\vec{n}$ von ε und eines Richtungswinkels α von g ermittelt. Es gilt: $\varphi = 90° - \alpha$.

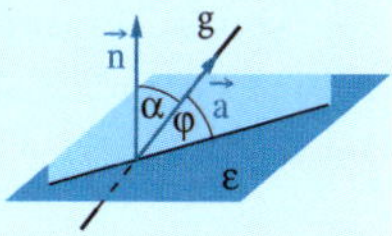

Hat ε die Gleichung $\vec{x} = \vec{p}_0 + r\vec{u} + s\vec{v}$, so ist $\vec{n} = \vec{u} \times \vec{v}$ ein Normalenvektor von ε (↑ S. 107). Mit g: $\vec{x} = \vec{p}_1 + t\vec{a}$ gilt dann:

$$\cos\alpha = \frac{|\vec{n} \circ \vec{a}|}{|\vec{n}| \cdot |\vec{a}|} = \frac{|(\vec{u} \times \vec{v}) \circ \vec{a}|}{|\vec{u} \times \vec{v}| \cdot |\vec{a}|} = \sin\varphi \quad (\text{sofern } 0° \le \varphi \le 90°)$$

Zwei Ebenen

Der **Schnittwinkel** φ **zweier Ebenen** ε_1 **und** ε_2 ist gleich dem Winkel zwischen zwei Normalenvektoren $\vec{n}_1$ und $\vec{n}_2$ von ε_1 bzw. ε_2.

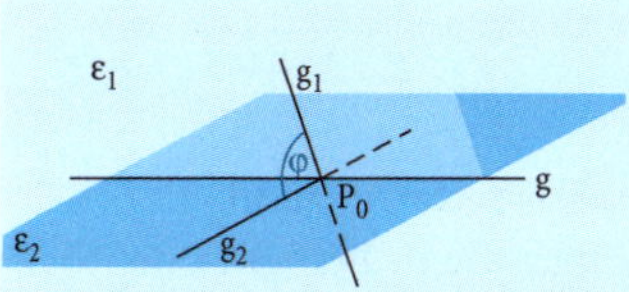

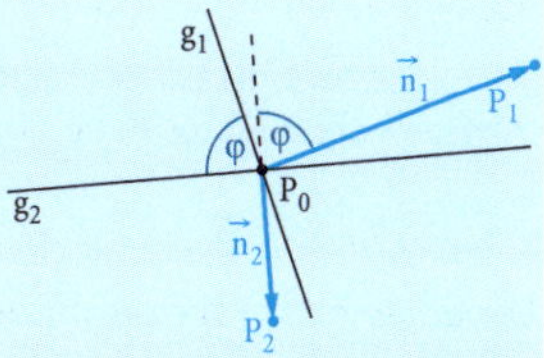

Beispiel: Es soll der Schnittwinkel φ der beiden Ebenen

$$\varepsilon\colon\ \vec{x} = \begin{pmatrix}6\\0\\0\end{pmatrix} + u\begin{pmatrix}-4\\0\\2\end{pmatrix} + v\begin{pmatrix}-6\\3\\2\end{pmatrix} \quad \text{und} \quad \eta\colon\ \vec{x} = \begin{pmatrix}1\\3\\-2\end{pmatrix} + r\begin{pmatrix}2\\1\\3\end{pmatrix} + s\begin{pmatrix}0\\2\\-1\end{pmatrix}$$

berechnet werden.

- Man ermittelt einen Normalenvektor $\vec{n}_1$ von ε sowie ein Normalenvektor $\vec{n}_2$ von η:

$$\vec{n}_1 = \begin{pmatrix}-4\\0\\2\end{pmatrix} \times \begin{pmatrix}-6\\3\\2\end{pmatrix} = \begin{pmatrix}-6\\-4\\-12\end{pmatrix} \quad \text{und} \quad \vec{n}_2 = \begin{pmatrix}2\\1\\3\end{pmatrix} \times \begin{pmatrix}0\\2\\-1\end{pmatrix} = \begin{pmatrix}-7\\2\\4\end{pmatrix}$$

- Dann gilt:

$$\cos\sphericalangle(\vec{n}_1, \vec{n}_2) = \frac{\vec{n}_1 \circ \vec{n}_2}{|\vec{n}_1| \cdot |\vec{n}_2|} = \frac{-14}{14\sqrt{69}} = \frac{-\sqrt{69}}{69} \approx -0{,}1204$$

Der (spitze) Winkel zwischen den Normalenvektoren $\vec{n}_1$ und $\vec{n}_2$ ist der gesuchte Schnittwinkel φ der Ebenen ε und η: $\varphi \approx 180° - 96{,}91° = 83{,}09°$.

7.4 Abstände

Abstand eines Punktes von einer Geraden und einer Ebene

▶ Abstand Punkt – Gerade in der Ebene

Ist $(\vec{x} - \vec{p}_0) \circ \vec{n} = 0$ die Gleichung einer **Geraden** g in der Ebene und P_1 ein **Punkt** der Ebene bzw. des Raumes, so gibt

$h = (\vec{p}_1 - \vec{p}_0) \circ \dfrac{\vec{n}}{|\vec{n}|}$ den **Abstand des Punktes P_1 von g** an.

Ist $ax + by + d = 0$ die Gleichung einer **Geraden** g in der Ebene und $P_1(x_1; y_1)$ ein **Punkt** dieser Ebene, so gibt $h = \dfrac{ax_1 + by_1 + d}{\sqrt{a^2 + b^2}}$ den **Abstand des Punktes P_1 von g** an.

h ist immer ein **vorzeichenbehafteter Abstand**, wobei das Vorzeichen von h davon abhängt, wie P_1 bezüglich der Richtung von $\vec{n}$ liegt.

Beispiel: Es sind die Abstände der Punkte P(4; 6), Q(6; −3) und R(2; 1,5) von der Geraden g: $\vec{x} = \begin{pmatrix}4\\0\end{pmatrix} + t\begin{pmatrix}4\\-3\end{pmatrix}$ zu bestimmen.

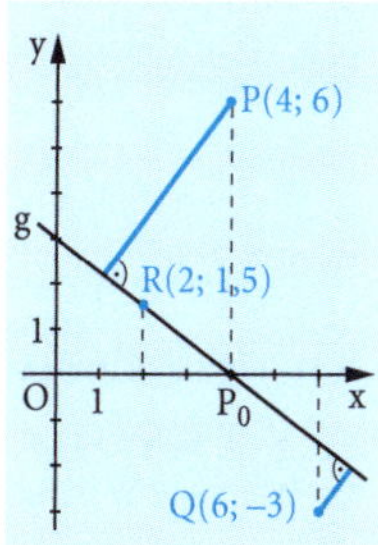

Der Normalenvektor der Geraden g ist $\vec{n} = \begin{pmatrix}3\\4\end{pmatrix}$. Verwendet man $P_0(4; 0)$, dann gilt für die Abstände h_1 bzw. h_2:

$$h_1 = \frac{\left(\begin{pmatrix}4\\6\end{pmatrix} - \begin{pmatrix}4\\0\end{pmatrix}\right) \circ \begin{pmatrix}3\\4\end{pmatrix}}{\sqrt{3^2 + 4^2}} = \frac{\begin{pmatrix}0\\6\end{pmatrix} \circ \begin{pmatrix}3\\4\end{pmatrix}}{\sqrt{25}} = \frac{0 + 24}{5} = 4{,}8$$

Beträgt die Koordinateneinheit 1 cm, so ist P von g 4,8 cm entfernt.

Analog erhält man für Q: $h_2 = -1{,}2$, d.h.: Q ist von g 1,2 cm entfernt.

Die unterschiedlichen Vorzeichen von h_1 und h_2 besagen, dass P und Q auf verschiedenen Seiten der Geraden g liegen.

Abstand Punkt – Ebene

Ist $(\vec{x} - \vec{p}_0) \circ \vec{n} = 0$ die Gleichung einer **Ebene** ε im Raum und P_1 ein **Punkt** des Raumes, so gibt $h = (\vec{p}_1 - \vec{p}_0) \circ \frac{\vec{n}}{|\vec{n}|}$ den vorzeichenbehafteten **Abstand des Punktes P_1 von** ε an.

Ist $ax + by + cz + d = 0$ die Gleichung einer **Ebene** ε im Raum und $P_1(x_1; y_1; z_1)$ ein **Punkt**, so gibt $h = \frac{ax_1 + by_1 + cz_1 + d}{\sqrt{a^2 + b^2 + c^2}}$ den **Abstand des Punktes P_1 von der Ebene** ε an.

7

Beispiel: Es ist der Abstand h des Punktes P(3; 1; 2) von der Ebene ε: $3x - 2y + z - 9 = 0$ zu bestimmen.

Mit der hesseschen Normalform $\frac{3x - 2y + z - 9}{\sqrt{3^2 + (-2)^2 + 1^2}} = 0$ von ε erhält man:

$$h = \frac{3 \cdot 3 - 2 \cdot 1 + 2 - 9}{\sqrt{3^2 + (-2)^2 + 1^2}} = \frac{0}{\sqrt{14}} = 0.$$

Q liegt folglich in ε.

Abstand Punkt – Gerade im Raum

Ist g_1: $\vec{x} = \vec{p}_1 + r\vec{a}_1$ eine **Gerade im Raum**, so gilt für deren **Abstand d von einem Punkte** P_2 des Raumes: $d = \frac{|\vec{a}_1 \times \overrightarrow{P_1P_2}|}{|\vec{a}_1|}$

Abstand zweier Geraden im Raum

Unter dem **Abstand zweier Geraden** g_1 und g_2 **im Raum** versteht man die Länge der kürzesten Verbindungsstrecke $\overline{L_1L_2}$ unter allen Strecken, die einen beliebigen Punkt $P_1 \in g_1$ mit einem beliebigen Punkt $P_2 \in g_2$ verbinden.

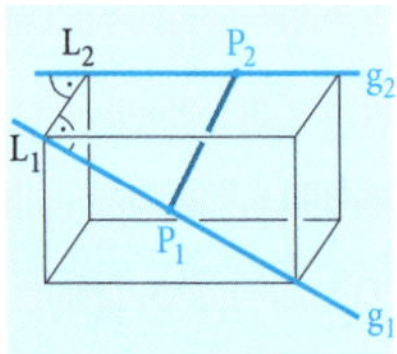

Abstand zweier paralleler Geraden im Raum

Sind g_1: $\vec{x} = \vec{p}_1 + r\vec{a}_1$ und g_2: $\vec{x} = \vec{p}_2 + t\vec{a}_2$ die Gleichungen zweier **paralleler Geraden** g_1 und g_2 im Raum, so ist $d = \frac{|\vec{a}_1 \times \overrightarrow{P_1P_2}|}{|\vec{a}_1|}$ der **Abstand** dieser beiden Geraden.

Sind g_1 und g_2 zwei **windschiefe Geraden**, so gibt es genau einen Punkt $L_1 \in g_1$ und genau einen Punkt $L_2 \in g_2$ mit der Eigenschaft, dass $\overline{L_1L_2}$ sowohl senkrecht zu g_1 als auch zu g_2 ist. $|\overline{L_1L_2}|$ ist dann der **Abstand von g_1 und g_2.**

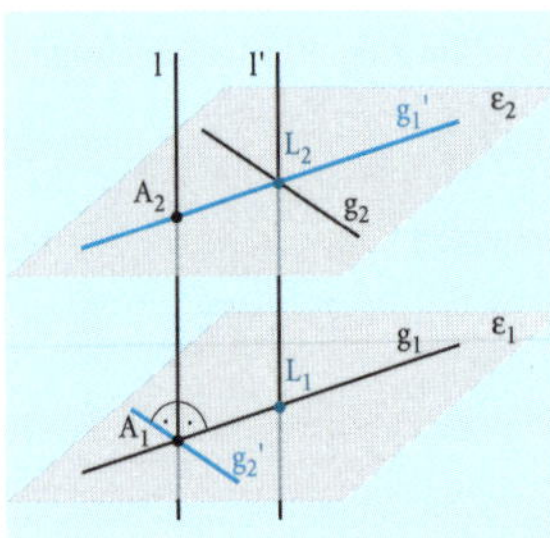

Abstand windschiefer Geraden

Sind g_1: $\vec{x} = \vec{p}_1 + r\vec{a}_1$ und g_2: $\vec{x} = \vec{p}_2 + t\vec{a}_2$ die Gleichungen zweier **windschiefer Geraden** g_1 und g_2, so ist

$d = \frac{|(\vec{a}_1 \times \vec{a}_2) \circ \overrightarrow{P_1P_2}|}{|\vec{a}_1 \times \vec{a}_2|}$ der **Abstand** von g_1 und g_2.

Abstand von Ebenen

Unter dem **Abstand zweier Ebenen** ε_1 und ε_2 im Raum versteht man die Länge der kürzesten Verbindungsstrecke $\overline{L_1L_2}$ unter allen Strecken, die einen beliebigen Punkt $P_1 \in \varepsilon_1$ mit einem beliebigen Punkt $P_2 \in \varepsilon_2$ verbinden.

Zwei Ebenen haben keinen Punkt gemeinsam (sind „echt" parallel) oder sie fallen zusammen oder sie schneiden einander in einer Geraden, haben also den Abstand 0.

Sind **zwei Ebenen** ε_1 und ε_2 **(echt) parallel zueinander**, so stimmt ihr **Abstand** mit dem Abstand eines beliebigen Punktes $P_1 \in \varepsilon_1$ von der Ebene ε_2 (↑ S. 137) überein.

Beispiel: Es ist der Abstand d der parallelen Ebenen ε_1 und ε_2

$$\varepsilon_1\colon\ \vec{x} = \begin{pmatrix} 3 \\ 4 \\ -2 \end{pmatrix} + r_1 \begin{pmatrix} -1 \\ -1 \\ 3 \end{pmatrix} + s_1 \begin{pmatrix} -0{,}5 \\ -2{,}5 \\ 2 \end{pmatrix};\ \varepsilon_2\colon\ \vec{x} = \begin{pmatrix} 3 \\ 4 \\ 5 \end{pmatrix} + r_2 \begin{pmatrix} 2 \\ 2 \\ -6 \end{pmatrix} + s_2 \begin{pmatrix} -2 \\ -10 \\ 8 \end{pmatrix}$$

zu ermitteln.

Für einen Normalenvektor $\vec{n}_2$ von ε_2 gilt: $\vec{n}_2 = \begin{pmatrix} 2 \\ 2 \\ -6 \end{pmatrix} \times \begin{pmatrix} -2 \\ -10 \\ 8 \end{pmatrix} = 4\begin{pmatrix} -11 \\ -1 \\ -4 \end{pmatrix}$

Damit lautet die Gleichung von ε_2 in hessescher Normalform

$\varepsilon_2\colon (\vec{x} - \begin{pmatrix} 3 \\ 4 \\ 5 \end{pmatrix}) \circ \frac{1}{4\sqrt{138}}\ 4 \begin{pmatrix} -11 \\ -1 \\ -4 \end{pmatrix} = 0$. Für den Abstand d gilt somit:

$$d = \left| \left(\begin{pmatrix} 3 \\ 4 \\ -2 \end{pmatrix} - \begin{pmatrix} 3 \\ 4 \\ 5 \end{pmatrix} \right) \circ \frac{1}{\sqrt{138}} \begin{pmatrix} -11 \\ -1 \\ -4 \end{pmatrix} \right| = \left| \begin{pmatrix} 0 \\ 0 \\ -7 \end{pmatrix} \circ \begin{pmatrix} -11 \\ -1 \\ -4 \end{pmatrix} \cdot \frac{1}{\sqrt{138}} \right| \approx 2{,}384\ (\text{LE})$$

7

7.5 Kreise und Kugeln

Gleichungen von Kreis und Kugel

- Die Menge der Punkte P der Ebene, die von einem gegebenen Punkt M denselben Abstand r haben, heißt **Kreis** mit dem **Mittelpunkt M** und dem **Radius r**.
- Die Menge der Punkte P des Raumes, die von einem gegebenen Punkt M denselben Abstand r haben, heißt **Kugel** mit dem **Mittelpunkt M** und dem **Radius r**.

Man spricht von einem **inneren** oder **äußeren Punkt** eines Kreises (einer Kugel), wenn sein Abstand vom Mittelpunkt kleiner bzw. größer als der Radius ist.

Kreis- und Kugelgleichung in Vektorschreibweise

Es seien $\vec{m}$ der Ortsvektor des Mittelpunktes M und $\vec{x}$ der Ortsvektor zu einem beliebigen Punkt X eines Kreises in der Ebene bzw. einer Kugel im Raum mit dem Radius r. Dann ist $(\vec{x} - \vec{m})^2 = r^2$ eine **vektorielle Gleichung** dieses **Kreises** bzw. dieser **Kugel**.

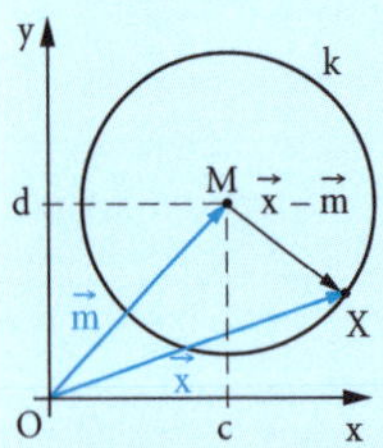

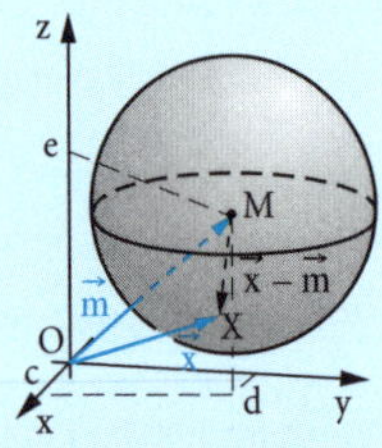

Koordinatengleichung eines Kreises

In einem ebenen kartesischen Koordinatensystem wird der **Kreis** k mit dem Mittelpunkt M(c; d) und dem Radius r durch die **Gleichung** $(x - c)^2 + (y - d)^2 = r^2$ beschrieben.

Koordinatengleichung einer Kugel

In einem räumlichen kartesischen Koordinatensystem wird die **Kugel** k mit dem Mittelpunkt M(c; d; e) und dem Radius r durch die **Gleichung** $(x-c)^2 + (y-d)^2 + (z-e)^2 = r^2$ beschrieben.

Beispiel: Um zu untersuchen, ob die quadratische Gleichung $x^2 + y^2 - 4x - 2y - 20 = 0$ einen Kreis in der Ebene beschreibt, versucht man, die Gleichung auf die oben angegebene allgemeine Form zu bringen. Durch Umformung unter Verwendung der quadratischer Ergänzung ergibt sich: $(x-2)^2 + (y-1)^2 = 25$. Das heißt: Die Gleichung beschreibt den Kreis mit dem Mittelpunkt M(2; 1) und dem Radius 5 in der Ebene.

Lage eines Punktes bezüglich eines Kreises

Ein Punkt $P_1(x_1; y_1)$ **gehört** genau dann **zum Kreis** k mit der Gleichung $(x-c)^2 + (y-d)^2 = r^2$, wenn die Koordinaten des Punktes P_1 die Kreisgleichung erfüllen, d. h.,
wenn $(x_1-c)^2 + (y_1-d)^2 = r^2$ ist.
Gilt dagegen $(x_1-c)^2 + (y_1-d)^2 < r^2$ oder
$(x_1-c)^2 + (y_1-d)^2 > r^2$, so liegt $P_1(x_1; y_1)$ **innerhalb** bzw. **außerhalb** des betrachteten Kreises.
Beispiel: Gegeben ist der Kreis k_1: $x^2 + (y+3)^2 = 1$. Der Punkt $P_1(0; 1)$ liegt außerhalb dieses Kreises, denn $0^2 + (1+3)^2 = 0 + 16 = 16$ und $16 > 1 = r^2$.

7

Lage eines Punktes bezüglich einer Kugel

Ein Punkt $P_1(x_1; y_1; z_1)$ **gehört** genau dann **zur Kugel** k mit der Gleichung $(x-c)^2 + (y-d)^2 + (z-e)^2 = r^2$, wenn die Koordinaten des Punktes die Kugelgleichung erfüllen, d.h., wenn $(x_1-c)^2 + (y_1-d)^2 + (z_1-e)^2 = r^2$ ist. Gilt dagegen
$(x_1-c)^2 + (y_1-d)^2 + (z_1-e)^2 < r^2$ oder
$(x_1-c)^2 + (y_1-d)^2 + (z_1-e)^2 > r^2$, so liegt $P_1(x_1; y_1; z_1)$ **innerhalb** bzw. **außerhalb** der betrachteten Kugel.

Lagebeziehungen von Geraden und Kreisen

Haben eine Gerade t und ein Kreis k genau einen Punkt P gemeinsam, dann heißt die Gerade t die **Tangente** an k im Punkt P.

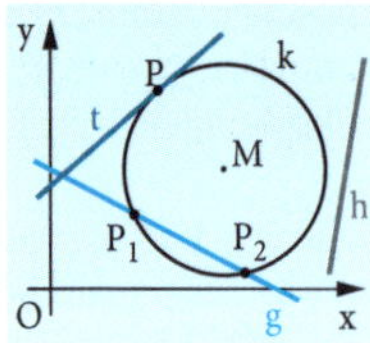

Eine Gerade g, die mit k genau zwei verschiedene Punkte gemeinsam hat, nennt man **Sekante** von k; eine Gerade h, die mit k keinen Punkt gemeinsam hat, heißt **Passante** von k.

Gleichung der Tangente an einen Kreis

Gleichung der **Tangente** im Punkt P_0 an einen Kreis mit dem Mittelpunkt M (Vektorform):
t: $(\vec{x} - \vec{p}_0) \circ (\vec{p}_0 - \vec{m}) = 0$
Gleichung der Tangente im Punkt $P_0(x_0; y_0)$ an einen Kreis mit dem Mittelpunkt $M(c; d)$ und dem Radius r (Koordinatenschreibweise):
$(x_0 - c)(x - c) + (y_0 - d)(y - d) = r^2$.

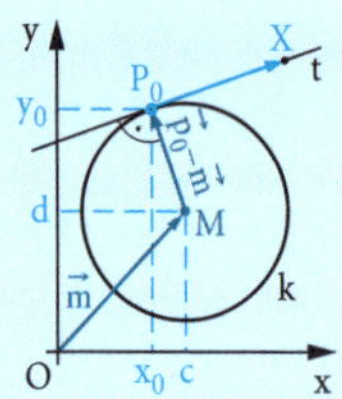

Beispiel: Es sind die Gleichungen der Tangenten an den Kreis k mit der Gleichung $(x - 3)^2 + (y - 2)^2 = 6{,}25$ in den Punkten A(5; 3,5), B(3; – 0,5) und C(5,5; 2) von k aufzustellen.

t_A: $(5 - 3)(x - 3) + (3{,}5 - 2)(y - 2) = 6{,}25$ oder $y = -\frac{4}{3}x + \frac{61}{6}$

t_B: $(3 - 3)(x - 3) + (-0{,}5 - 2)(y - 2) = 6{,}25$ oder $y = -\frac{1}{2}$

(eine Parallele zur x-Achse im Abstand 0,5)

t_C: $(5{,}5 - 3)(x - 3) + (2 - 2)(y - 2) = 6{,}25$ oder $x = \frac{11}{2}$

(eine Parallele zur y-Achse im Abstand 5,5)

Lagebeziehungen von Kreisen

Zwei voneinander verschiedene Kreise haben **keinen** gemeinsamen Punkt oder **genau einen** gemeinsamen Punkt oder **genau zwei** gemeinsame Punkte. Welche der drei Lagemöglichkeiten vorliegt, kann man rechnerisch untersuchen, indem man die zugehörigen Kreisgleichungen als ein (hier nichtlineares) Gleichungssystem mit zwei Unbekannten auffasst und dieses löst.

Beispiel: Es werden die Lagebeziehungen der Kreise
k_1: $x^2 + (y-3)^2 = 1$, k_2: $x^2 + y^2 = 4$ und
k_3: $(x-3)^2 + y^2 = 7$ untersucht.

- Kreise k_1 und k_2: Haben diese beiden Kreise einen Punkt $P(x_s; y_s)$ gemeinsam, so müssen die Koordinaten dieses Punktes die beiden Kreisgleichungen erfüllen. Man erhält das Gleichungssystem
  (I) $x_s^2 + (y_s-3)^2 = 1$
  (II) $x_s^2 + y_s^2 = 4$
  mit genau einer Lösung $x_s = 0$, $y_s = 2$
  Die beiden Kreise k_1 und k_2 haben folglich genau einen Punkt P gemeinsam; k_1 und k_2 berühren einander in $P(0; 2)$.
- Kreise k_2 und k_3:
  Das Gleichungssystem (I) $x_s^2 + y_s^2 = 4$, (II) $(x_s-3)^2 + y_s^2 = 7$ hat die Lösungen $x_{s_1} = 1$; $y_{s_1} = +\sqrt{3}$ sowie $x_{s_2} = 1$; $y_{s_2} = -\sqrt{3}$. Da $P_{s_1}(1; \sqrt{3})$ und $P_{s_2}(1; -\sqrt{3})$ beide Kreisgleichungen erfüllen, schneiden die Kreise k_2 und k_3 einander in diesen Punkten.
- Das Gleichungssystem
  (I) $x_s^2 + (y_s-3)^2 = 1$,
  (II) $(x_s-3)^2 + y_s^2 = 7$ hat keine reellen Lösungen. Die Kreise k_1 und k_3 besitzen folglich keine gemeinsamen Punkte.

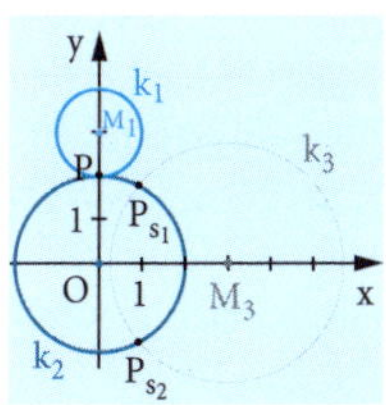

Bedingungen für die Lagebeziehungen zweier Kreise

Für zwei Kreise k_1 und k_2 mit den Mittelpunkten M_1 bzw. M_2 und den Radien r_1 bzw. r_2 gilt: Wenn

- $|\overline{M_1M_2}| > r_1 + r_2$ oder $0 \leq |\overline{M_1M_2}| < |r_1 - r_2|$, so besitzen k_1 und k_2 keinen gemeinsamen Punkt;
- $|\overline{M_1M_2}| = r_1 + r_2$ oder $0 < |\overline{M_1M_2}| = |r_1 - r_2|$, so berühren k_1 und k_2 einander;
- $|r_1 - r_2| < |\overline{M_1M_2}| < r_1 + r_2$, so schneiden k_1 und k_2 einander in zwei Punkten;
- $0 = |\overline{M_1M_2}| = r_1 - r_2$, so haben k_1 und k_2 alle Punkte gemeinsam – sie sind identisch.

Lagebeziehungen von Kugeln, Geraden und Ebenen

Kugel und Gerade

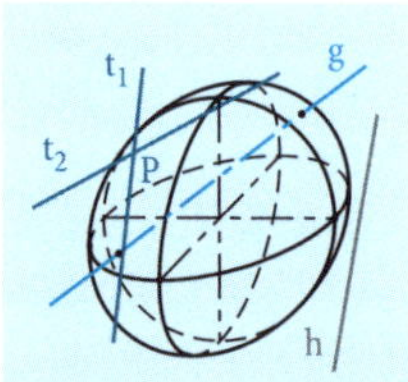

Wenn eine Gerade t und eine Kugel k genau einen Punkt P gemeinsam haben, denn heißt die Gerade t eine **Tangente** an k in P.

Eine Gerade g, die mit k genau zwei verschiedene Punkte gemeinsam hat, nennt man **Sekante** von k; eine Gerade h, die mit k keinen Punkt gemeinsam hat, heißt **Passante**.

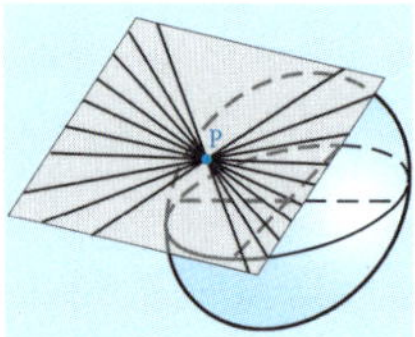

Im Unterschied zum Kreis in der Ebene gibt es im Raum in jedem Kugelpunkt unendlich viele Tangenten an die Kugel. Diese Tangenten in einem Kugelpunkt P bilden die *Tangentialebene* an k in P (s. u.).

Kugel und Ebene

Eine **Kugel** und eine **Ebene** haben **keinen Punkt** oder **genau einen Punkt** oder einen **Kreis** gemeinsam.

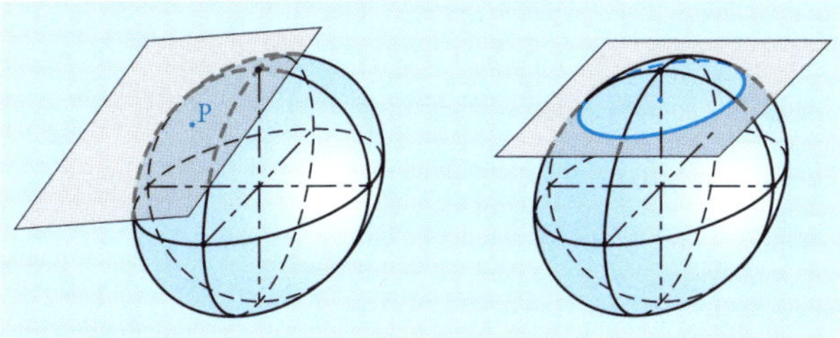

Tangentialebene

Haben eine Ebene ϑ und eine Kugel k genau einen Punkt P gemeinsam, dann heißt die Ebene ϑ **Tangentialebene** an die Kugel k in P. Die Tangentialebene in jedem Punkt einer Kugel ist eindeutig bestimmt.

Gleichungen der Tangentialebene

Ist k eine **Kugel** mit dem Mittelpunkt $M(c;\, d;\, e)$ und dem Radius r sowie $P_0(x_0;\, y_0;\, z_0)$ ein Punkt von k, dann ist

$(\vec{x} - \vec{p}_0) \circ (\vec{p}_0 - \vec{m}) = 0$

die **vektorielle Gleichung** und

$(x_0 - c)(x - c) + (y_0 - d)(y - d) +$
$+ (z_0 - e)(z - e) = r^2$

die **Koordinatengleichung** der **Tangentialebene** an k im Punkt P_0.

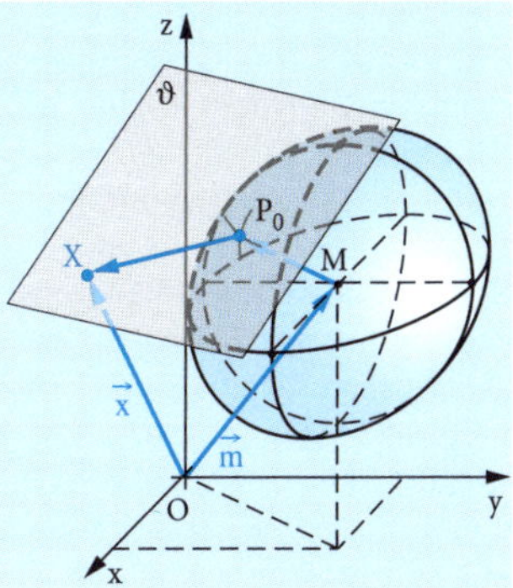

8 Wahrscheinlichkeitsrechnung

Wichtige Definitionen

Zufallsexperiment

Einen Vorgang nennt man Zufallsexperiment, wenn dabei mindestens zwei Ergebnisse möglich sind und es vor Ablauf des Vorgangs nicht vorhersagbar ist, welches der möglichen **Ergebnisse** eintreten wird. Ein Zufallsexperiment ist unter bestimmten gleich bleibenden Bedingungen beliebig oft wiederholbar.

Zufallsexperimente sind
- das Werfen einer Münze bei Beobachtung der sichtbaren Seite;
- das Werfen zweier Würfel bei Ermittlung der Augensumme;
- Lottoziehungen bei Notieren der Gewinnzahlen.

Eine Menge Ω heißt **Ergebnismenge** eines Zufallsexperiments, wenn **jedem** für die Beobachtung möglichen **Ergebnis genau ein Element** aus Ω zugeordnet wird. Bei der **Konstruktion einer geeigneten Ergebnismenge** Ω ist darauf zu achten, dass sie einerseits **möglichst klein** ist, also keine unnötigen Elemente enthält, und dass sie andererseits **hinreichend groß** ist, also alle dem Beobachtungsziel entsprechenden Ergebnisse umfasst.

Für das Zufallsexperiment „einmaliges Werfen eines Tetraeders mit den Augenzahlen 1 bis 4“ sind **geeignete Ergebnismengen**:
- Augenzahl
  $\Omega_1 = \{1;2;3;4\}$
- Werfen einer 4
  $\Omega_2 = \{4;\text{ keine } 4\}$
- Werfen einer 1 oder einer 3
  $\Omega_3 = \{1;\ 3;\text{ weder eine 1 noch eine } 3\}$

Ungeeignete:
- $\Omega_4 = \{1;\text{ gerade Zahl}\}$
- $\Omega_5 = \{1;\ 3;\text{ keine } 3\}$

8.1 Beschreibung von Zufallsexperimenten

Mehrstufige Zufallsexperimente

Besteht ein zufälliger Vorgang aus mehreren, nacheinander ablaufenden Teilvorgängen (oder aus Teilvorgängen, die als nacheinander ablaufend interpretiert werden können), so spricht man von einem **mehrstufigen Zufallsexperiment**, bei k Teilvorgängen ($k \in \mathbb{N} \setminus \{0\}$) von einem **k-stufigen Zufallsexperiment**.

Die Ergebnisse eines k-stufigen Zufallsexperiments lassen sich in einem **Baumdiagramm der Ergebnisse** erfassen, woraus man ihre Darstellung als k-Tupel ablesen kann.

Beispiel: **A**xel und **B**ernd spielen gegeneinander. Sieger ist derjenige, der zuerst zwei Spiele gewonnen hat. Von jedem Spiel wird der Gewinner notiert; ein Remis gibt es nicht.

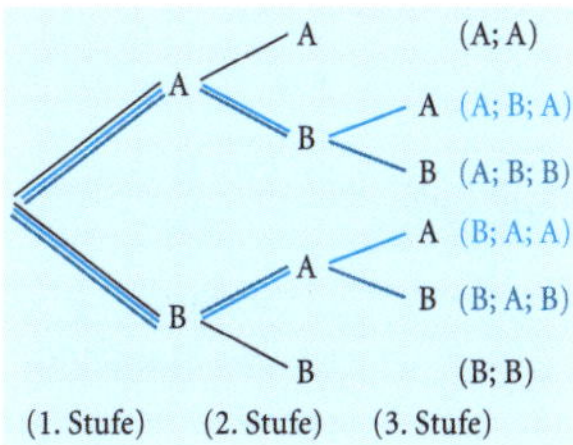

$\Omega = \{(A; A), (A; B; A), (A; B; B), (B; A; A), (B; A; B), (B; B)\}$

Baumdiagramme und Pfade

Für ein **k-stufiges Zufallsexperiment** stellt **jedes Ergebnis** genau einen **Pfad** durch das zugehörige Baumdiagramm vom Anfangs- bis zum Endpunkt dar.
Jedes Ergebnis besteht aus den k **Einzelergebnissen** der Teilexperimente (sofern sich das Teilexperiment über k Stufen erstreckt) und wird als **k-Tupel** $(w_1; w_2; \ldots; w_k)$ geschrieben.

8

Ereignisse und Ereignisverknüpfungen

Jede Teilmenge A der endlichen Ergebnismenge Ω heißt **Ereignis** $\mathbf{A}$. Stellt sich das Ergebnis e ein und gilt $e \in A$, so sagt man, das **Ereignis** $\mathbf{A}$ **ist eingetreten**. Die Menge aller Teilmengen von Ω nennt man **Ereignisraum** und bezeichnet sie mit 2^Ω (oder in Anlehnung an Potenzmenge mit $\wp(\Omega)$). Besitzt Ω genau n Elemente ($|\Omega| = n, n \in \mathbb{N} \setminus \{0; 1\}$), so gibt es 2^n unterschiedliche Ereignisse in 2^Ω.

Ereignisverknüpfungen

Die n einelementigen Teilmengen der n-elementigen Ergebnismenge Ω heißen **Elementarereignisse** oder **atomare Ereignisse**. A nennt man **unmögliches Ereignis**, wenn $A = \emptyset$ gilt, und **sicheres Ereignis**, wenn $A = \Omega$ gilt. Es seien $A, B \in 2^\Omega$. Mithilfe von **Ergebnisverknüpfungen** kann man zwei Ereignisse in Beziehung zueinander setzen:

Ereignisse		
Symbol:	Sprechweise:	Mengenbild:
A	Das **Gegenereignis (komplementäres Ereignis)** A (lies: *A quer*) tritt genau dann ein, wenn **A nicht** eintritt.	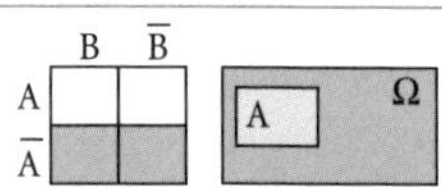
$B \subseteq A$	Das Ereignis B **zieht** das Ereignis A **nach sich**. Das heißt: Immer **wenn** $\mathbf{B}$ eintritt, tritt **auch** $\mathbf{A}$ ein.	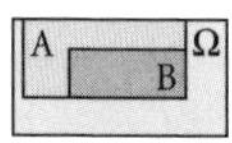
$A \cap B$	Das Ereignis $\mathbf{A}$ **und** $\mathbf{B}$ (A geschnitten [mit] B) tritt genau dann ein, wenn **sowohl** $\mathbf{A}$ **als auch** $\mathbf{B}$ eintritt.	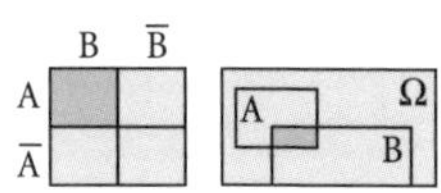

Symbol:	Sprechweise:	Mengenbild:
$A \cup B$	Das Ereignis **A oder B** (A vereinigt [mit] B) tritt genau dann ein, wenn **mindestens eines der Ereignisse A bzw. B** eintritt.	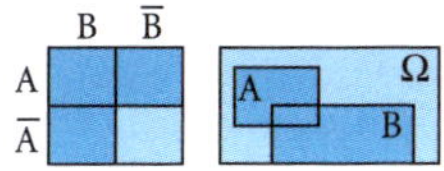
$A \setminus B$	Das Ereignis **A und nicht B** (A ohne B) tritt genau dann ein, wenn **A eintritt** und gleichzeitig **B nicht eintritt**. $A \setminus B = A \cap B$	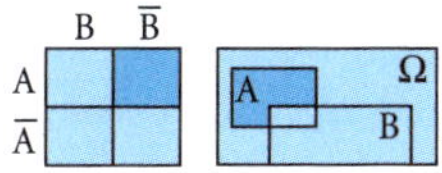
$\overline{A \cap B}$	**Höchstens eines der Ereignisse A, B** tritt ein, wenn **entweder A oder B oder keines von beiden** eintritt. $\overline{A \cap B} = \overline{A} \cup B$	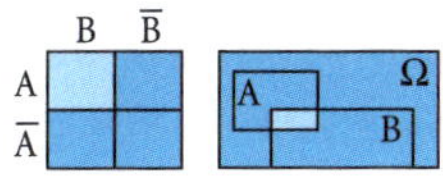
$\overline{A \cup B}$	Das Ereignis **Weder A noch B** tritt genau dann ein, wenn **keines der beiden Ereignisse A, B** eintritt. $\overline{A \cup B} = A \cap B$	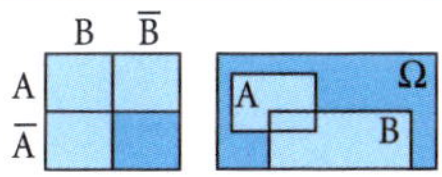
$(A \cap B) \cup$ $(\overline{A} \cap B)$	Das Ereignis **Entweder A oder B** tritt genau dann ein, **wenn genau eines der Ereignisse A, B** eintritt.	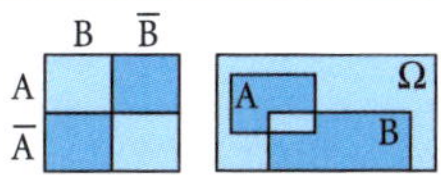
$A \cap B = \emptyset$	Die Ereignisse A und B sind **unvereinbar**. Das heißt: A und B können **nicht gleichzeitig** eintreten.	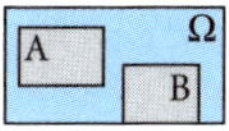

8

Häufigkeiten

Zu verlässlicheren Aussagen über den **Grad der Zufälligkeit des Eintretens eines Ereignisses** kann man gelangen, wenn man entsprechende Zufallsexperimente vielfach beobachtet und analysiert.

Die **absolute Häufigkeit** $H_n(A)$ **von A** gibt an wie oft bei n-maligem Realisieren eines Zufallsexperiments das Ereignis A eingetreten ist.

Ist $H_n(A)$ die absolute Häufigkeit eines Ereignisses A bei n-maligem Realisieren eines Zufallsexperiments, so heißt $h_n(A) = \frac{H_n(A)}{n}$ die relative Häufigkeit des Ereignisses A.

Eigenschaften der relativen Häufigkeit

Für die relativen Häufigkeiten von $A, B \in 2^{\Omega}$ gilt:

- $0 \leq h_n(A)$
- $h_n(A \cup B) = h_n(A) + h_n(B)$ für $A \cap B = \emptyset$
- $h_n(A \cup B) = h_n(A) + h_n(B) - h_n(A \cap B)$
- $h_n(\bar{A}) = 1 - h_n(A)$
- $h_n(A) \leq 1$
- $h_n(\Omega) = 1$
- $h_n(\emptyset) = 0$
- $A \subseteq B \Rightarrow h_n(A) \leq h_n(B)$

Die Erfahrung besagt, dass die relativen Häufigkeiten mit zunehmender Anzahl der Realisierungen des zufälligen Vorgangs **in der Tendenz** immer weniger schwanken.

Empirisches Gesetz der großen Zahlen

Ist A ein Ereignis, das bei einem zufälligen Vorgang beobachtet werden kann, dann **stabilisieren sich die relativen Häufigkeiten** $h_n(A)$ mit wachsender Anzahl n von Vorgangsrealisierungen jeweils gegen einen bestimmten Wert.

Der Begriff „Wahrscheinlichkeit"

Axiomensystem von Kolmogorow

Eine Funktion P, die jeder Teilmenge A einer endlichen (Ergebnis-) Menge Ω eine reelle Zahl $P(A)$ zuordnet, heißt **Wahrscheinlichkeitsverteilung**, wenn sie folgenden drei Bedingungen genügt:

Axiom 1 (Nichtnegativität): $P(A) \geq 0$,

Axiom 2 (Normiertheit): $P(\Omega) = 1$,

Axiom 3 (Additivität): $P(A \cup B) = P(A) + P(B)$, falls $A \cap B = \emptyset$

$P(A)$ nennt man **Wahrscheinlichkeit** von A.

Rechenregeln für Wahrscheinlichkeiten

- **Regel 1:**
  Die Wahrscheinlichkeit des **unmöglichen Ereignisses** ist 0:
  $P(\emptyset) = 0$
- **Regel 2:**
  Die Wahrscheinlichkeit des **sicheren Ereignisses** ist 1:
  $P(\Omega) = 1$
- **Regel 3:**
  Die Wahrscheinlichkeit eines Ereignisses ist gleich der **Summe** der Wahrscheinlichkeiten all seiner **Elementarereignisse**: $P(A) = P(\{e_1\}) + P(\{e_2\}) + \ldots + P(\{e_m\})$ und stets $0 \leq P(A) \leq 1$
- **Regel 4:**
  Wahrscheinlichkeit des **Gegenereignisses**: $P(A) = 1 - P(A)$
- **Regel 5:**
  Additionssatz für zwei Ereignisse:
  $P(A \cup B) = P(A) + P(B) - P(A \cap B)$
- **Regel 6:**
  Additionssatz für zwei **unvereinbare** Ereignisse:
  $P(A \cup B) = P(A) + P(B)$ für $A \cap B = (\emptyset)$

8

Zerlegungen und Vierfeldertafeln

Zerlegung einer Ergebnismenge

Ereignisse $A_1, A_2, \ldots, A_m$ aus 2^{Ω} mit den folgenden drei Eigenschaften bilden eine **Zerlegung der Ergebnismenge** Ω:

- Jedes der Ereignisse besitzt eine positive Wahrscheinlichkeit, d.h. $P(A_i) > 0$ für alle $i \in \{1; 2; \ldots\ ; m\}$
- Die Ereignisse sind paarweise unvereinbar, $A_i \cap A_j = \emptyset$ für $i \neq j$.
- Die Vereinigung aller Ereignisse ist das sichere Ereignis, d.h. $A_1 \cup A_2 \cup \ldots \cup A_m = \Omega$.

Sind E und F zwei Ereignisse aus 2^{Ω}, so lässt sich Ω grob zerlegen in $\Omega = E \cup E$ bzw. $\Omega = F \cup F$. Eine feinere Zerlegung wäre:
$\Omega = (E \cap F) \cup (E \cap F) \cup (E \cap F) \cup (E \cap F)$

Vierfeldertafel

Als **Vierfeldertafel** bezeichnet man die Anordnung einer Ergebnismengenzerlegung von der Art
$\Omega = (E \cap F) \cup (E \cap F) \cup (E \cap F) \cup (E \cap F)$ in folgender Weise:

	E	E	
F	$P(E \cap F) = p_1$	$P(\bar{E} \cap F) = p_2$	$P(F) = p_1 + p_2$
F	$P(E \cap \bar{F}) = p_3$	$P(\bar{E} \cap \bar{F}) = p_4$	$P(\bar{F}) = p_3 + p_4$
	$P(E) = p_1 + p_3$	$P(\bar{E}) = p_2 + p_4$	$1 = p_1 + p_2 + p_3 + p_4$

Beispiel: Bauteil A fällt mit $P(A) = 0{,}07$ und Bauteil B mit $P(B) = 0{,}10$ aus. Dass A und B ausfallen, tritt mit $P(A \cap B) = 0{,}022$ ein. Mit welcher Wahrscheinlichkeit fällt wenigstens eines der Bauteile aus?

	B	$\bar{B}$	
A	0,022	0,07 – 0,022 = 0,048	0,07
$\bar{A}$	0,10 – 0,022 = 0,078	0,93 – 0,078 = 0,852	1 – 0,07 = 0,93
	0,10	1 – 0,10 = 0,90	

$P(A \cup B) = 0{,}078 + 0{,}022 + 0{,}048 = 0{,}148$ oder
$P(A \cup B) = 1 - 0{,}852 = 0{,}148$.

8.2 Gleichverteilung

Laplace-Experimente

Grundbegriffe

Die Wahrscheinlichkeitsverteilung eines Zufallsexperiments (mit endlicher Ergebnismenge) heißt **Gleichverteilung**, wenn alle zugehörigen atomaren Ereignisse die **gleiche Wahrscheinlichkeit** besitzen, also **gleichwahrscheinlich** sind. Diese Bedingung nennt man **Laplace-Annahme**. Kann man bei einem Zufallsexperiment von der Gültigkeit der Laplace-Annahme ausgehen, so spricht man von einem **Laplace-Experiment**.

Beispiel: Zufallsexperiment „einmaliges Werfen eines normalen (nicht gezinkten) Würfels“: Ergebnismenge $\Omega = \{1; 2; 3; 4; 5; 6\}$; $p = \frac{1}{6}$ für das Werfen jeder Augenzahl.

Wahrscheinlichkeit bei Laplace-Experimenten

Für jedes Laplace-Experiment gilt: Besteht $\Omega = \{e_1; e_2; \ldots; e_n\}$ aus n Ergebnissen, so tritt jedes Ergebnis e_i $(i \in \{1; 2; \ldots; n\})$ mit der Wahrscheinlichkeit $P(\{e_i\}) = \frac{1}{n} = \frac{1}{|\Omega|}$ ein.

Laplace-Regel

Für jedes Ereignis $A \in 2^{\Omega}$ eines Laplace-Experiments gilt:

$P(A) = \frac{|A|}{|\Omega|}$ bzw. $P(A) = \frac{\text{Anzahl der für A günstigen Ergebnisse}}{\text{Anzahl aller möglichen Ergebnisse}}$.

P(A) wird in diesem Fall auch **Laplace-Wahrscheinlichkeit** oder **klassische Wahrscheinlichkeit** von A genannt.

Beispiel: Für das einmalige Werfen eines idealen Würfels gilt $|\Omega| = 6$ sowie $P(\{1\}) = P(\{2\}) = \ldots = P(\{6\}) = \frac{1}{6}$. Daraus folgt beispielsweise:

$P(\{\text{Augenzahl ist 2 oder 3}\}) = P(\{2; 3\}) = \frac{2}{6} = 0,\overline{3}$

$P(\{\text{Augenzahl ist ungerade}\}) = P(\{1; 3; 5\}) = \frac{3}{6} = 0,5$

8

Pfadregeln für Baumdiagramme

Erste Pfadregel (Produktregel)

Die Wahrscheinlichkeit eines **Elementarereignisses** in einem mehrstufigen Zufallsexperiment ist gleich seiner **Pfadwahrscheinlichkeit** (d.h. gleich dem Produkt der Wahrscheinlichkeiten entlang des Pfades, der dem zugehörigen Ergebnis entspricht).

Zweite Pfadregel (Summenregel)

Die Wahrscheinlichkeit eines Ereignisses ist gleich der **Summe aller Pfadwahrscheinlichkeiten** seiner zugehörigen Elementarereignisse.

Verzweigungsregel

Die **Summe** aller Wahrscheinlichkeiten an den Ästen, die von ein und demselben **Verzweigungspunkt** ausgehen, ist stets 1.

Beispiel: Zufallsexperiment

Aus einer Urne mit genau drei Kugeln (zwei blauen und einer weißen) werden nacheinander, ohne Zurücklegen und „auf gut Glück" zwei Kugeln entnommen.

- Die Pfadwahrscheinlichkeit beträgt in jedem Fall $\frac{1}{3} \cdot \frac{1}{2} = \frac{1}{6}$
- Für die Wahrscheinlichkeit $P(A) = P(\{$die weiße Kugel wird als zweite Kugel entnommen$\})$ gilt nach der Summenregel: $P(A) = P(\{(b_1; w), (b_2; w)\}$ $= \frac{1}{6} + \frac{1}{6} = \frac{1}{3}$

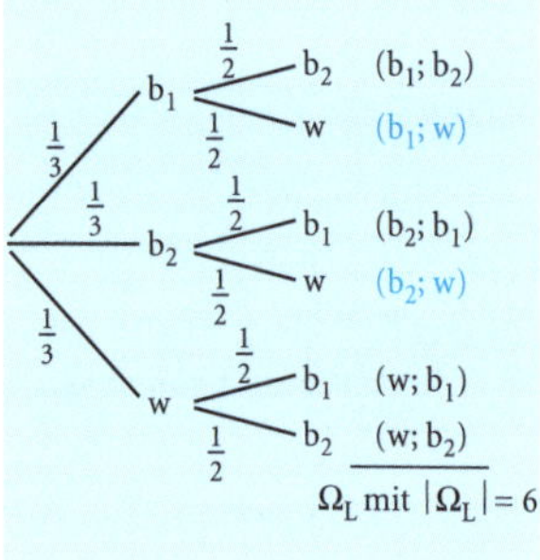

8.3 Zählprinzipien

Die Berechnung von Wahrscheinlichkeiten erfordert häufig mehr oder weniger komplizierte Anzahlbestimmungen. Hierfür werden Hilfsmittel der Kombinatorik genutzt.

Zählprinzip für k-Tupel (Produktregel)

Wenn ein Ereignis A aus den k-Tupeln $(a_1; \ldots; a_k)$ besteht, wobei

- für das 1. Tupelelement a_1 genau n_1 Auswahlmöglichkeiten,
- für das 2. Tupelelement a_2 genau n_2 Auswahlmöglichkeiten,

⋮

- für das k-te Tupelelement a_k genau n_k Auswahlmöglichkeiten existieren,

so gibt es $n_1 \cdot n_2 \cdot \ldots \cdot n_k$ verschiedene solcher k-Tupel, d.h. $n_1 \cdot n_2 \cdot \ldots \cdot n_k$ verschiedene Ergebnisse in A.

Beispiel: Bei einem Fußball-Toto mit 11 Spielen stehen für jedes Spiel jeweils die drei Auswahlmöglichkeiten 1 (Heimsieg), 0 (Unentschieden) und 2 (Gästesieg) zur Verfügung. Mit $k = 11$ und $n_1 = n_2 = \ldots = n_k = 3$ umfasst die gesamte Ergebnismenge daher $3^{11} = 177\,147$ Elemente.

Permutationen

Wenn ein Ereignis A aus den k-Tupeln $(a_1; a_2; \ldots; a_k)$ besteht, wobei sich die einzelnen k-Tupel nur durch die Anordnung der zur Verfügung stehenden k Elemente unterscheiden und keine Wiederholungen von Elementen auftreten, so beträgt die Gesamtzahl der Anordnungsmöglichkeiten oder **Permutationen** $P_k = k! = 1 \cdot 2 \cdot 3 \cdot \ldots \cdot k$.
Treten Wiederholungen auf, sind also Elemente mehrfach vorhanden, und zwar das Element a_k genau n_k-mal, so beträgt die Gesamtzahl der **Permutationen mit Wiederholung**

$$^{w}P_k = \frac{k!}{n_1! \cdot n_2! \cdot \ldots \cdot n_k!} \quad (n_1 + n_2 + \ldots + n_k = k).$$

Kombinationen und Variationen

Kombinationen: Jede **Auswahl** von **k** Elementen **ohne** Berücksichtigung ihrer Reihenfolge **aus** einer **n**-elementigen Menge heißt **Kombination** (von n Elementen zur k-ten Klasse).

Anzahl der Kombinationen (Zählprinzip für Mengen)

Die Anzahl der Möglichkeiten, k Elemente aus einer n-elementigen Menge herauszugreifen (k-elementige Teilmengen zu bilden), also die **Anzahl der Kombinationen ohne Wiederholung von n Elementen zur k-ten Klasse** ist

$C_n^k = \binom{n}{k} = \frac{n!}{k! \cdot (n-k)!}$ (für $n, k \in \mathbb{N}, k \leq n$)

Für die **Anzahl der Kombinationen mit Wiederholung von n Elementen zur k-ten Klasse** gilt:

$^{w}C_n^k = \frac{(n+k-1)!}{k! \cdot (n-1)!}$

Beispiel: Die mögliche Anzahl der Tipps beim Lotto „6 aus 49" ist gleich der Anzahl der Möglichkeiten, 6 Elemente ohne Wiederholung aus der Menge {1, 2, 3, ... , 49} herauszugreifen:

$$C_{49}^6 = \binom{49}{6} = \frac{49!}{6! \cdot (49-6)!} = 13\,983\,816$$

Variationen: Jede **Auswahl** von **k** Elementen **mit** Berücksichtigung ihrer Reihenfolge **aus** einer **n**-elementigen Menge heißt **Variation** (von n Elementen zur k-ten Klasse).

Anzahl der Variationen

Die Anzahl der Möglichkeiten, k-mal ein Element aus einer n-elementigen Menge mit Beachtung der Reihenfolge herauszugreifen (ohne es zurückzulegen), also die **Anzahl der Variationen ohne Wiederholung von n Elementen zur k-ten Klasse** ist

$V_n^k = \frac{n!}{(n-k)!}$ (für $n, k \in \mathbb{N}, k \leq n$).

Für die **Anzahl der Variationen mit Wiederholung von n Elementen zur k-ten Klasse** gilt:

$^{w}V_n^k = n^k$ (für $n, k \in \mathbb{N}^*$)

Entscheidungsschema

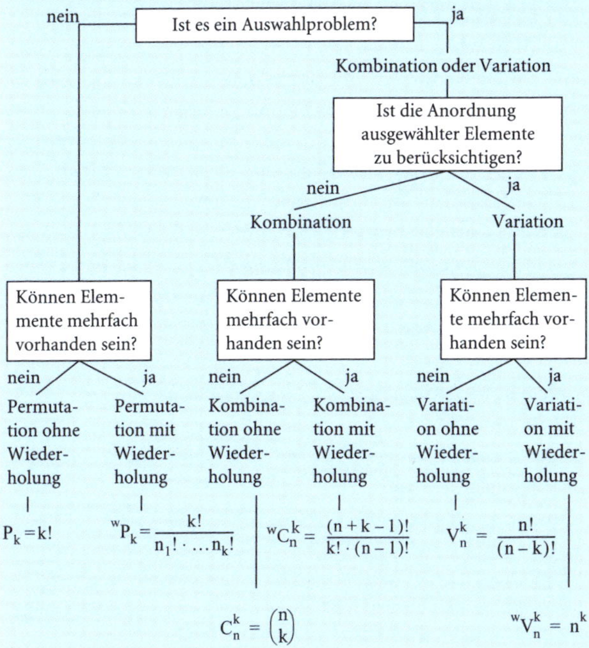

8.4 Urnenmodelle

Simulation mit Urnenmodellen

Besteht die Möglichkeit, zu einem praktischen zufälligen Vorgang ein **Urnenmodell mit derselben Struktur** (also z. B. mit einem völlig analogen Baumdiagramm beschreibbar) zu konstruieren, so können solche realen Vorgänge **simuliert** und interessierende Wahrscheinlichkeiten mit hinreichender Genauigkeit experimentell ermittelt werden.

Häufig sind Urnenmodelle dadurch gekennzeichnet, dass die entsprechenden Urnen *nur Kugeln zweier Farben* enthalten, aus denen mit *einem Griff* (*ohne Beachtung der Reihenfolge und ohne Zurücklegen*) Kugeln entnommen werden.

Ziehen ohne Zurücklegen

Werden einer Urne mit genau N Kugeln (M weiße, N – M schwarze) genau m Kugeln „auf gut Glück" und ohne Zurücklegen entnommen, dann gilt

$$P(\{\text{genau m weiße Kugeln entnommen}\}) = \frac{\binom{M}{m}\binom{N-M}{n-m}}{\binom{N}{n}};$$

$(N, M, n, m \in \mathbb{N}, 0 \leq m \leq n, m \leq M, n-m \leq N-M, M \leq N, n \leq N)$.

Diese Wahrscheinlichkeitsverteilung für die Anzahl der weißen gezogenen Kugeln nennt man **hypergeometrische Verteilung**.

Beispiel: Zufallsexperiment: Lottoziehung „6 aus 49" (ohne Zusatzzahl) Urnenmodell: Aus einer Urne mit genau 49 Kugeln (sechs weißen für die Gewinnzahlen und 43 schwarzen für die Nichtgewinnzahlen) werden gleichzeitig „auf gut Glück" genau sechs Kugeln entnommen. Dann ist beispielsweise die Wahrscheinlichkeit

$$P(\{\text{genau zwei Richtige}\}) = \frac{\binom{6}{2}\cdot\binom{49-6}{6-2}}{\binom{49}{6}} = \frac{\binom{6}{2}\cdot\binom{43}{4}}{\binom{49}{6}} \approx 0{,}13$$

8.5 Bedingte Wahrscheinlichkeit

Sind A und B zwei Ereignisse mit $A \subseteq \Omega$ und $B \subseteq \Omega$ sowie $P(B) > 0$, so nennt man $P_B(A) = \frac{P(A \cap B)}{P(B)}$ die **bedingte Wahrscheinlichkeit** des Ereignisses A unter der Bedingung B. Die hierdurch definierte Funktion P_B heißt **bedingte Wahrscheinlichkeitsverteilung** unter der Bedingung B.

Die bedingte Wahrscheinlichkeit $P_B(A)$ ist also als das Verhältnis der Wahrscheinlichkeit für das **Eintreten von A und B** zur Wahrscheinlichkeit für das **Eintreten von B** zu verstehen. Jede bedingte Wahrscheinlichkeitsverteilung P_B ist wie P selbst auch eine Wahrscheinlichkeitsverteilung. Insbesondere gilt also:

$$P_B(\emptyset) = 0,$$
$$P_B(A) = 1 - P_B(A),$$
$$P_B(A \cup C) = P_B(A) + P_B(C) - P_B(A \cap C)$$

Rechnen mit bedingten Wahrscheinlichkeiten

- **Erste Pfadregel** (auch **allgemeiner Produktsatz** genannt):
  $P(A \cap B_1) = P(B_1) \cdot P_{B_1}(A)$
- **Zweite Pfadregel** (auch **Satz von der totalen Wahrscheinlichkeit** genannt):
  $P(A) = P(B_1) \cdot P_{B_1}(A) + P(B_2) \cdot P_{B_2}(A) + \ldots + P(B_n) \cdot P_{B_n}(A)$
- **Bayessche Formel (Satz von Bayes)**
  $P_A(B_i) = \frac{P(A \cap B_i)}{P(A)}$ (Definition)
  $= \frac{P(B_i) \cdot P_{B_i}(A)}{P(B_1) \cdot P_{B_1}(A) + \ldots + P(B_n) \cdot P_{B_n}(A)}$

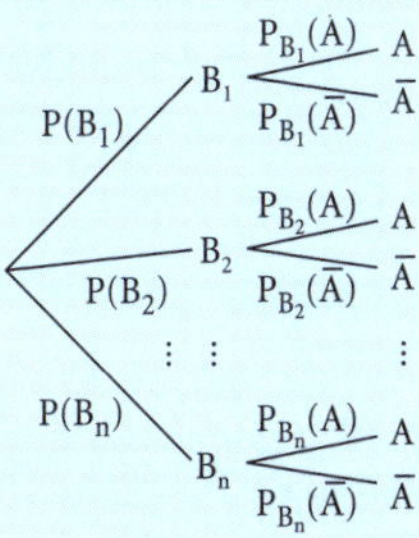

8

Beispiel: Ein Wanderer gehe vom Ort O aus und schlage an den Weggabelungen jeweils „auf gut Glück“ eine der möglichen Richtungen ein. Die Wahrscheinlichkeit, dass er zum Punkt A gelangt, ergibt sich aus dem Wegeschema:

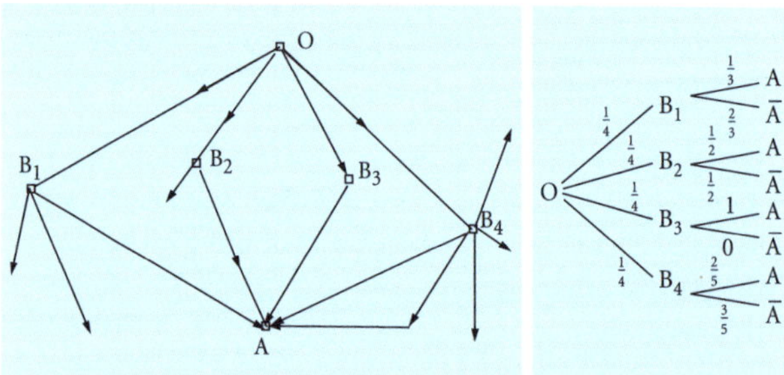

A $=$ {Wanderer kommt zum Punkt A}
B_i $=$ {Wanderer kommt zum Punkt B_i} für $i \in \{1; 2; 3; 4\}$
Die Ereignisse B_1, B_2, B_3 und B_4 bilden eine Zerlegung der zugehörigen Ergebnismenge Ω. Somit gilt nach dem Satz von der totalen Wahrscheinlichkeit für P(A):
$P(A) = \frac{1}{4} \cdot \frac{1}{3} + \frac{1}{4} \cdot \frac{1}{2} + \frac{1}{4} \cdot 1 + \frac{1}{4} \cdot \frac{2}{5} = \frac{67}{120} \approx 0{,}56$

Unabhängigkeit von Ereignissen

Zwei Ereignisse A und B des Ereignisraumes 2^{Ω} mit $P(B) > 0$ heißen genau dann voneinander **(stochastisch) unabhängig,** wenn $P_B(A) = P(A)$ gilt.

Spezieller Multiplikationssatz

Zwei Ereignisse A und B mit $P(A) > 0$ und $P(B) > 0$ sind genau dann voneinander unabhängig, wenn $P(A \cap B) = P(A) \cdot P(B)$ gilt.

Beispiel: Ein „Wetterprophet“, der sich in 20 % aller Fälle irrt, möge für morgen schönes Wetter voraussagen. Ein zweiter

„Wetterprophet" sagt dasselbe voraus und die Wahrscheinlichkeit seines Irrtums sei ebenfalls 0,20. Schließt man nun daraus, dass die Wahrscheinlichkeit für einen Irrtum *beider* $0{,}20 \cdot 0{,}20 = 0{,}040$ betrage, so ist genau das im Allgemeinen falsch. Man muss nämlich davon ausgehen, dass die beiden übereinstimmenden Wetterprognosen auf denselben Beobachtungsdaten basieren und deshalb *nicht voneinander (stochastisch) unabhängig*, sondern im Extremfall *identisch* sind. Gäbe nämlich der zweite Wetterprophet statt einer eigenen Wetterprognose nur das Zitat des ersten Wetterpropheten bekannt, so bliebe die Wahrscheinlichkeit für einen Irrtum gleich 0,20.

8.6 Zufallsgrößen

Zufallsgrößen

Eine Funktion $X: \Omega \to \mathbb{R}$, die jedem Ergebnis $e \in \Omega$ eines Zufallsexperiments eine reelle Zahl x zuordnet, heißt **Zufallsgröße** X. Die Elemente des Wertebereichs von X nennt man **Werte der Zufallsgröße** X. Zufallsgrößen mit nur endlich vielen Werten $x_1, x_2, \ldots, x_n$ werden als **endliche Zufallsgrößen** bezeichnet. Eine Zufallsgröße X, die höchstens abzählbar unendlich viele verschiedene (Funktions-) Werte $x_1, x_2, \ldots, x_n, \ldots$ besitzt, heißt **diskrete Zufallsgröße**.

8

Beispiel: Eine Münze mit den Seiten „Wappen (W)" und „Zahl (Z)" wird dreimal geworfen. Ergebnismenge: $\Omega = \{(W; W; W)$, oder $(W; W; Z), (W; Z; W), (Z; W; W), (W; Z; Z), (Z; W; Z), (Z; Z; W), (Z; Z; Z)\}$

Die **Zufallsgröße** X möge jedem Ergebnis die Zahl zuordnen, die angibt, wie oft darin „Wappen" gefallen ist. Dann gilt:

e_i	e_1	e_2	e_3	e_4	e_5	e_6	e_7	e_8
$X(e_i)$	3	2	2	2	1	1	1	0

In der Stochastik verwendet man für Funktionswerte wie z.B. $X(e_1) = 3$ meist nur die Kurzschreibweise $X = 3$. In obigem Beispiel gilt $X = 3$ genau dann, wenn das Ereignis $A = \{(W; W; W)\}$ eintritt. Dies erfolgt – z. B. nach den Pfadregeln – mit der Wahrscheinlichkeit $\frac{1}{2} \cdot \frac{1}{2} \cdot \frac{1}{2} = \frac{1}{8}$. Die Zufallsgröße X nimmt also den Wert 3 mit der Wahrscheinlichkeit $\frac{1}{8}$ an – kurz: $P(X = 3) = \frac{1}{8}$. Auf diese Weise wird jedem Wert x_i der Zufallsgröße X die Wahrscheinlichkeit $P(X = x_i)$ zugeordnet.

Wahrscheinlichkeitsverteilung

Eine Funktion, die jedem Wert x_i einer diskreten Zufallsgröße X eine Wahrscheinlichkeit $P(X = x_i)$ zuordnet, heißt **Wahrscheinlichkeitsverteilung der Zufallsgröße X**.

Verteilungsfunktion

Die Funktion F mit $F(x) = P(X \leq x)$ nennt man **Verteilungsfunktion** der Zufallsgröße X. Ihre Funktionswerte sind die **kumulierten (summierten) Wahrscheinlichkeiten** für $X \leq x$.

Beispiel: Bezogen auf das Beispiel von Seite 161 gilt für die Wahrscheinlichkeitsverteilung von X und die Verteilungsfunktion:

x_i	0	1	2	3
$P(X = x_i)$	$\frac{1}{8}$	$\frac{3}{8}$	$\frac{3}{8}$	$\frac{1}{8}$
$P(X \leq x_i)$	$\frac{1}{8}$	$\frac{4}{8}$	$\frac{7}{8}$	$\frac{8}{8} = 1$

Als Darstellungsmöglichkeiten der Wahrscheinlichkeitsverteilung einer endlichen Zufallsgröße werden neben Wertetabellen auch Stab- oder Säulendiagramme und insbesondere zweizeilige Matrizen genutzt. Im vorliegenden Fall ergäbe sich bei Verwendung der Matrizenschreibweise:

$$X \triangleq \begin{pmatrix} 0 & 1 & 2 & 3 \\ \frac{1}{8} & \frac{3}{8} & \frac{3}{8} & \frac{1}{8} \end{pmatrix}$$

Erwartungswert

X sei eine endliche Zufallsgröße, die genau die Werte x_i ($i \in \{1; 2; \ldots ; n\}$) annehmen kann, und zwar jeweils mit der Wahrscheinlichkeit $P(X = x_i)$. Dann nennt man die Kenngröße

$$EX = x_1 \cdot P(X = x_1) + x_2 \cdot P(X = x_2) + \ldots + x_n \cdot P(X = x_n)$$

den **Erwartungswert der endlichen Zufallsgröße X.**

Der Erwartungswert einer endlichen Zufallsgröße X ist das mit ihren Wahrscheinlichkeiten **gewichtete arithmetische Mittel** der Werte von X. Der Erwartungswert EX ermöglicht somit eine Prognose für das arithmetische Mittel von vielen Beobachtungswerten der Zufallsgröße X.

Beispiel: Zufallsexperiment: Zweimaliges Werfen eines idealen Würfels mit den Augenzahlen 1, 2, 3, 4, 5, 6
Zufallsgröße X: Summe der zwei gewürfelten Augenzahlen
Erwartungswert EX:
X kann als Augensumme die elf Werte 2, 3, … , 12 annehmen.
2: (1; 1) 3: (1; 2), (2; 1) 4: (1; 3), (2; 2), (3; 1)
5: (1; 4), (2; 3), (3; 2), (4; 1) 6: (1; 5), (2; 4), (3; 3), (4; 2), (5; 1)
7: (1; 6), (2; 5), (3; 4), (4; 3), (5; 2), (6; 1)
8: (2; 6), (3; 5), (4; 4), (5; 3), (6; 2) 9: (3; 6), (4; 5), (5; 4), (6; 3)
10: (4; 6), (5; 5), (6; 4) 11: (5; 6), (6; 5) 12: (6; 6)
Daraus ergibt sich:

$$EX = 2 \cdot \frac{1}{36} + 3 \cdot \frac{2}{36} + 4 \cdot \frac{3}{36} + 5 \cdot \frac{4}{36} + 6 \cdot \frac{5}{36} + 7 \cdot \frac{6}{36} + 8 \cdot \frac{5}{36} + 9 \cdot \frac{4}{36} + 10 \cdot \frac{3}{36} + 11 \cdot \frac{2}{36} + 12 \cdot \frac{1}{36},$$ also $EX = 7$.

8

Streuung und Standardabweichung

Ist $X \triangleq \begin{pmatrix} x_1 & x_2 & \cdots & x_n \\ p_1 & p_2 & \cdots & p_n \end{pmatrix}$ eine endliche Zufallsgröße mit dem Erwartungswert EX, so heißt

$$E(X - EX)^2 = (x_1 - EX)^2 \cdot p_1 + (x_2 - EX)^2 \cdot p_2 + \ldots + (x_n - EX)^2 \cdot p_n$$

die **Streuung** D^2X oder auch **Varianz** Var X von X.
Die Quadratwurzel aus der Streuung wird **Standardabweichung** genannt und mit DX bzw. $\sqrt{\text{Var } X}$ oder auch mit σ symbolisiert.

Berechnung der Streuung einer endlichen Zufallsgröße

Für die **Streuung einer endliche Zufallsgröße** X, die genau die Werte x_i mit $i \in \{1; 2; \ldots ; n\}$ annehmen kann und die den Erwartungswert EX besitzt, gilt

$$D^2X = E(X^2) - (EX)^2 = \sum_{i=1}^{n} x_i^2 \cdot P(X = x_i) - (EX)^2.$$

Eigenschaften der Streuung

- Ist X eine endliche Zufallsgröße, so gilt für alle $a, b \in \mathbb{R}$: $D^2(aX + b) = a^2 \cdot D^2X$.
- Für beliebige voneinander unabhängige endliche Zufallsgrößen X und Y gilt: $D^2(X + Y) = D^2X + D^2Y$.

Tschebyschowsche Ungleichung

Es sei X eine endliche Zufallsgröße mit dem Erwartungswert EX und der Streuung D^2X. Dann beträgt die Wahrscheinlichkeit dafür, dass X einen Wert annimmt, der um mindestens α ($\alpha > 0$) von EX abweicht, höchstens $\frac{D^2X}{\alpha^2}$.

Für jeden positiven Wert von α gilt also die Ungleichung

$P(|X - EX| \geq \alpha) \leq \frac{1}{\alpha^2} \cdot D^2X$.

Die tschebyschowsche Ungleichung ermöglicht es, diejenige Wahrscheinlichkeit abzuschätzen, mit der eine Zufallsgröße X einen Wert annimmt, der um mehr als eine fest vorgegebene Zahl α vom Erwartungswert EX abweicht.

Beispiel: Nach einer Pressenotiz ist das Lebensalter, welches eine 18-Jährige erreicht, eine Zufallsgröße mit dem Erwartungswert von 75 und einer Standardabweichung von 5 Jahren. Die Wahrscheinlichkeit, dass eine 18-Jährige ein Alter von mehr als 65 und weniger als 85 Jahren erreicht, beträgt

$P(65 < X < 85) = P(-10 < X - 75 < 10) = P(|X - EX| < 10) = 1 - P(|X - EX| \geq 10) \geq 1 - \frac{1}{10^2} \cdot D^2X = 0{,}75$

3σ-Regel

Die Wahrscheinlichkeit dafür, dass eine endliche Zufallsgröße X mit dem Erwartungswert $EX = \mu$ und der Streuung $D^2X = \sigma^2$ Werte im

- 2σ-Intervall $[\mu - 2\sigma; \mu + 2\sigma]$ annimmt, beträgt mindestens 0,75,
- 3σ-Intervall $[\mu - 3\sigma; \mu + 3\sigma]$ annimmt, beträgt mindestens 0,8.

Die mit der tschebyschowschen Ungleichung gewonnenen Abschätzungen sind in vielen praktischen Fällen zu grob. Sie gestattet es aber, Wahrscheinlichkeitsabschätzungen für alle Zufallsgrößen vorzunehmen, wenn nur deren Erwartungswert und Streuung bekannt sind.

Beispiel: Es ist eine Aussage über den Wert der Wahrscheinlichkeit $P(|X - EX| \geq 2 \cdot DX)$ für die Zufallsgröße

$X \triangleq \begin{pmatrix} -2 & 0 & 3 \\ 0,125 & 0,75 & 0,125 \end{pmatrix}$ zu treffen.

$$EX = (-2) \cdot 0{,}125 + 0 \cdot 0{,}750 + 3 \cdot 0{,}125 = 0{,}125$$
$$D^2X = E(X^2) - (EX)^2$$
$$= 4 \cdot 0{,}125 + 0 \cdot 0{,}750 + 9 \cdot 0{,}125^2 - 0{,}125^2 = 1{,}609375$$

Lösung 1 (exakte Berechnung):

$$P(|X - 0{,}125| \geq 2 \cdot \sqrt{1{,}609375})$$

$$= 1 - P(|X - 0{,}125| < 2 \cdot \sqrt{1{,}609375}) \text{(wegen } P(A) = 1 - P(\overline{A}))$$

$$= 1 - P(-2\sqrt{1{,}609375} + 0{,}125 < X < 2 \cdot \sqrt{1{,}609375} + 0{,}125)$$

$$= 1 - P(-2{,}41... < X < 2{,}66...)$$

$$= 1 - P(X = -2) - P(X = 0)$$

$$= 1 - 0{,}125 - 0{,}750 = 0{,}125$$

Lösung 2 (Abschätzung nach **Tschebyschow**):

$$P(|X - EX| \geq 2 \cdot DX) \leq \frac{1}{4D^2X} \cdot D^2X = 0{,}25$$

8.7 Binomialverteilung

Bernoulli-Experimente

Bernoulli-Größe

Eine Zufallsgröße $X \triangleq \begin{pmatrix} 1 & 0 \\ p & 1-p \end{pmatrix}$ heißt **Bernoulli-Größe** und das zugehörige (einstufige) Zufallsexperiment **Bernoulli-Experiment**.

Die Zufallsgröße eines Bernoulli-Experiments besitzt nur zwei (interessierende) Ergebnisse – genannt **„Erfolg"** und **„Misserfolg"** bzw. **„Treffer"** und **„Niete"**. Man ordnet bei einer solchen Zufallsgröße X dem Ergebnis „Erfolg" die Zahl 1 und dem Ergebnis „Misserfolg" die Zahl 0 zu und bezeichnet $P(X = 1)$ als **„Erfolgswahrscheinlichkeit p"** oder **„Trefferwahrscheinlichkeit p"**. Demzufolge wird $P(X = 0)$ die Wahrscheinlichkeit $1 - p = q$ zugeordnet.

Kenngrößen einer Bernoulli-Größe

Eine **Bernoulli-Größe** $X \triangleq \begin{pmatrix} 1 & 0 \\ p & 1-p \end{pmatrix}$ besitzt den **Erwartungswert** $EX = p$ und die **Streuung** $D^2X = p \cdot (1-p)$.

Beispiel:

- Zufallsexperiment: Einmaliges Werfen eines Kronenverschlusses

  $X = \begin{pmatrix} 1 & 0 \\ 0{,}72 & 0{,}28 \end{pmatrix}$ 1 – „fällt nach oben geöffnet"
  0 – „fällt nach unten geöffnet"

  $EX = 0{,}72 \quad D^2X = 0{,}72 \cdot 0{,}28 \approx 0{,}20$

- Zufallsexperiment: Einmaliges Werfen eines (idealen) Tetraeders

  $X \triangleq \begin{pmatrix} 1 & 0 \\ \frac{1}{4} & \frac{3}{4} \end{pmatrix}$ 1 – „Augenzahl 4"
  0 – „Augenzahl ist nicht 4"

  $EX = \frac{1}{4} = 0{,}25 \quad D^2X = \frac{1}{4} \cdot \frac{3}{4} = \frac{3}{16} = 0{,}1875$

Bernoulli-Ketten

Bernoulli-Kette

Wird ein Bernoulli-Experiment n-mal durchgeführt, ohne dass sich die Erfolgswahrscheinlichkeit p ändert, so spricht man von einer **Bernoulli-Kette der Länge n und mit der Erfolgswahrscheinlichkeit** p oder kurz von einer **Bernoulli-Kette mit den Parametern n und p**.

Beispiel:

- n-maliges Werfen einer Münze mit Erfolg „Wappen“ und Misserfolg „Zahl“; $p = \frac{1}{2}$
- n-maliges Werfen eines regulären Würfels mit Erfolg „Augenzahl 1“ und Misserfolg „nicht Augenzahl 1“; $p = \frac{1}{6}$

Eine Bernoulli-Kette der Länge n wird beschrieben durch eine Zufallsgröße X, welche die n + 1 Werte 0, 1, 2, …, n annehmen kann. X = k wäre dann zu interpretieren als das Ereignis, dass in der Bernoulli-Kette k „Erfolge“ und n – k „Misserfolge“ registriert werden.

Bernoulli-Formel

Bei einer Bernoulli-Kette der Länge n und mit der Erfolgswahrscheinlichkeit p beträgt die Wahrscheinlichkeit

- für genau k-mal „Erfolg“

  $B_{n;p}(\{k\}) = P(X = k) = \binom{n}{k} \cdot p^k \cdot (1-p)^{n-k}$ und

- für höchstens k-mal „Erfolg“

  $$B_{n;p}(\{0; 1; \ldots ; k\}) = P(X \le k) = P(X = 0) + P(X = 1) + \ldots + P(X = k) = \sum_{i=0}^{k} \binom{n}{i} \cdot p^i \cdot (1-p)^{n-i}.$$

Beispiel: Sechsmaliges Werfen eines Würfels (n = 6); Zufallsgröße X: Anzahl der gewürfelten Einsen; $p = \frac{1}{6}$

- Wahrscheinlichkeit für „genau einmal ‚1‘ geworfen“:

  $B_{6;1/6}(\{1\}) = P(X = 1) = \binom{6}{1} \cdot \left(\frac{1}{6}\right)^1 \cdot \left(\frac{5}{6}\right)^5 \approx 0{,}402$

8

- Wahrscheinlichkeit für „höchstens einmal ‚1' geworfen“:
  $P(X \leq 1) = P(X = 0) + P(X = 1)$
  $= \binom{6}{0} \cdot \left(\frac{1}{6}\right)^0 \cdot \left(\frac{5}{6}\right)^6 + \binom{6}{1} \cdot \left(\frac{1}{6}\right)^1 \cdot \left(\frac{5}{6}\right)^5 \approx 0{,}737$
- Wahrscheinlichkeit für „mindestens dreimal ‚1' geworfen“:
  $P(X \geq 3) = 1 - P(X \leq 2)$
  $= 1 - (P(X = 0) + P(X = 1) + P(X = 2)) \approx 0{,}062$

Binomialverteilung

Binomialverteilung

Eine Zufallsgröße X, welche die Werte $0; 1; 2; \ldots; n$ mit den Wahrscheinlichkeiten

$$P(X = k) = B_{n;\,p}(\{k\}) = \binom{n}{k} \cdot p^k \cdot (1-p)^{n-k} \quad \text{für } k \in \{0; 1; 2; \ldots; n\}$$

annimmt, heißt **binomialverteilt mit den Parametern n und p** oder auch kurz **$B_{n;\,p}$-verteilt** (geschrieben: $X \sim B_{n;\,p}$). Die zu X gehörende Wahrscheinlichkeitsverteilung nennt man **Binomialverteilung mit den Parametern n und p.**

Jede Binomialverteilung $B_{n;\,p}$ wird durch die beiden Parameter n und p charakterisiert. n ist als Länge der zugehörigen Bernoulli-Kette, d.h. als Anzahl der Realisierungen des zugehörigen Bernoulli-Experiments, und p als Wahrscheinlichkeit des „Erfolges“ beim Bernoulli-Experiment zu interpretieren.

Grafische Veranschaulichung

Die $B_{n;\,p}$-Verteilung und ihre Abhängigkeit von n und p lässt sich anhand von Histogrammen veranschaulichen, in denen jeweils einer der beiden Parameter konstant gehalten wird.

- Das Histogramm ist nur für $p = 0{,}5$ axialsymmetrisch.
- Die Histogramme von $B_{n;\,p}$ und $B_{n;\,1-p}$ liegen spiegelbildlich bezüglich der Geraden $k = 0{,}5n$.

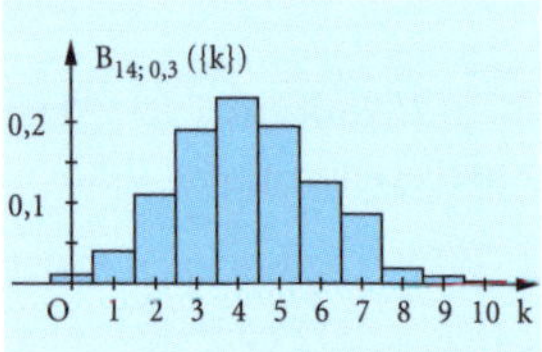

- Bei n = const. wandert die Lage des höchstens Rechtecks mit wachsendem p nach rechts.
- Mit wachsendem n werden die Histogramme breiter und flacher.

Eigenschaften der Binomialverteilung

Wartezeitprobleme

Für ein Bernoulli-Experiment mit der Erfolgswahrscheinlichkeit p beträgt die **Wahrscheinlichkeit für den ersten Erfolg**

- bei der n-ten Durchführung $(1-p)^{n-1} \cdot p$
- frühestens bei der n-ten Durchführung $(1-p)^{n-1}$
- spätestens bei der n-ten Durchführung $1-(1-p)^n$

Beispiel: Beim „Mensch-ärgere-dich-nicht“-Spiel kann eine Figur eingesetzt werden, wenn eine „6“ gewürfelt wurde. Die Wahrscheinlichkeit, dass dies erstmals z. B.

- beim vierten Versuch gelingt, ist $\left(1-\frac{1}{6}\right)^3 \cdot \frac{1}{6} \approx 0{,}096$,
- frühestens beim vierten Versuch gelingt, ist $\left(1-\frac{1}{6}\right)^3 \approx 0{,}579$,
- spätestens beim vierten Versuch eintritt, ist $1-\left(1-\frac{1}{6}\right)^4 \approx 0{,}518$

Erwartungswert und Streuung

Eine binomialverteilte Zufallsgröße $X \sim B_{n;\,p}$ besitzt

- den **Erwartungswert** $EX = n \cdot p$,
- die **Streuung** (Varianz) $D^2X = VarX = n \cdot p \cdot (1-p)$ sowie
- die **Standardabweichung** $DX = \sqrt{VarX} = \sqrt{n \cdot p \cdot (1-p)}$.

Beispiel: Ein ideales Tetraeder mit den Seitenbeschriftungen 1, 2, 3 und 4 wird 200-mal geworfen. Es ist die dabei zu erwartende Anzahl an Vieren und deren Standardabweichung zu ermitteln. Zufallsgröße X sei die zufällige Anzahl der dabei gefallenen Vieren; $X \sim B_{n;\,p}$ mit $n = 200$ und $p = 0{,}25$. Erwartungswert: $EX = n \cdot p = 200 \cdot 0{,}25 = 50$ Vieren. Standardabweichung: $\sigma = \sqrt{n \cdot p \cdot (1-p)} = \sqrt{200 \cdot 0{,}25 \cdot 0{,}75} \approx 6{,}12$

Gauß-Funktion und gaußsche Integralfunktion

Die Funktion φ: $x \to \frac{1}{\sqrt{2\pi}} \cdot e^{-\frac{1}{2}x^2}$ ($x \in \mathbb{R}$) heißt **Gauß-Funktion**. Ihren Graphen nennt man **gaußsche Glockenkurve** (↑ S. 174).

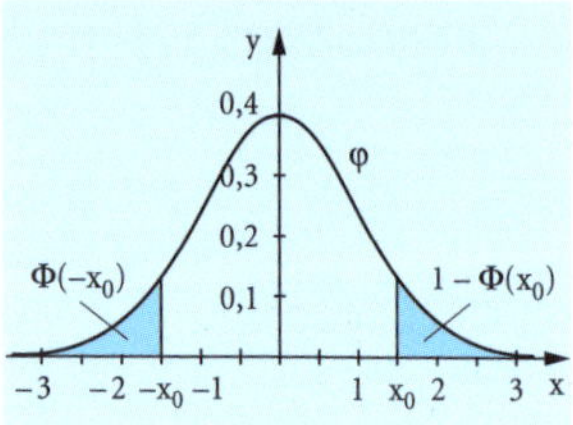

φ ist eine gerade Funktion, da $\varphi(x) = \varphi(-x)$.

Für die **gaußsche Integralfunktion** $\Phi(x) = \int_{-\infty}^{x} \varphi(t)\,dt$ mit $\varphi(t) = \frac{1}{\sqrt{2\pi}} \cdot e^{-\frac{t^2}{2}}$ gilt $\Phi(-x) = 1 - \Phi(x)$

Grenzwertsatz von Moivre-Laplace

Es sei X eine binomialverteilte Zufallsgröße mit $X \sim B_{n;\,p}$. Dann gilt:

$$\lim_{n \to \infty} B_{n;\,p}(\{k\}) = \frac{1}{\sigma} \cdot \varphi\left(\frac{k-\mu}{\sigma}\right), \quad \lim_{n \to \infty} B_{n;\,p}(\{0; 1; \ldots; k\}) = \Phi\left(\frac{k-\mu}{\sigma}\right)$$

und damit die

lokale Näherungsformel (für $n \cdot p \cdot (1-p) > 9$)

$P(X = k) = B_{n;\,p}(\{k\}) \approx \frac{1}{\sigma}\,\varphi\left(\frac{k-\mu}{\sigma}\right)$ und die

globale Näherungsformel (für $n \cdot p \cdot (1-p) > 9$)

$P(X \le k) = B_{n;\,p}(\{0; 1; \ldots; k\}) \approx \Phi\left(\frac{k + 0{,}5 - \mu}{\sigma}\right)$,

wobei $\mu = EX = n \cdot p$ und $\sigma = DX = \sqrt{n \cdot p \cdot (1-p)}$.

Beispiel: $n = 1000$, $p = 0{,}1$, $k = 115$

Dann folgt: $n \cdot p \cdot (1-p) = 90 > 9$; $\mu = EX = n \cdot p = 100$; $\sigma = \sqrt{90}$

$$P(X = 115) \approx \frac{1}{\sqrt{90}}\,\varphi\left(\frac{15}{\sqrt{90}}\right) = \frac{1}{\sqrt{2\pi \cdot 90}} \cdot e^{-\frac{1}{2}\left(\frac{15}{\sqrt{90}}\right)^2} \approx 0{,}012048$$

Der Tabellenwert lautet $P(X = 115) = 0{,}01192$.

8.8 Weitere Verteilungen

Poisson-Verteilung

Poisson-Verteilung

Eine diskrete Zufallsgröße X heißt **poissonverteilt** mit dem Parameter μ, wenn $P(X = k) = \frac{\mu^k}{k!} e^{-\mu}$ $(k \in \mathbb{N}, \mu \in \mathbb{R}^+)$.

Ist die Faustregel $n \cdot p \cdot (1 - p) > 9$ nicht erfüllt, so ist es mitunter möglich, die gesuchte Binomialwahrscheinlichkeit mit der poissonschen Näherung zu berechnen. Für $n \geq 100$ und $p \leq 0{,}1$ (Faustregel) gilt näherungsweise

$$B_{n;\,p}(\{k\}) \approx \frac{(n \cdot p)^k}{k!} e^{-n \cdot p} \quad (k \in \{0; 1; \ldots; n\})$$

Stetige Zufallsgrößen und Gleichverteilung

Die Gauß-Funktion und die gaussche Integralfunktion wurden auf der Menge $\mathbb{R}$ der reellen Zahlen als Definitionsbereich erklärt (↑ S. 170). Aufgefasst als Näherungsfunktionen für die Binomialverteilung, wurde damit der Rahmen der diskreten Zufallsgrößen (↑ S. 161) gesprengt.

Stetige Zufallsgrößen

Eine Zufallsgröße X heißt **stetig**, wenn es eine nichtnegative Funktion f gibt, sodass $P(X \leq x) = F(x) = \int_{-\infty}^{x} f(t)\,dt$ für alle $x \in \mathbb{R}$ gilt. Die Funktion f nennt man **Dichtefunktion** und F **Verteilungsfunktion** von X. Ihr Erwartungswert ist $EX = \int_{-\infty}^{\infty} x \cdot f(x)\,dx$.

8

Gleichverteilte stetige Zufallsgrößen

Eine stetige Zufallsgröße X heißt **gleichverteilt über dem Intervall** $[\mathbf{a}; \mathbf{b}]$ $(a < b)$, wenn für ihre Dichtefunktion gilt:

$f(x) = \begin{cases} \frac{1}{b-a} & \text{für } a \leq x \leq b \\ 0 & \text{sonst} \end{cases}$. Dann ist $EX = \frac{a+b}{2}$, $D^2X = \frac{1}{12}(b-a)^2$.

Geometrische Wahrscheinlichkeitsverteilung

Geometrische Wahrscheinlichkeitsverteilung

Ist die Ergebnismenge Ω ein endliches Flächenstück mit dem Inhalt A_Ω, so heißt die Funktion P, die jeder Teilfläche E von Ω (unabhängig von ihrer Form) mit dem Inhalt A_E die Wahrscheinlichkeit $P(E) = \frac{A_E}{A_\Omega}$ zuordnet, **geometrische Wahrscheinlichkeitsverteilung**.

Beispiel: Monte-Carlo-Methode

Das bestimmte Integral $J = \int_0^1 f(x)\,dx$ mit $0 \leq f(x) \leq 1$ kann man interpretieren als geometrische Wahrscheinlichkeit des Ereignisses E, dass ein „rein zufällig“ auf das Einheitsquadrat $[0; 1] \times [0; 1]$ geworfener Punkt auf die unterhalb des Graphen von f liegende Fläche fällt. Die anhand von n Paaren von Pseudozufallszahlen aus $[0; 1]$ auszählbare relative Häufigkeit $h_n(E)$ dient als Schätzwert und damit Näherungswert des Integrals J bzw. des Inhalts der markierten Fläche. Eine derartige Vorgehensweise wird als Monte-Carlo-Methode bezeichnet.

Speziell mit einem Viertelkreisbogen als Graphen von f lässt sich π näherungsweise ermitteln: Die Wahrscheinlichkeit, dass ein zufällig ausgewählter Punkt obigen Einheitsquadrats auch im Viertelkreisbogen liegt, ist einerseits der Quotient aus $\frac{\pi \cdot 1^2}{4}$ und 1^2, also $\frac{\pi}{4}$, und andererseits näherungsweise der Quotient aus der Anzahl m der Zufallszahlenpaare $(x; y)$ mit $x^2 + y^2 \leq 1$ und der Anzahl g aller aufgetretenen Zufallszahlenpaare $(x; y)$ des Einheitsquadrats. Damit gilt: $\frac{\pi}{4} \approx \frac{m}{g}$ bzw. $\pi \approx \frac{4m}{g}$.

Normalverteilung

Normalverteilung

Eine stetige Zufallsgröße X heißt **normalverteilt mit den Parametern** μ **und** σ^2 oder $(\mu; \sigma^2)$-normalverteilt oder kurz $N(\mu; \sigma^2)$-verteilt, wenn

$$F(x) = P(X \leq x) = \int_{-\infty}^{x} f(t)\,dt \quad \text{mit } f(t) = \frac{1}{\sqrt{2\pi\sigma^2}} \cdot e^{-\frac{(t-\mu)^2}{2\sigma^2}}.$$

Graphen der Dichtefunktion f

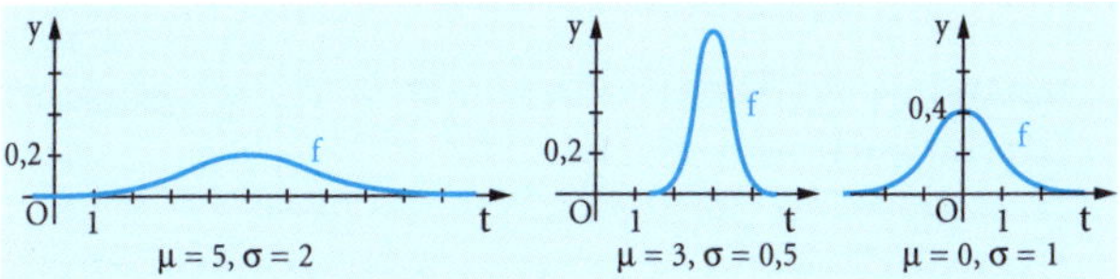

Erwartungswert und Streuung

Jede $(\mu; \sigma^2)$-normalverteilte Zufallsgröße X besitzt den **Erwartungswert** $EX = \mu$ und die **Streuung** $D^2X = \sigma^2$.

3σ-Regel für normalverteilte Zufallsgrößen

Eine $N(\mu; \sigma^2)$-verteilte Zufallsgröße X nimmt Werte

- im 1σ-Intervall $[\mu - 1\sigma; \mu + 1\sigma]$ mit einer Wahrscheinlichkeit von rund 0,68,
- im 2σ-Intervall $[\mu - 2\sigma; \mu + 2\sigma]$ mit einer Wahrscheinlichkeit von rund 0,95 und
- im 3σ-Intervall $[\mu - 3\sigma; \mu + 3\sigma]$ mit einer Wahrscheinlichkeit von mehr als 0,99 an.

8

Diese Regel verschärft die aus der tschebyschowschen Ungleichung gewonnene 3σ-Regel (↑ S. 165).

Standardnormalverteilung

Standardnormalverteilung

Eine stetige Zufallsgröße X heißt **standardnormalverteilt** oder (0; 1)-normalverteilt oder kurz N(0; 1)-verteilt, wenn

$$F(x) = P(X \leq x) = \Phi(x) = \int_{-\infty}^{x} \varphi(t)\,dt \quad \text{mit} \quad \varphi(t) = \frac{1}{\sqrt{2\pi}} \cdot e^{-\frac{t^2}{2}}.$$

Dichtefunktion

- Der Graph der durch $\varphi(x) = \frac{1}{\sqrt{2\pi}} \cdot e^{-\frac{x^2}{2}}$ definierten **Dichtefunktion** φ der Standardnormalverteilung heißt **gaußsche Glockenkurve.**
- φ ist **gerade,** d.h., für alle $x \in \mathbb{R}$ gilt $\varphi(x) = \varphi(-x)$.
- Diese Glockenkurve hat genau einen **Maximumpunkt** $H(0; \frac{1}{\sqrt{2\pi}}) = H(0; \approx 0{,}4)$ sowie die **Wendepunkte** $W_{1;2}\left(\pm 1; \frac{1}{\sqrt{2\pi e}}\right) = W_{1;2}\,(\pm 1; \approx 0{,}24)$

Verteilungsfunktion

- Die **Verteilungsfunktion** Φ einer N(0; 1)-verteilten Zufallsgröße wird **gaußsche Summen- oder Integralfunktion** genannt.
- Es gilt: $\Phi(-x) = 1 - \Phi(x)$.
- Die **Wahrscheinlichkeit** $P(X \leq a) = F(a) = \int_{-\infty}^{a} \varphi(x)dx$ kann als der Inhalt der Fläche gedeutet werden, die durch den Graphen von φ, die x-Achse und die Gerade mit der Gleichung $x = a$ begrenzt wird.
- Für große Werte von n ist eine **binomialverteilte** Zufallsgröße **näherungsweise normalverteilt** (↑ S. 169).
- Die Funktionen φ und Φ können zur **Approximation binomialverteilter Zufallsgrößen** verwendet werden.

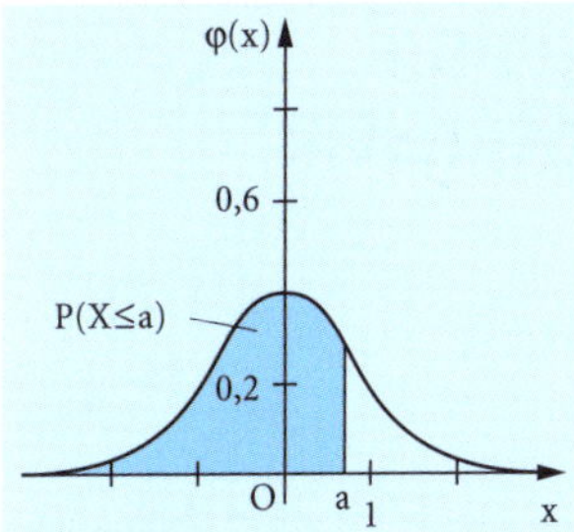

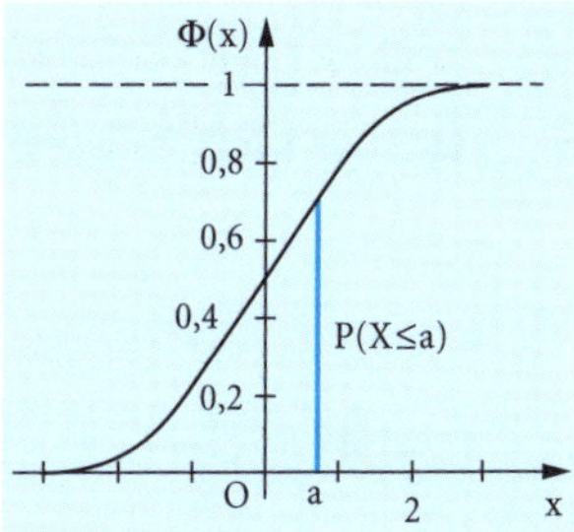

Erwartungswert und Streuung

Eine $N(0; 1)$-verteilte Zufallsgröße X besitzt den Erwartungswert $EX = 0$ und die Streuung $D^2X = 1$.

Standardisierung einer $(\mu; \sigma^2)$-normalverteilten Zufallsgröße

Ist X eine $N(\mu;\sigma^2)$-verteilte Zufallsgröße, so ist die standardisierte Zufallsgröße $Y = \frac{x - \mu}{\sigma}$ dann $N(0;1)$-verteilt. Es gilt: $P(X \leq x) = \Phi\left(\frac{x - \mu}{\sigma}\right)$.

Durch diese Standardisierung wird es möglich, für die Berechnung von Wahrscheinlichkeiten normalverteilter Zufallsgrößen auf die Tabellen der Standardnormalverteilung zurückzugreifen.

Beispiel: Für die Zufallsgröße $X \sim N(5; 2^2)$ ist $P(X \leq 6)$ und $P(X > 5{,}5)$ zu berechnen.

- $P(X \leq 6) = \Phi\left(\frac{6 - 5}{2}\right) = \Phi(0{,}5) \approx 0{,}691$
- $P(X > 5{,}5) = 1 - P(X \leq 5{,}5)$
  $= 1 - \Phi\left(\frac{5{,}5 - 5}{2}\right) = 1 - \Phi(0{,}25) \approx 0{,}401$

8

9 Beschreibende und beurteilende Statistik

Wichtige Definitionen

Grundbegriffe

Basis einer statistischen Untersuchung ist eine **Menge** von Objekten und Individuen, die zu einem klar gekennzeichneten gemeinsamen **Merkmal** (oder einer Merkmalsgruppe) gebildet werden kann, bzw. die Menge aller Versuche oder Beobachtungen, die unter gleichen Bedingungen ablaufen. Eine solche Menge heißt **Grundgesamtheit** (bei Individuen auch **Population**) der **statistischen Erhebung**.

- Menge G_1 aller Schüler der Klassenstufe 11 einer bestimmten Schule,
- Menge $G_2 \subseteq G_1$ aller Mädchen der betreffenden Klassenstufe,
- Menge G_3 aller Körpergrößen der Mädchen aus G_1,
- Menge G_4 der Noten, die von den einzelnen Schülern aus G_1 bei der letzten Mathearbeit erzielt wurden.

Erhält man die **Merkmalsausprägungen** durch Auszählen oder Messen, so handelt es sich um ein **quantitatives Merkmal**; lassen sich die Ausprägungen lediglich bezüglich ihrer Art beschreiben, so liegt ein **qualitatives Merkmal vor**.
Man unterscheidet außerdem quantitative **stetige** und **diskrete** Merkmale sowie qualitative **nominale** und **ordinale** Merkmale.

Zu den **quantitativen Merkmalen** (ermittelt durch Zählen oder Messen) gehören beispielsweise Bevölkerungszahl (diskret), Körpergröße, Halbwertszeit (stetig).
Qualitative Merkmale (ermittelt durch Vergleichen) sind z.B. Augenfarbe, Autotyp, Tierart (nominal) oder Anzahl der Ferienjobs (ordinal).

9.1 Beschreibende Statistik

Die Ausprägungen der untersuchten Merkmale einer Grundgesamtheit werden mit verschiedenen **Skalen** gemessen.

Skalen		
Skalenart	**mögliche Aussage**	**Beispiele, Anwendungen**
Nominalskala (Ausprägungen ermöglichen Klassifizierung)	Gleichheit, Verschiedenheit	Augenfarbe, Geschlecht, Familienstand, Telefonnummer
Ordinalskala (Rangskala)	Größer-kleiner-, Vorher-nachher-Relation	militärischer Rang, Windstärke, Platzierung bei Wettbewerben
Intervallskala (aufeinanderfolgende Skalenwerte haben zusätzlich gleiche Abstände)	Gleichheit oder Verschiedenheit von Differenzen	Kalenderzeit, Intelligenzquotient, Zeitzonen
Verhältnisskala (Ausprägungen beziehen sich zusätzlich auf Skalennullpunkt)	Gleichheit oder Verschiedenheit von Verhältnissen	Körpergewicht, Körpergröße, Höhe ü. NN

Liste, Häufigkeiten, Diagramme

Werden die Untersuchungsergebnisse in der Reihenfolge ihrer Ermittlung (ansonsten aber ungeordnet) aufgeschrieben, so erhält man eine Urliste. Diese **Urliste** kann weiter aufbereitet werden, indem man die in ihr enthaltenen Daten in eine **Strichliste** überführt, in Tabellen- oder in Diagrammform darstellt.

9

Eine Strichliste enthält die einzelnen Merkmalsausprägungen a_k mit der absoluten Häufigkeit $H_n(\{a_k\})$ (↑ S. 150) ihres

Auftretens. Liegen mehrere Messreihen zur gleichen Merkmalsausprägung vor und ist die Anzahl der Messwerte unterschiedlich, dann liefert die relative Häufigkeit $\frac{H_n(\{a_k\})}{n}$ (↑ S. 150) bessere Vergleichsmöglichkeiten.

Häufigkeitsverteilung

Wird jeder Merkmalsausprägung die absolute oder relative Häufigkeit ihres Auftretens in der betreffenden Grundgesamtheit (oder einer Stichprobe daraus) zugeordnet, so nennt man diese Zuordnung **Häufigkeitsverteilung des Merkmals**.

Grafische Darstellungen

Histogramme (Säulendiagramme): Auf der horizontalen Achse markiert man die Klassen von Merkmalsausprägungen und trägt die Klassenmitten ein. Über jeder Klasse wird dann ein Rechteck (eine Säule) gezeichnet, das bei gleicher Breite 1 aller Klassenintervalle die Höhe $H_n(\{K_i\})$ bzw. $h_n(\{K_i\})$ besitzt und jeweils unmittelbar an das Nachbarrechteck anschließt. Werden für die einzelnen Klassen unterschiedliche Breiten gewählt, so hat das Rechteck die Höhe

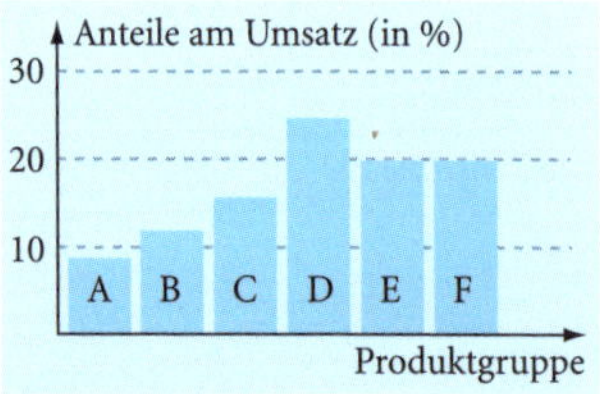

$\frac{H_n(\{K_i\})}{B(K_i)}$ bzw. $\frac{h_n(\{K_i\})}{B(K_i)}$. Der Flächeninhalt des Rechtecks entspricht dann der jeweiligen absoluten bzw. relativen Häufigkeit.

Polygonzüge: Vom Histogramm kann man zu einem Polygonzug übergehen, indem man die Mittelpunkte der oberen Rechteckseiten durch Strecken verbindet. Dies ist nur dann sinnvoll, wenn sich dem Abszissenwert jedes Punktes des Polygonzuges auch eine Merkmalsausprägung zuordnen lässt, wenn es sich also um ein stetiges quantitatives Merkmal handelt.

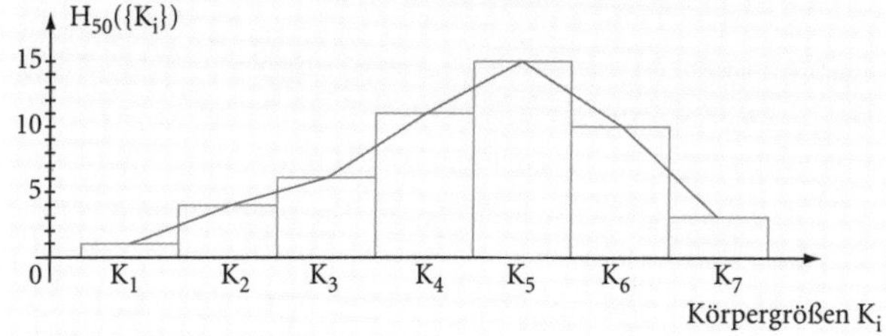

Lageparameter

Arithmetisches Mittel

Treten in einer Stichprobe mit dem Umfang n die Messwerte $x_1, x_2, \ldots, x_n$ auf, dann heißt $x_n = \frac{x_1 + x_2 + \ldots + x_n}{n} = \frac{1}{n} \sum_{i=1}^{n} x_i$ das **arithmetische Mittel** dieser Stichprobe.

Median (Zentralwert)

Der **Median** $\tilde{x}_n$ einer aus n nach der Größe geordneten Folge $x_1, x_2, \ldots, x_n$ von Messwerten ist derjenige Wert, der die Folge halbiert.
Sind $x_{(1)} \leq x_{(2)} \leq \ldots \leq x_{(n)}$ die nach Größe geordneten Messwerte, dann ist der Median
bei ungerader Anzahl der Messwerte $\tilde{x}_n = x_{\left(\frac{n+1}{2}\right)}$

und bei gerader Anzahl der Messwerte $\tilde{x}_n = \frac{x_{\left(\frac{n}{2}\right)} + x_{\left(\frac{n}{2}+1\right)}}{2}$.

Modalwert

Der **Modalwert** $\hat{x}$ (oder auch das **Dichtemittel**) ist der in einer Messreihe mit größter Häufigkeit auftretende Messwert.

Der Modalwert ist nicht eindeutig bestimmt – in einer Urliste können mehrere Modalwerte auftreten.

Streuungsparameter

Lageparameter beschreiben die Verteilung von Messwerten über einer Skala nur grob. So können sich beispielsweise zwei Messreihen mit (fast) gleichem arithmetischem Mittel und (fast) gleichem Median dadurch beträchtlich unterscheiden, dass die einzelnen Messwerte unterschiedlich weit um den Mittelwert bzw. den Median **„streuen"**. Zur näheren Charakterisierung der Streuung dienen Streuungsparameter.

Spannweite

Die Differenz zwischen dem maximalen und dem minimalen Wert einer Urliste (einer Messreihe) nennt man die Spannweite (Variationsbreite, -weite) dieser Urliste: $R_n = x_{max} - x_{min}$.

Mittlere absolute Abweichung

Als **mittlere absolute** (lineare) **Abweichung** einer Urliste (Messreihe) $x_1, x_2, \ldots, x_n$ bezeichnet man den Wert

$$d = \frac{x_1 - \bar{x}_n| + |x_2 - \bar{x}_n| + \ldots + |(x_n - \bar{x}_n)c|}{n}$$ ($n \in \mathbb{N}$; $\bar{x}_n$ arithmetisches Mittel).

Empirische Streuung

Als **empirische Streuung** (empirische Varianz; mittlere quadratische Abweichung) einer Urliste (Messreihe) $x_1, x_2, \ldots, x_n$ bezeichnet man den Wert

$$s_{n-1}^2 = \frac{(x_1 - \bar{x}_n)^2 + (x_2 - \bar{x}_n)^2 + \ldots + (x_n - \bar{x}_n)^2}{n-1} = \frac{1}{n-1} \sum_{i=1}^{n} (x_i - x_n)^2$$

Empirische Standardabweichung

Als **empirische Standardabweichung** einer Urliste (Messreihe) $x_1, x_2, \ldots, x_n$ bezeichnet man den Wert

$$s_{n-1} = \sqrt{s_{n-1}^2} = \sqrt{\frac{1}{n-1} \sum_{i=1}^{n} (x_i - \bar{x}_n)^2}.$$

9.2 Beurteilende Statistik

Die **beurteilende Statistik** oder Prüfstatistik beschäftigt sich mit Verfahren zum wissenschaftlichen Beurteilen, Prüfen und Testen von Vermutungen bzw. Hypothesen, um ausgehend von einer **Stichprobe** zu Aussagen über Merkmalsausprägungen in der **Grundgesamtheit** zu gelangen.

Stichproben

Stichprobe

Eine aus einer Grundgesamtheit (i. Allg. zufällig – „auf gut Glück“) ausgewählte (Teil-)Menge mit n Elementen heißt **Stichprobe**.
Die Elemente $X_1, X_2, \ldots, X_n$ der Stichprobe sind Zahlenwerte der die Grundgesamtheit beschreibenden Zufallsgröße X. Die Anzahl n der Elemente gibt den **Stichprobenumfang** an.
Jedes einzelne Element der Stichprobe heißt **Stichprobenwert**.

Repräsentativität einer Stichprobe

Eine Stichprobe gilt als **repräsentativ für eine Grundgesamtheit**, wenn sie annähernd so wie diese zusammengesetzt und der Stichprobenumfang hinreichend groß ist. Darüber hinaus müssen die interessierenden Eigenschaften der Elemente der Stichprobe quantifizierbar, also zahlenmäßig erfassbar und beschreibbar sein.

Beispiel: Schülerinnen und Schüler an Gymnasien eines Bundeslandes sollen nach ihrer durchschnittlichen wöchentlichen Arbeitszeit am Computer befragt werden.

Eine repräsentative Stichprobe müsste (prozentual anteilig) zufällig ausgewählte Mädchen und Jungen aus den Klassen einer bestimmten Anzahl Gymnasien aus Großstädten, Städten mittlerer Größe und Kleinstädten sowie ländlichen Gegenden des Landes umfassen.

Hypothesen

Als **Hypothesen** bezeichnet man **begründete Vermutungen** über eine bestimmte Eigenschaft einer Grundgesamtheit (bzw. über die Wahrscheinlichkeit ihres Vorhandenseins oder Eintretens), die sich aus der Untersuchung einer Stichprobe ableiten lassen. **Einfache Hypothesen** sind durch genau einen Wert ($p = p_0$) festgelegt – im Unterschied zu Hypothesen der Form $p \neq p_0$ (bzw. $p < p_0$; $p > p_0$), die als **zusammengesetzte Hypothesen** bezeichnet werden.

Nullhypothese und Alternativhypothese

Die zu überprüfende bzw. zu beurteilende Hypothese heißt **Nullhypothese H_0**. Die Verneinung (das Gegenteil) der Nullhypothese wird **Alternativhypothese** oder **Gegenhypothese** genannt und mit H_1 oder auch $\overline{H}$ bezeichnet. Nullhypothese und Alternativhypothese sind einander ausschließende Hypothesen.

Ablehnungs- und Annahmebereich

Die Menge der Werte der Zufallsgröße X, für die die Nullhypothese abgelehnt wird, heißt **Ablehnungsbereich $\overline{A}$ von H_0** (kritischer Bereich). Die Menge der verbleibenden X-Werte bildet den **Annahmebereich A von H_0**.

Fehler 1. und 2. Art		
	Hypothese H_0 ist in Wirklichkeit	
	wahr	**falsch**
H_0 wird abgelehnt	Entscheidung falsch **Fehler 1. Art (α-Fehler)**	Entscheidung richtig
H_0 wird nicht abgelehnt	Entscheidung richtig	Entscheidung falsch **Fehler 2. Art (β-Fehler)**

Die Wahrscheinlichkeit, eine in Wirklichkeit wahre Nullhypothese irrtümlich als falsch abzulehnen, nennt man **Irrtumswahrscheinlichkeit** α.

Alternativtests

Hypothesen zu unbekannten Wahrscheinlichkeiten über Merkmale einer zu untersuchenden Grundgesamtheit werden anhand konkreter Stichproben mithilfe **statistischer Tests** überprüft. **Basis** der Überprüfungen ist die **Nullhypothese**.

Alternativtests

Ein statistischer Test auf signifikante Unterschiede, bei dem zwischen zwei einfachen Hypothesen alternativ (für den einen oder den anderen konkreten Wert) entschieden wird, heißt **Alternativtest**.

Beispiel: Ein Unternehmen stellt Fahrradcomputer her. Es ist bekannt, dass 30 % der Fahrradcomputer nicht zuverlässig arbeiten, weshalb die Fertigungstechnologie verbessert wird. Über einen längeren Zeitraum entnimmt man der Produktion Stichproben von jeweils 20 nach verbesserter Technologie gefertigten Computern und stellt dabei jeweils höchstens zwei nicht zuverlässig arbeitende Computer fest. Man vermutet daher, dass jetzt nur noch 10 % nicht zuverlässig arbeiten.

Mit welcher Sicherheit kann dieser Schluss gezogen werden?

Testkonstruktion: Die Erfahrungen mit alter Fertigungstechnologie sprechen für einen Ausschuss von 30 % ($p = 0{,}30$). Bei verbesserter Technologie wird der Ausschuss im ungünstigsten Fall weiterhin 30 % betragen. Aus dem Ergebnis der Stichprobe kann im günstigsten Fall $p = 0{,}1$ geschlossen werden.

Man formuliert (genau) zwei einander ausschließende **Hypothesen:** Nullhypothese H_0: $p_0 = 0{,}1$; Gegenhypothese H_1: $p_1 = 0{,}3$.

Im Test wird versucht, „aus Sicherheitsgründen" die Nullhypothese abzulehnen und somit die Alternativhypothese anzunehmen.

Entscheidungsregel: Man legt geeignet fest, ab welcher Anzahl nicht zuverlässig arbeitender Fahrradcomputer in der Stichprobe die Nullhypothese abgelehnt werden soll (Kenn-

zeichnung ihres Ablehnungs- bzw. Annahmebereiches) und ermittelt daraus das **zugehörige Signifikanzniveau** (Fehler 1. Art) sowie den Fehler 2. Art.
Der „kritische Wert" X sei 2, also:
Ablehnungsbereich $\overline{A} = \{2; 3; \ldots ; 20\}$. H_0 ist abzulehnen, wenn $X \geq 2$ gilt.

Aus diesen Festlegungen ist zu schlussfolgern: Da $X = 2$ (siehe Stichprobe) und $2 \in \overline{A}$, ist die Nullhypothese abzulehnen. Die Frage nach einer (signifikanten) Qualitätsverbesserung müsste demnach bei einer derartigen Testkonstruktion verneint werden. Allerdings können bei dieser Entscheidung Fehler auftreten:

Wahrscheinlichkeit für den Fehler 1. Art

Die summierte Wahrscheinlichkeit des Ablehnungsbereiches einer Nullhypothese (H_0: $p = p_0$) unter der Bedingung $X \sim B_{n;\, p_0}$ ist als Maß dafür anzusehen, wie wahrscheinlich es ist, die in Wirklichkeit wahre Nullhypothese irrtümlich abzulehnen (Fehler 1. Art).
Es gilt: $\alpha = P(\overline{A}_{p_0}) = B_{n;\, p_0}(\overline{A}) = 1 - B_{n;\, p_0}(A)$

Im obigen Beispiel würde für $p_0 = 0{,}1$ bei Tabellenverwendung gelten: $\alpha = 1 - B_{20;\, 0{,}1}(\{0; 1\}) \approx 0{,}61$. Das heißt: Man begeht mit der Wahrscheinlichkeit 0,61 einen Fehler, wenn man die Hypothese $p_0 = 0{,}1$ irrtümlich ablehnt.

Wahrscheinlichkeit für den Fehler 2. Art

Die summierte Wahrscheinlichkeit des Annahmebereiches einer Nullhypothese (H_0: $p = p_0$) unter der Bedingung $X \sim B_{n;\, p_0}$ ist als Maß dafür anzusehen, wie wahrscheinlich es ist, die in Wirklichkeit falsche Nullhypothese irrtümlich nicht abzulehnen (Fehler 2. Art).
Es gilt: $\beta = P(A_{p_0}) = B_{n;\, p_0}(A) = 1 - B_{n;\, p_0}(\overline{A})$

Im obigen Beispiel ergäbe sich $\beta = B_{20;\, 0{,}3}(\{0; 1\}) \approx 0{,}01$.

Man begeht mit der Wahrscheinlichkeit 0,01 einen Fehler, wenn man die Hypothese $p_0 = 0{,}3$ irrtümlich nicht ablehnt.

Kritischer Wert bei gegebenem Signifikanzniveau

(Einseitiger) rechtsseitiger Alternativtest:
Bei vorgegebenem α-Wert ist k als diejenige kleinste ganze Zahl zu ermitteln, für die gilt:

$$P(\overline{A}_{p_0}) = P(X \geq k) = B_{n;\,p_0}(\{k; k+1; \ldots; n\}) = 1 - B_{n;\,p_0}(\{0; 1; \ldots; k-1\}) \leq \alpha$$

(Meist wird die Beziehung $B_{n;\,p_0}(\{0; 1; \ldots; k-1\}) \geq 1-\alpha$ verwendet.)

(Einseitiger) linksseitiger Alternativtest:
Bei vorgegebenem α-Wert ist k als diejenige größte ganze Zahl zu ermitteln, für die gilt:

$$P(\overline{A}_{p_0}) = P(X \leq k) = B_{n;\,p_0}(\{0; 1; \ldots; k\}) \leq \alpha$$

Signifikanztests

Ein statistischer Test auf signifikante Unterschiede, bei dem auf Stichprobenbasis über die Beibehaltung der (einfachen oder zusammengesetzten) Nullhypothese H_0 oder deren Ablehnung entschieden wird, heißt (normaler) **Signifikanztest**.

Somit ist ein Alternativtest lediglich ein Sonderfall des Signifikanztests.

Nullhypothese bei einem Signifikanztest

Bei einem Signifikanztest wählt man diejenige Hypothese als **Nullhypothese**, bei der der Fehler 1. Art – in Abhängigkeit vom konkreten Sachverhalt – von größerer Bedeutung ist als der (i. Allg. nicht eindeutig zu berechnende) Fehler 2. Art.

Der kritische Wert für einen **einseitigen Signifikanztest** bei gegebenem Signifikanzniveau ist wie beim einseitigen Alternativtest zu ermitteln.
Bei einem zweiseitigen Signifikanztest ist
$\overline{A} = \{0; 1; \ldots; k_L\} \cup \{k_R; k_{R+1}; \ldots; n\}$
der zweiseitige Ablehnungsbereich mit k_L als die linke und k_R als die rechte **Signifikanzgrenze** im Ablehnungsbereich.

Signifikanzgrenze eines zweiseitigen Signifikanztests

Bei einem zweiseitigen Signifikanztest ist der vorgegebene α-Wert zu halbieren.
Die **„linke" Signifikanzgrenze k_L** ist die größte ganze Zahl mit
$P(\overline{A}_{p_0}) = P(X \le k_L) = B_{n;\,p_0}(\{0; 1; \ldots ; k_L\}) \le \frac{\alpha}{2}$
Die **„rechte" Signifikanzgrenze k_R** ist die kleinste ganze Zahl mit
$P(\overline{A}_{p_0}) = P(X \ge k_R) = B_{n;\,p_0}(\{k_R; k_R + 1; \ldots ; n\})$
$= 1 - B_{n;\,p_0}(\{0; 1; \ldots ; k_R - 1\}) \le \frac{\alpha}{2}$
(Im Allgemeinen wird $B_{n;\,p_0}(\{0; 1; \ldots ; k_R - 1\}) \ge 1 - \frac{\alpha}{2}$ verwendet.)

Beispiel: Da beim Werfen eines Würfels auffällig häufig die „6" fiel, soll geprüft werden, ob der Würfel bezüglich dieser Augenzahl wirklich regulär ist.
Nullhypothese H_0: $p_0 = \frac{1}{6}$ [Gegenhypothese H_1: $p_1 \neq \frac{1}{6}$]
Als Stichprobe wird 25-mal gewürfelt. Die Zufallsgröße X beschreibe dabei die zufällige Anzahl der Sechsen; $X \sim B_{25;\,1/6}$ (bei wahrer H_0). Das Signifikanzniveau (für die Ablehnung von H_0) wird mit $\alpha = 0{,}05$ festgelegt. Wegen $\alpha = 0{,}05$ als Höchstwert für die Wahrscheinlichkeit des Fehlers 1. Art ist $B_{25;\,1/6} \le 0{,}05$ zu setzen. H_0 wird abgelehnt, wenn die Anzahl der sich bei 25 Würfen ergebenden Augenzahl „6" „zu groß" oder „zu klein" ist, d. h. $\overline{A} = \{0; 1; \ldots ; k_L\} \cup \{k_R; k_R + 1; \ldots ; 25\}$. Der Test ist also als zweiseitiger Signifikanztest zu führen. Das Signifikanzniveau α ist zu halbieren. Man erhält die zwei Ungleichungen $B_{25;\,1/6}(\{0; 1; \ldots ; k_L\}) \le 0{,}025$ und $B_{25;\,1/6}(\{0; 1; \ldots ; k_R - 1\}) \ge 0{,}975$. Daraus folgt lt. Tabelle der summierten Binomialverteilung $k_L = 0$ sowie $k_R - 1 = 8$, also $k_R = 9$ und hat somit den Ablehnungsbereich $\overline{A} = \{0\} \cup \{9; 10; \ldots; 25\}$.

Führt man das Zufallsexperiment 25-mal durch und erhält eine Anzahl der Augenzahl „6", die im zweiseitigen Ablehnungsbereich $\overline{A}$ liegt, dann ist die Nullhypothese, dass der Würfel bezüglich der „6" regulär ist, mit einer Irrtumswahrscheinlichkeit von höchstens 0,05 abzulehnen.

Alternativtest:

1 Aufstellen von zwei alternativen einfachen Hypothesen zur vorliegenden Grundgesamtheit, der Nullhypothese H_0 und der Alternativhypothese H_1 mit dem Ziel, H_0 abzulehnen

2 Wahl einer Zufallsgröße (Testgröße) X, deren Wahrscheinlichkeitsverteilung bekannt ist, und des Stichprobenumfangs

ENTWEDER	ODER
3 Festlegung einer Entscheidungsregel	3 Festlegung eines Signifikanzniveaus
4 Ermitteln der Wahrscheinlichkeit für den Fehler 1. und 2. Art	4 Ermitteln des kritischen Werts und des Annahme- bzw. Ablehnungsbereichs für H_0

5 Ziehen der Stichprobe, Ermittlung des konkreten Wertes x der Zufallsgröße und Entscheidung

Signifikanztest

1 Aufstellen der Nullhypothese H_0 mit dem Ziel, H_0 mit einer kleinen Irrtumswahrscheinlichkeit (Wahrscheinlichkeit für den Fehler 1. Art) abzulehnen

2 Wahl einer geeigneten Zufallsgröße (Testgröße) X, deren Wahrscheinlichkeitsverteilung bekannt ist.

3 Entscheidung für ein- oder zweiseitigen Signifikanztest

4 Wahl eines Signifikanzniveaus α, des Stichprobenumfangs n; Bestimmung des Ablehnungsbereichs $\overline{A}$

5 Ziehen der Stichprobe, Ermittlung des konkreten Wertes x der Zufallsgröße und Entscheidung:

- H_0 wird abgelehnt auf dem Signifikanzniveau α, falls $x \in \overline{A}$
- H_0 wird nicht abgelehnt, falls $x \notin \overline{A}$

1 Der Prüfungsstoff

Beschreibende und beurteilende Statistik

Beschreibende Statistik
- Diagramme ↑ S. 178
- Mittelwert, Median, Modalwert ↑ S. 179
- Varianz, Standardabweichung ↑ S. 180

Beurteilende Statistik
- Stichproben ↑ S. 181
- Hypothesen ↑ S. 182
- Alternativtests ↑ S. 183
- Signifikanztests ↑ S. 185

Wahrscheinlichkeitsrechnung

- Binomialverteilung ↑ S. 166
- Zufallsgrößen ↑ S. 161
- bedingte Wahrscheinlichkeit ↑ S. 159
- Urnenmodelle ↑ S. 158
- Wahrscheinlichkeit ↑ S. 146

Analytische Geometrie

- Kreis und Kugel ↑ S. 39
- Schnittwinkel und Abstände ↑ S. 39

Lagebeziehungen
- Gerade – Ebene ↑ S. 39
- Ebene – Ebene ↑ S. 39
- Ebenen mit speziellen Lagen ↑ S. 39
- Geraden- und Ebenengleichungen ↑ S. 39

Vektoren und Vektorräume

- Skalarprodukt ↑ S. 104
- Vektorprodukt ↑ S. 104
- Spatprodukt ↑ S. 108
- Vektorräume ↑ S. 109
- Rechnen mit Vektoren ↑ S. 95

Integralrechnung

- Rotationskörper ↑ S. 92
- uneigentliches Integral ↑ S. 91
- bestimmtes Integral ↑ S. 82
- Hauptsatz der Differenzial- und Integralrechnung ↑ S. 85
- Integrationsregeln ↑ S. 81
- Integrationsmethoden ↑ S. 86

Was kann drankommen?

Funktionen

- Zahlenfolgen ↑ S. 33
- Funktionenklassen ↑ S. 18
- Darstellung und Eigenschaften von Funktionen ↑ S. 8, 10

Gleichungen und Gleichungssysteme

- Exponential- und Logarithmusgleichungen ↑ S. 47
- goniometrische Gleichungen ↑ S. 45
- Wurzelgleichungen ↑ S. 45
- Gleichungssysteme: Lösungsverfahren ↑ S. 48
- lineare Gleichungen ↑ S. 38
- quadratische Gleichungen ↑ S. 38
- Gleichungen höheren Grades ↑ S. 39

Differenzialrechnung

- Funktionen untersuchen: Grenzwert, Stetigkeit, Ableitung ↑ S. 59 ff.
- Ableitungsregeln ↑ S. 67
- Extremwertprobleme ↑ S. 78
- Kurvendiskussion ↑ S. 77

Matrizen

- lineare Abbildungen ↑ S. 117
- Diagonalmatrix ↑ S. 113
- Dreiecksmatrix ↑ S. 113
- transponierte Matrix ↑ S. 114
- inverse Matrix ↑ S. 117
- Rechnen mit Matrizen ↑ S. 114

2 Die Prüfungsklausur

2.1 Inhalt und Aufbau einer Klausur

Im Fach Mathematik bezieht sich die schriftliche Abiturklausur auf rechnerische Lösungsverfahren, Anwendungsaufgaben, grafische Darstellungen und Datenvorgaben, wobei untersucht, modelliert, berechnet und interpretiert werden muss. Die Aufgaben lassen sich den folgenden drei Bereichen zuordnen:

- Analysis,
- Lineare Algebra / Analytische Geometrie,
- Stochastik.

Die Prüfungsaufgaben

- greifen unterschiedliche Themen aus den obligatorischen inhaltlichen Vorgaben auf, wobei sich diese Vorgaben je nach Bundesland unterscheiden können;
- unterscheiden sich grundsätzlich danach, ob sie mithilfe eines wissenschaftlichen (grafikfähigen) Taschenrechners gelöst werden oder ob ein im Unterricht eingeführtes Computeralgebrasystem (CAS) eingesetzt wird;
- sind problemorientiert und häufig offen formuliert, sodass allgemeine Lösungsstrategien zu allen drei Themenbereichen beherrscht werden müssen;
- können auffordern, nicht nur innermathematische, sondern auch außermathematische Bezüge herzustellen;
- verlangen nicht nur eine rechnerische Darstellung und Lösung, sondern ebenso angemessen sprachlich formulierte Kommentierungen und Interpretationen von Lösungsschritten oder Ergebnissen, die als Darstellungsleistung berücksichtigt werden. Gehäufte Verstöße gegen die sprachliche Richtigkeit kann zu einer Absenkung der Bewertung führen.

Die Aufgabenstellung einer Klausur setzt sich aus mehreren Teilaufgaben zusammen, die unterschiedliche Schwierigkeitsgrade aufweisen und **drei Anforderungsbereichen (AFB)** zugeordnet werden können, die aufeinander aufbauen. Sie unterscheiden sich hinsichtlich der erzielbaren Punkte.

Anforderungsbereich	Bedeutung	Anteil an Bewertung
AFB I: Reproduktion	Daten, Fakten, Regeln, Formeln, Aussagen wiedergeben: geübte Arbeitstechniken und Verfahren beschreiben und verwenden	20–30 %
AFB II: Reorganisation und Transfer	Sachverhalte und vorgegebene Aspekte auswählen, anordnen, verarbeiten, darstellen; selbstständiges Übertragen der Sachverhalte auf vergleichbare neue Zusammenhänge	40–60 %
AFB III: Reflexion und Problemlösung	Planmäßiges Verarbeiten komplexer Gegebenheiten mit dem Ziel, zu selbstständigen Lösungen, Begründungen, Folgerungen, Wertungen zu gelangen	20–30 %

2.2 Die Operatoren

Zur Formulierung der Aufgabenstellungen werden bestimmte **Arbeitsanweisungen,** sog. Operatoren, verwendet. Sie liefern wichtige Hinweise auf die Tätigkeiten, die beim Bearbeiten der Aufgabe von Ihnen erwartet werden. Mit den Operatoren sind unterschiedliche Schwierigkeitsgrade verknüpft. Viele Operatoren lassen sich je drei unterschiedlichen Anforderungsbereichen zuordnen. Andere können nicht eindeutig auf einen Anforderungsbereich bezogen werden, sondern stellen eine Mischform dar. Man sollte daher auf den genauen Wortlaut der Operatoren achten.

Anforderungsbereich I: Reproduktion

Operatoren	Bedeutung
Nennen Sie … *Geben Sie an …*	Sachverhalte, Begriffe und Daten ohne genauere Begründungen, Lösungsansätze und -wege aufführen
Berechnen Sie …	Ausgehend von einem Ansatz Ergebnisse durch Rechenoperationen erzielen
Beschreiben Sie …	Strukturen, Sachverhalte oder Methoden in eigenen Worten und angemessener Fachsprache in übersichtlicher Darstellung beschreiben
Erstellen Sie … *Stellen Sie dar …*	Sachverhalte, Beziehungen, Vorgehensweisen, Methoden in fachlich sachgerechter Form darstellen
Skizzieren Sie …	Wesentliche Merkmale oder Eigenschaften von Sachverhalten oder Objekten grafisch darstellen; auch Freihandskizzen sind hier möglich
Zeichnen Sie … *Stellen Sie grafisch dar …*	Hinreichend genaue grafische Abbildung von Objekten oder Daten erstellen

Anforderungsbereich II: Reorganisation und Transfer

Operatoren	Bedeutung
Begründen Sie …	Sachverhalte auf Gesetzmäßigkeiten auf der Grundlage von mathematischen Regeln oder kausalen Beziehungen zurückführen

Operatoren	Bedeutung
Beschreiben Sie ...	Strukturen, komplexere Sachverhalte oder Methoden in angemessener Fachsprache wiedergeben
Bestimmen Sie ... *Ermitteln Sie ...*	Lösungswege und Zusammenhänge finden und anwenden, um Ergebnisse anzugeben
Erklären Sie ... *Erläutern Sie ...*	Sachverhalte mithilfe eigenen Wissens und eigener Kenntnisse verständlich und nachvollziehbar in Zusammenhänge einordnen
Leiten Sie her ...	Entstehung oder Ableitung angegebener Sachverhalte oder Gleichungen aus anderen Zusammenhängen darstellen
Interpretieren Sie ...	Zusammenhänge oder Ergebnisse begründet auf gegebene Fragestellungen beziehen
Untersuchen Sie ... *Überprüfen Sie ...*	Sachverhalte, Probleme, Fragestellungen nach bestimmten fachlich üblichen oder sinnvollen Kriterien bearbeiten
Vergleichen Sie ...	Gemeinsamkeiten, Ähnlichkeiten, Unterschiede ermitteln
Zeichnen Sie ... *Stellen Sie grafisch dar ...*	Hinreichend exakte grafische Darstellungen von komplexeren Objekten oder Daten erstellen
Zeigen Sie ... *Weisen Sie nach ...*	Aussagen, Sachverhalte, Fragestellungen mithilfe von Berechnungen, Herleitungen, gültigen Schlussfolgerungen oder logischen Begründungen bestätigen

Anforderungsbereich III: Reflexion und Problemlösung

Operatoren	Bedeutung
Begründen Sie ...	Mithilfe von Regeln und mathematischen Beziehungen komplexere Sachverhalte auf Gesetzmäßigkeiten zurückführen
Bestimmen Sie ... *Ermitteln Sie ...*	Komplexere Lösungswege und Zusammenhänge finden und anwenden, um Ergebnisse angeben zu können
Beurteilen Sie ...	Zu Sachverhalten ein selbstständiges Urteil unter Verwendung von Fachwissen und Fachmethoden formulieren und begründen
Beweisen Sie ... *Widerlegen Sie ...*	Mathematische Sätze, Äquivalenzumformungen und logische Schlussfolgerungen verwenden, um Aussagen zu bestätigen oder gegebenenfalls durch ein Gegenbeispiel zu widerlegen
Interpretieren Sie ...	Komplexere Beziehungen, Zusammenhänge, Ergebnisse begründet auf eine gegebene Fragestellung beziehen und deuten
Vergleichen Sie ...	Gemeinsamkeiten, Ähnlichkeiten, Unterschiede in komplexeren Zusammenhängen ermitteln
Zeigen Sie ...	Umfangreichere Aussagen oder komplexere Sachverhalte unter Nutzung von gültigen Schlussregeln, Berechnungen, Herleitungen oder logischen Begründungen bestätigen

3 Thematische Prüfungsaufgaben

Im folgenden Kapitel sind zu den verschiedenen Unterrichtsthemen unterschiedlich schwierige Prüfungsaufgaben (↑S. 190 f.) zusammengestellt. Sie dienen der gezielten Vorbereitung und insbesondere dem Umgang mit fachtypischen Klausurformulierungen, den Operatoren (↑S. 191 ff.).
Seitenverweise geben, sofern möglich, Hinweise zu den Lösungen, die hier nicht dargestellt werden. Vollständige Musterlösungen von Aufgaben sind bei den Online-Klausuren (↑S. 3) zu finden. Aufgaben, die mit dem grafikfähigen Taschenrechner oder einem Computeralgebrasystem zu bearbeiten sind, sind mit (CAS) gekennzeichnet.

3.1 Prüfungsaufgaben zu Funktionen

Anforderungsbereich I

- Zeichnen Sie die Parabel mit der Gleichung $f(x) = -\frac{1}{2}(x-4)^2 + 3$ (↑S. 20 f.)
- Beschreiben Sie den Verlauf des Graphen G_f der Funktion $f(x) = \frac{1}{2}x^4 - 3x^2 + \frac{5}{2}$ aufgrund des Funktionsterms. (↑S. 18)
- Skizzieren Sie den Graphen der Funktion $f(t) = t^3 - 13t^2 + 40t; 0 \leq t \leq 9$.
- Gegeben sind die Funktionen f und g durch $f(x) = \sqrt{x}$ und $g(x) = 169 - x^2$. Bilden Sie die Funktion h mit $h(x) = f(g(x))$. Geben Sie $\mathbb{D}_h$ an und beschreiben Sie den Graphen von h. (↑S. 14 f.)
- Bestimmen Sie die Nullstellen der ganzrationalen Funktion $f(x) = x^4 - 6x^3 + 11x^2 - 6x$ mithilfe einer Polynomdivision oder mittels Horner-Schema. (↑S. 13)

- (CAS) Skizzieren Sie die Graphen der Funktion $f_a(x) = (2x + a) \cdot e^{-\frac{x}{a}}$ mit $\mathbb{R}^{>0}$ für f_1, f_2, f_3.
- (CAS) Zeichnen Sie die einhüllende Geradenschar einer Parabel mithilfe der Gleichung $x_2 = t^2 + 2t(x_1 - t)$, wobei $-3{,}5 < x_1 < 3{,}5$ gilt. (↑S. 16 f.)

Anforderungsbereich II

- Erklären Sie die Beziehung $\sin(2\alpha) = 2\sin(\alpha)\cos(\alpha)$ (↑S. 24 ff.)
- Untersuchen Sie die Zahlenfolge $\langle a_n \rangle = \left\langle \frac{4}{n} + \frac{n}{4} \right\rangle$ auf Monotonie und Beschränktheit. (↑S. 10)
- Beim Durchdringen einer Glasplatte verliert Licht 6 % seiner Intensität. Der Lichtstrahl durchdringe 8 Platten dieser Art. Wie viel Prozent seiner ursprünglichen Intensität hat er verloren? Wie viele Platten muss man aufstellen, damit die Intensität des Lichtstrahls auf 10 % der ursprünglichen Intensität absinkt? (↑S. 35)
- Das Erdbeben in der Türkei am 17. 8. 1999 hatte die Stärke 7,4 auf der Richterskala. Das Erdbeben am 26. 1. 2001 war mit 7,9 noch etwas stärker. Vergleichen Sie diese Beben mit dem Erdbeben in Los Angeles am 10. 2. 2001, das eine Stärke von 4,2 hatte. (↑S. 30 f.)
- (CAS) Bestimmen Sie die Definitionslücken der gebrochenrationalen Funktion $\mathbb{R}$ $f: f(x) = \frac{x^5 - 2x^4 + x^3}{x^4 - 5x^3 + x^2 + 21x - 18}, x \in \mathbb{D}_{max}$ und überprüfen Sie anhand des Graphen, ob es sich jeweils um eine hebbare Definitionslücke, eine Polstelle mit Vorzeichenwechsel oder eine Polstelle ohne Vorzeichenwechsel handelt. (↑S. 23)
- Bestimmen Sie anhand des Graphen die vollständige Lösungsmenge der folgenden Gleichungen:

  a) $\sin(x) = 1$ b) $\cos(x) = -0{,}5 \cdot \sqrt{3}$ (↑S. 24 ff.)

■ (CAS) Das Pharmaunternehmen „Medibo" bietet ein pflanzliches Präparat mit konzentrationssteigernder Wirkung an. Die Wirkung f_d (in Prozent) kann in Abhängigkeit von der Dosierung d und der Zeit x durch folgende Funktionenschar beschrieben werden:

$$f_d(x) = \frac{1}{100} \cdot d \cdot x \cdot e^{-\frac{x^2}{20d}};\ x, d \geq 0 \text{ (x in Minuten, d in mg).}$$

Skizzieren Sie die Graphen von f_d für $x \leq 240$ für die Dosismenge d = 100 und d = 300. Erläutern Sie den Verlauf des Graphen und den Einfluss des Parameters d.

Anforderungsbereich III

■ Beweisen Sie, dass für zwei beliebige Winkel α und β gilt: $\sin(\alpha - \beta) = \sin\alpha\cos\beta - \cos\alpha\sin\beta$.
(↑S. 24 ff.)

■ In einer Wäscheschleuder wird das Wasser durch die Zentrifugalkraft F mit $F = m \cdot r \cdot \omega^2$ aus der Wäsche gepresst; m bezeichnet die Masse des Wassers in der Wäsche, r den Radius der Trommel. Für die Winkelgeschwindigkeit ω gilt

$$\omega = 2\pi n \left[\frac{1}{s}\right].$$

Vergleichen Sie die Schleuderleistungen bei 500 bzw. 1000 Umdrehungen pro Minute. (↑S. 22)

■ Ermitteln Sie für die Funktionenschar

$$f_a : f_a(x) = \frac{ax}{ax^2 + 1} \text{ mit } a \in \mathbb{R}_+^0$$

Definitionsmenge, Schnittpunkte mit den Koordinatenachsen, Polstellen und Asymptoten. (↑S. 16 f.)

■ (CAS) Bestimmen Sie eine ganzrationale Funktion f. Die Stützstellen können der folgenden Tabelle entnommen werden (↑S. 18):

x	0	1	4	10
y	−3	1,95	1,8	−39

- (CAS) Berechnen Sie die Nullstelle der Funktion $f(x) = \frac{1}{x} + x^4 + x^2 - 2$ durch Anwenden des Newton-Verfahrens und mithilfe einer Tabellenkalkulation auf die vierte Dezimale genau. (↑S. 21)

3.2 Prüfungsaufgaben zu Gleichungen und Gleichungssystemen

Anforderungsbereich I

- Berechnen Sie mithilfe des Gauß-Verfahrens das folgende lineare Gleichungssystem:

$$\begin{aligned} 4x + 3y + 3z &= 6 \\ x + 3y - z &= 4 \\ 4x + 2y + 3z &= 1 \end{aligned}$$ (↑S. 50)

- Geben Sie die Lösungsmenge der biquadratischen Gleichung $(6x^2 - 11)(6x^2 + 11) = 5(101x^2 - 181)$ an. (↑S. 39)
- (CAS) Zeichnen Sie zwei beliebige Geraden g_1 und g_2, die sich im Punkt $S(x_1/y_1)$ schneiden. Wählen Sie einen Startpunkt $P_0(x_0/y_0)$ mit $P_0 \notin g_1$ und $P_0 \notin g_2$. Zeichnen Sie nun Parallelen zur x-Achse bzw. y-Achse durch $P_0(x_0/y_0)$. Die Schnittpunkte mit den beiden Geraden g_1 und g_2 führen zu den Koordinaten des neuen Punktes $P_1(x_1/y_1)$. Diese Iteration liefert eine schrittweise Annäherung an die Lösung eines Gleichungssystems, bekannt als Jacobi-Verfahren. Beschreiben Sie die Lage der entstehenden Punkte $P_1, P_2, \ldots P_n$. (↑S. 33 ff.)
- Lösen Sie das folgende Gleichungssystem mithilfe der cramerschen Regel: $2s + 3t = 9 \wedge 3s - 2t = 7$. (↑S. 48 f.)
- Bestimmen Sie die Lösungen zu folgenden Exponential- bzw. Logarithmengleichungen:

a) $2^{-x} = 5 \cdot 3^{x-3}$ b) $\lg\left(\frac{x}{x+1}\right) = 0{,}5$ (↑S. 47)

Anforderungsbereich II

- Berechnen Sie die Lösungen der Gleichung $z^3 = 8i$ und tragen Sie die Lösungen in die gaußsche Zahlenebene ein. (↑S. 41 ff.)
- Begründen Sie mithilfe von Determinanten, dass das lineare lineare Gleichungssystem

  $$\begin{aligned} ax + by &= 1 \\ bx + ay &= 0 \end{aligned}$$

  genau eine Lösung hat, sobald mindestens einer der Parameter a und b von Null verschieden ist. (↑S. 48 f.)
- (CAS) Über die Leistungsabhängigkeit bei Motorrädern an der Kupplung von der Motordrehzahl besteht der tabellarisch notierte Zusammenhang. Bestimmen Sie eine ganzrationale Funktion 4. Grades, die mit dem gegebenen Graphen in diesen Punkten übereinstimmt, und überprüfen Sie die Qualität der Anpassung an den Stellen 5; 7; 8,5; 9,5. (↑S. 48 f.)

Drehzahl in 1000/min	4	6	8	9	10
Leistung in kW	16	29	55	60	57

Anforderungsbereich III

- Für die Interpolation einer Funktion f mithilfe von ganzrationalen Funktionen gilt der folgende Satz: Hat man (n+1) Paare von Zahlen $(a_0; f(a_0)), (a_1; f(a_1)), ..., (a_n; f(a_n))$, dann kann man für $a_0 < z < a_n$ näherungsweise f(z) berechnen durch $f(z) \approx L_0(z) \cdot f(a_0) + L_1(z) \cdot f(a_1) + ... + L_n(z) \cdot f(a_n)$, wobei f(z) den Funktionsterm von f annähern soll. Die zugehörige Interpolationsformel von Lagrange für die Polynome $L_i(z)$ lautet:

$$L_i(z) = \frac{(z-a_0)\cdot ... \cdot(z-a_{i-1})\cdot(z-a_{i+1})\cdot ... \cdot(z-a_n)}{(a_i-a_0)\cdot ... \cdot(a_i-a_{i-1})\cdot(a_i-a_{i+1})\cdot ... \cdot(a_i-a_n)}.$$

Zeigen Sie, dass der Satz für den linearen Fall n=1 der üblichen linearen Interpolation

$$f(z) \approx f(a_0) + \frac{f(a_1) - f(a_0)}{a_1 - a_0} \cdot (z - a_0)$$

entspricht und bestimmen Sie anschließend das Interpolationspolynom für die Zahlenpaare (2;–1), (4;5), (1;0), (–3;8), (–1;2). (↑S. 48 f.)

- CAS Ein Hersteller von Müsliriegeln verwendet drei verschiedenen Zutaten X, Y, Z. Für verschiedene Müsliriegel müssen die Zutaten entsprechend der Tabelle auf unterschiedliche Weise zusammengestellt werden. Ein Abnehmer benötigt eine Mischung mit 32 t Kohlenhydrate, 8 t Eiweiß und 4 t Fett. Ermitteln Sie, wie die Zutaten zu mischen sind.

	X	Y	Z
Kohlenhydrate	60 %	20 %	10 %
Eiweiß	20 %	20 %	40 %
Fett	–	50 %	30 %

3.3 Prüfungsaufgaben zur Differenzialrechnung

Anforderungsbereich I

- Berechnen Sie $\lim\limits_{x \to -1} \left(\frac{x^2 + 3x + 2}{x^2 - x - 2} \right)$ und $\lim\limits_{h \to 0} \frac{(2 + h^2) - 4}{h}$. (↑S. 56 f.)
- Gegeben ist für $a \in \mathbb{R} \setminus \{0\}$ die Funktionenschar f_a durch $f_a(x) = x^2 \cdot e^{-\frac{x^2}{a}}$; $x \in \mathbb{R}$. Bestimmen Sie die 1. Ableitung von $f_a(x)$ und die Koordinaten der Punkte mit waagerechter Tangente aller Scharkurven K_a. (↑S. 16)
- Geben Sie die erste Ableitung an:

$f(x)=\sqrt{1-2x}$	$g(x)=\dfrac{1}{(4x^2-2x)^6}$	$h(x)=\sqrt[5]{\sin(2x)}$

(↑S. 67)

- CAS Klassifizieren Sie die gegebene Funktionenschar $f_t : f_t(x) = x^3 + ax, a \in \mathbb{R}$ mithilfe ihrer Graphen und beschreiben Sie die Lage der Extrempunkte. (↑S. 70 f.)

Anforderungsbereich II

- Untersuchen Sie das Verhalten der Funktion $f(x) = (1-2x)(2+5x^2)$ im Unendlichen. (↑S. 76)
- Ein quaderförmiger Swimmingpool mit 8 m Länge, 5 m Breite und 3 m Höhe wird mit Wasser gefüllt. Zu Beginn beträgt die Wasserhöhe 0,1 m. Der Zu- bzw. Ablauf des Wassers wird modellhaft beschrieben durch die Funktion f mit $f(t) = t^3 - 13t^2 + 40t; 0 \le t \le 9$ (t in Stunden, f(t) in m^3). Geben Sie die Zeitpunkte an, zu denen Wasser weder zu- noch abläuft, und berechnen Sie die Zeitpunkte maximalen Zu- bzw. Abflusses. (↑S. 62)
- Diskutieren Sie die Funktion $f(x)=x^3-x^2-x+1$. (↑S. 77)
- CAS Stellen Sie die Graphen der beiden Funktionen $f(x) = x^5 - 66x^3 + 800x$ und $g(x) = x - \frac{1}{10}\sin(x)$ so auf dem Display dar, dass alle typischen Merkmale erkennbar sind, und begründen Sie ihre Entscheidungen. (↑S. 18)
- CAS Das Unternehmen „Focus“ stellt Digitalkameras her. Der Verkaufspreis beträgt 200 €. Die Gesamtkosten K für die Produktion von x Kameras in einem Monat kann modellhaft durch die Kostenfunktion $k(x) = \frac{1}{10}x^3 - 5x^2 + 125x + 900$ erfasst werden. Berechnen Sie das Gewinnmaximum.

Anforderungsbereich III

- Zeigen Sie, dass jede Funktion der beiden Funktionenscharen $f_s : f_s(x) = \frac{1}{s^2x^2+1}$ und $g_s : g_s(x) = \frac{1}{s^2x^2+s}$ mit $s > 1$ genau zwei Wendepunkte hat und für jedes s diese vier Punkte die Ecken eines gleichschenkligen Trapezes sind. Bestimmen Sie anschließend s so, dass der Flächeninhalt des Trapezes maximal wird. (↑S. 70 ff.)
- Gegeben ist die Funktionenschar f_t mit $f_t(x) = \frac{8e^{tx}}{e^{tx}+1}$; $t \in \mathbb{R}^{>0}$. Führen Sie eine vollständige Kurvendiskussion durch, stellen Sie eine Wertetafel auf für $x \in [1;2;4;8]$ und zeichnen Sie den Graphen zu f_1 im Intervall [–8;8]. (↑S. 77)
- Betrachten Sie die beiden Funktionenscharen:

  $f_t : f_t(x) = \frac{x^2 - tx}{(x+2)^2}$ mit $t \in \mathbb{R}$ und

  $g_a : g_a(x) = \arctan\frac{x^2 - ax}{(x+2)^2}$ mit $a \in \mathbb{R}$

  Bestimmen Sie a so, dass sich die Graphen zu f_t und g_a für $t = 8$ in O(0/0) rechtwinklig schneiden. (↑S. 67 ff.)
- (CAS) In einem Kölner Gymnasium loggen sich zu Beginn der Mittagspause besonders viele Schüler in das Netzwerk der Schule ein. Die unten stehende Tabelle gibt hierzu eine Übersicht. Modellieren Sie die Situation.

Zeit	13.20	13.21	13.24	13.25	13.29
Anzahl PC	0	12	34	82	68

3.4 Prüfungsaufgaben zur Integralrechnung

Anforderungsbereich I

- Berechnen Sie die folgenden Integrale:

$$\int_{\frac{\pi}{4}}^{2\pi} \cos x\,dx \qquad \int_0^1 \frac{3x^4+4x^3+8x^2+4x+6}{x^2+1}\,dx \qquad \int_0^1 \frac{dx}{\sqrt{x^2+3}}$$

(↑S. 86 f.)

- Bestimmen Sie eine Stammfunktion F von f mithilfe der Integration durch Substitution für $f(x)=4x\cdot e^{-x^2}$.
- Berechnen Sie den Flächeninhalt der Fläche zwischen den Graphen der Funktion f mit $f(x)=2\sqrt{x}$ und g mit $g(x)=-\frac{1}{3}x^2+\frac{7}{3}x$. (↑S. 90)
- (CAS) Lösen Sie die Gleichung $e^{0,2\cdot\sqrt{x}}=10$. (↑S. 47)

Anforderungsbereich II

- Zu jedem $t>0$ ist die Funktion f_t gegeben durch $f_t(x)=\frac{tx^2-4}{x^2}; x\neq 0$. Ihr Schaubild sei K_t. Die Gerade $x=z$ schneidet K_t im ersten Quadranten und schließt mit K_t, den beiden Koordinatenachsen und der Gerade $y=t$ eine Fläche mit dem Inhalt $A_t(z)$ ein. Ermitteln Sie $A_t(z)$ und $\lim\limits_{z\to\infty} A_t(z)$. (↑S. 88 f.)
- Gegeben seien die beiden Funktionen f und g mit $f(x)=\frac{x^4+2x^2-3}{4x^2}$ und $g(x)=\frac{1}{4}x^2+\frac{1}{2}$. Die beiden Graphen von f und g stellen über dem Intervall $\left[-5;6\frac{3}{4}\right]$ auf der y-Achse den Querschnitt eines Weinglases ohne Fuß dar. Berechnen Sie das Fassungsvermögen des Weinglases,

indem Sie den Graphen der Umkehrfunktion von g über einem geeigneten Intervall um die x-Achse rotieren lassen. (↑S. 92)

- (CAS) Das Längenwachstum eines Tannensetzlings, der zum Zeitpunkt der Pflanzung 0,3 m misst, wird durch die Funktion f mit $f(t) = 1{,}5 \cdot e^{-0{,}005(t-25)^2}$ (t in Jahren, f(t) in m pro Jahr) beschrieben. Bestimmen Sie das durchschnittliche Längenwachstum pro Jahr in den ersten 30 Jahren.

Anforderungsbereich III

- Eine Firma stellt Stehaufmännchen her, indem Halbkugel und Kegel mit gleicher Kreisfläche zusammengeklebt werden. Ein Stehaufmännchen richtet sich besonders gut auf, wenn bei gleichem Material das Volumen des Kegels gleich dem Volumen der Halbkugel ist. Der Schwerpunkt liegt dann im Mittelpunkt der Grundkreisfläche von Kegel und Halbkugel. Berechnen Sie den Schwerpunkt des Männchens. Benutzen Sie hierzu: Liegt das Männchen symmetrisch zur x-Achse und hat das Volumen V, so gilt für die x-Koordinate x_s des Schwerpunkts:

$$x_s = \frac{\pi \cdot \int_a^b x \cdot \left[q_a(x)\right]^2 dx}{V}; a \leq x \leq b, \text{ wobei}$$

$$q_a(x) = \frac{x}{a}\sqrt{a^2 - x^2}; a \in \mathbb{N}, x \geq 0.$$

- Gegeben ist die Funktionenschar f_t mit $f_t(x) = \frac{8e^{tx}}{e^{tx}+1}$; $t \in \mathbb{R}^{>0}$. Bestimmen Sie einen integralfreien Funktionsterm für die Schar der Integralfunktionen mit der Gleichung $F_t(x) = \int_{-\infty}^{x} f_t(u)du$.

- CAS Für ein neues Automodell soll ein Konstrukteur für das hintere Seitenfenster neuartige Gummidichtungen anfertigen. Um die Kosten für die Produktion hochrechnen zu können, muss er wissen, wie lang die Gummidichtung pro Seitenfenster ist. Berechnen Sie den Gesamtumfang mithilfe der Bogenlänge für das abgebildete Fenster, wenn für den oberen Bogen $b(x) = -0{,}0625x^2 + 6$ und für die Seiten $l(x) = -8x + 6$ gilt.

3.5 Prüfungsaufgaben zu Vektoren und Vektorräumen

Anforderungsbereich I

- Berechnen Sie in dem ebenen Viereck ABCD mit den Punkten A(0/2/–3), B(8/2/2), C(20/6/15) und D(12/6/10) die Längen der vier Seiten, die Längen der Diagonalen und die Innenwinkel des Vierecks. Um welches Viereck handelt es sich? (↑S. 98, 106)
- Welches ist die Höchstzahl komplanarer Vektoren im a) Tetraeder, b) Würfel, c) Oktaeder? (↑S. 99)
- CAS Konstruieren Sie vektoriell zwei parallele Geraden und geben Sie den Abstand an. (↑S. 99)

Anforderungsbereich II

- Die Funktionen f_1 mit $f_1(x) = 2x$ und f_2 mit $f_1(x) = -1$ sind Basis des Vektorraums
  $V^2 = \{g \mid g(x) = \lambda_1 f_1(x) + \lambda_2 f_2(x) \text{ mit } \lambda_1, \lambda_2 \in \mathbb{R}\}$.
  Weisen Sie nach, dass die Funktionen
  g_1, g_2 mit $g_1(x) = -x + 4$ bzw. $g_2(x) = 3x - 1$
  Elemente von V^2 und linear unabhängig sind.
  (↑S. 100, 109 ff.)
- Ermitteln Sie, welche Winkel die Raumdiagonale eines Würfels mit den Würfelkanten bildet. (↑S. 104)

- Berechnen Sie den Flächeninhalt des Dreiecks ABC mit

$$\vec{a}=\begin{pmatrix}1\\2\\-2\end{pmatrix}, \vec{b}=\begin{pmatrix}2\\3\\-1\end{pmatrix} \text{ und } \vec{b}=\begin{pmatrix}4\\0\\-1\end{pmatrix}.$$ (↑S. 106)

- Untersuchen Sie, bei welchen Parallelogrammen die Diagonalen gleich lang sind, und formulieren Sie einen Satz. (↑S. 104 f.)

Anforderungsbereich III

- Zeigen Sie, dass das Fünfeck A(0/0/0), B(1/1/1), C(2/3/3), D(2/5/5) und E(1/4/4) eben ist und bestimmen Sie anschließend das Volumen der Pyramide mit der Spitze S(0/0/8) über dem gegebenen Fünfeck als Grundfläche. (↑S. 108)
- Deuten Sie geometrisch: $\vec{a}\times\vec{b}=(-\vec{b})\times\vec{a}$
- Zeigen Sie, dass für alle $\vec{a}$ und $\vec{b}$ gilt:

  $\left(\vec{a}\times\vec{b}\right)^2=\vec{a}^2\vec{b}^2-(\vec{a}\cdot\vec{b})^2$. (↑S. 105, 107)
- (CAS) Gegeben ist die Ebene

  $E_\lambda: \frac{4}{\lambda}\cdot x+3y+6\lambda\cdot z=10; \lambda\neq 0.$

  Unter allen positiven reellen Werten für t existiert genau ein t* so, dass die Ebene E_{λ_0} den maximalen Abstand aller Ebenen E_λ vom Koordinatenursprung besitzt. Begründen Sie, dass es für die Berechnung von λ_0 ausreicht, den Term $\frac{16}{\lambda^2}+9+36\lambda^2$ zu minimieren. Ermitteln Sie diesen Wert λ_0. (↑S. 136 f.)
- Beweisen Sie vektoriell, dass im gleichschenkligen Dreieck mit $\left|\vec{a}\right|=\left|\vec{b}\right|$ die Seitenhalbierende s_c senkrecht auf der Grundseite AB steht. (↑S. 97 f.)

3.6 Prüfungsaufgaben zu Matrizen

Anforderungsbereich I

- Gegeben sind die folgenden Matrizen:

$$A = \begin{pmatrix} 3 & -2 & 1 \\ 0 & 1 & 2 \\ 2 & 0 & -1 \\ 4 & 5 & 6 \end{pmatrix} \text{ und } B = \begin{pmatrix} 2 & 1 & -1 \\ 0 & 3 & 1 \\ 1 & -2 & 1 \\ 7 & 10 & -8 \end{pmatrix}$$

Berechnen Sie die Terme $A + B$, $A - B$ und $3 \cdot A - 2 \cdot B$.
(↑S. 104 f.)

- Gegeben ist $A = \begin{pmatrix} 2 & 4 \\ 1 & -2 \end{pmatrix}$.

Berechne die Matrizenpotenzen A^2 und A^3.
(↑S. 116)

- Geben Sie die Eigenwerte und die Eigenvektoren der $A = \begin{pmatrix} -2 & 1 \\ -1 & -4 \end{pmatrix}$ Matrix an. (↑S. 112)

- Bestimmen Sie das Bild der Geraden

$$g: \vec{x} = \begin{pmatrix} 7 \\ 3 \end{pmatrix} + r \begin{pmatrix} -2 \\ 3 \end{pmatrix}$$

unter der affinen Abbildung $\alpha: \vec{x}\,' = \begin{pmatrix} 2 & -1 \\ 5 & 7 \end{pmatrix} \cdot \vec{x} + \begin{pmatrix} 2 \\ 0 \end{pmatrix}$.
(↑S. 117)

- Geben Sie an, welche der folgenden Abbildungsmatrizen eine zentrische Streckung, welche eine Stauchung, welche eine Scherung darstellen:

$$A = \begin{pmatrix} 1 & 2{,}5 \\ 0 & 1 \end{pmatrix}, B = \begin{pmatrix} 1 & 0 \\ 0 & -4 \end{pmatrix}, C = \begin{pmatrix} 0{,}5 & 0 \\ 0 & 0{,}5 \end{pmatrix}.$$

(↑S. 118)

- CAS Bestimmen Sie die Lösungsmenge der folgenden

Matrix: $\begin{pmatrix} 2 & 4 & -1 & 5 & | & 9 \\ \frac{5}{2} & 1 & 3 & -7 & | & 5 \\ 3 & 0 & -3 & 1 & | & 6 \\ 1 & 8 & 1 & 9 & | & 13 \end{pmatrix}$

- CAS Gegeben ist eine Pyramide mit quadratischer Grundfläche mit der Kantenlänge 4 und der Höhe h = 3,5. Die Koordinaten des Eckpunktes sind A=(6/3/1). Drehen Sie die Pyramide mithilfe der Abbildungsmatrix

$\begin{pmatrix} \cos(\alpha) & \sin(\alpha) \\ -\sin(\alpha) & \cos(\alpha) \end{pmatrix}$ um die z-Achse.

Anforderungsbereich II

- Eine Firma stellt Konserven in drei verschiedenen Größen und fünf unterschiedlichen Sorten her. Die Zahlen der Produktion im Februar werden in einer Produktionsmatrix P dargestellt. Die Firma steigert im März die Produktion um 7 %. Erläutern Sie, wie man die neue Produktionsmatrix Q für den Monat März aus der Matrix P erhält. Erklären Sie, welche Bedeutung die Matrixsumme P + Q und welche Bedeutung die Matrixdifferenz Q – P haben. Denken Sie sich zur Konkretisierung ein Zahlenbeispiel aus! (↑S. 116)
- Zu einer Drehung um den Koordinatenursprung gehöre

  die Abbildungsmatrix $M = \frac{1}{2} \cdot \begin{pmatrix} \sqrt{3} & -1 \\ 1 & \sqrt{3} \end{pmatrix}$.

  Bestimmen Sie das Drehmaß φ. (↑S. 118)
- Bestimmen Sie die Abbildungsgleichung einer Scherung an der z-Achse mit dem Scherungswinkel 30°. (↑S. 117)
- CAS Im $\mathbb{R}^3$ ist eine Pyramide mit quadratischer Grundfläche bei einer Kantenlänge von 6 LE gegeben. Die Höhe der

Pyramide ist h = 4,5 LE. Der Eckpunkt A hat die Koordinaten A(6/3/1). Zeichnen Sie die Pyramide und bestimmen Sie zu allen Eckpunkten der Pyramide die zugehörigen Punkte im $\mathbb{R}^2$.

Anforderungsbereich III

- Bestimmen Sie die Abbildungsmatrix bezüglich einer Parallelprojektion parallel zur Geraden $g: \vec{v} = \lambda \cdot \begin{pmatrix} 2 \\ 1 \\ 2 \end{pmatrix}$ und der x-z-Ebene als Projektionsebene. (↑S. 118)
- Gegeben sind die affine Abbildung $\alpha: \vec{x}' = \begin{pmatrix} 4 & 2 \\ -2 & 0 \end{pmatrix} \cdot \vec{x}$ und die Gerade $g: \vec{x}' = t \cdot \begin{pmatrix} -1 \\ 1 \end{pmatrix}; t \in \mathbb{R}$.
  Die Gerade g wird durch α auf die Gerade g' abgebildet. Ermitteln Sie eine Gleichung der Bildgeraden g'. Anschließend wird die Gerade g' durch Punktspiegelung am Ursprung auf g'' abgebildet. Bestimmen Sie eine Gleichung von g''. Geben Sie nun die Matrixdarstellung der Abbildung an, die die Gerade g auf g'' abbildet. (↑S. 117)
- (CAS) Bestimmen Sie die Projektionsmatrizen für eine Militärprojektion, eine isometrische und eine dimetrische Projektion und stellen Sie den Turm bestehend aus Würfel und Pyramide mit quadratischer Grundfläche in den verschiedenen Projektionen dar.
- (CAS) Stellen Sie einen archimedischen Körper auf dem Bildschirm dar, indem Sie eine Transformationsgleichung mit entsprechender Projektionsmatrix ermitteln. (↑S. 118 f.)

3.7 Prüfungsaufgaben zur analytischen Geometrie

Anforderungsbereich I

- Berechnen Sie für die beiden Geradengleichungen $x_2 = 2x_1 - 7$ und $\frac{x_1}{2} + \frac{x_2}{3} = 1$ die Parameterform. (↑S. 123)
- Gegeben seien die drei Punkte A(1/1/1), B(3/2/–2) und C(–1/0/3). Geben Sie eine Normalenform der Ebene E an, die durch diese drei Punkte festgelegt ist. Berechnen Sie die Hessesche Normalenform und berechnen Sie den Abstand der Ebene vom Koordinatenursprung. (↑S. 128)
- (CAS) Die Strecke AB mit A(3/3) und B(5/3) soll am Ursprung und an der y-Achse gespiegelt werden. Erläutern Sie ein grafisches Verfahren und geben Sie an, wie man die Lösung auch durch ein analytisch-rechnerisches Vorgehen finden kann. (↑S. 121 f.)

Anforderungsbereich II

- Gegeben sind zwei zueinander windschiefe Geraden g und h durch $g: \vec{x} = \begin{pmatrix} 0 \\ 4 \\ 2 \end{pmatrix} + \lambda \begin{pmatrix} 2 \\ -1 \\ 0 \end{pmatrix}$ und $h: \vec{x} = \begin{pmatrix} 3 \\ 0 \\ 3 \end{pmatrix} + \mu \begin{pmatrix} 0 \\ 5 \\ -1 \end{pmatrix}$.
  Ermitteln Sie eine Gerade l, die die beiden Geraden g und h orthogonal schneidet und berechnen Sie den Abstand der Schnittpunkte der Geraden l mit den Geraden g und h. (↑S. 121, 125)
- Gegeben sei eine Ebenenschar E_t in Normalenform durch $E_t: t \cdot x_1 + (t-2) \cdot x_2 + x_3 = 4, t \in \mathbb{R}$. Bestimmen Sie die Schnittgerade von E_0 und E_1 und untersuchen Sie die Eigenschaft der Gerade g aus der Aufgabe vorher bezüglich jeder Ebene E_t. (↑S. 130)

- CAS Die Ecken A(5/5/0), B(−5/5/0), C(−5/−5/0) und D(5/−5/0) bilden die Grundfläche eines Würfels. Verbindet man die Kantenmitten der Deckfläche des Würfels mit den Ecken der Grundfläche, so entsteht ein Würfelstumpf. Stellen Sie zwei angrenzende Seitenflächen des Würfelstumpfes grafisch dar und zeigen Sie, dass für deren Schnittwinkel $\psi = 131{,}8\,°$ gilt. (↑S. 135)

Anforderungsbereich III

- Im Rahmen einer Flughafenerweiterung muss eine neue Startbahn gebaut werden, für die eine Schar von geradlinigen Flugrouten durch die Gleichung

$$g_k : \vec{x} = \begin{pmatrix} -10 \\ 2 \\ 0 \end{pmatrix} + \lambda \begin{pmatrix} 5 \\ 5-k \\ 1 \end{pmatrix}; k \in \mathbb{N}, 1 \le k \le 9, r \in \mathbb{R}^{\ge 0}$$

zur Verfügung steht. Ein Turm und ein Sendemast mit A(−10/2/0) und B(−6/−3,5/0) müssen in der Einflugschneise berücksichtigt werden. Zeigen Sie, dass alle Geraden der Schar g_k in einer Ebene E liegen, und bestimmen Sie deren Gleichung. Berechnen Sie den Winkel zwischen der Ebene E und der Erdoberfläche, die als x_1-x_2-Ebene anzusetzen ist. Interpretieren Sie die Aufstiegswinkel der einzelnen Flugrouten. (↑S. 135)

- Gegeben seien im $\mathbb{R}^3$ der Punkt P(3/1/−1) sowie die Ebene

$$E : \vec{x} \cdot \begin{pmatrix} 1 \\ 1 \\ 1 \end{pmatrix} = 4 \quad \text{und die Kugel} \quad K : \vec{x}^{\,2} - \begin{pmatrix} 10 \\ 10 \\ 6 \end{pmatrix} \cdot \vec{x} + 23 = 0.$$

Berechnen Sie die Gleichung der Tangentialebene T, die K in P berührt. (↑S. 145)

- CAS Zwei Lautsprecher, die als bauidentisch angenommen werden, erzeugen in der x-y-Ebene zwei Felder von

Kreiswellen, die sich überlagern und deren Erregerpunkte F_1 und F_2 sind. Mit $r_1 = \overline{PF_1}$, $r_2 = \overline{PF_2}$ und der Wellenlänge λ gilt für die Zonen der Wellenauslöschung $|r_1 - r_2| = (2n+1)\frac{\lambda}{2}; n \in \mathbb{N}$, für die maximalen Wellenamplituden gilt $|r_1 - r_2| = n\lambda; n \in \mathbb{N}$. Veranschaulichen Sie die Hyperbeln und ermitteln Sie die Hyperbelgleichungen in kartesischen Koordinaten für die maximalen Wellenamplituden. (↑S. 136 ff.)

3.8 Prüfungsaufgaben zur Wahrscheinlichkeitsrechnung

Anforderungsbereich I

- Ein Glückskreisel mit 12 gleich großen Sektoren wird um die eigene Achse gedreht und bleibt genau auf einer Sektorkante stehen. Benennen Sie die Art des Zufallsexperiments, geben Sie die Ereignismenge Ω an und geben Sie die Wahrscheinlichkeit der Ergebnisse an. (↑S. 146, 153)
- In einem Lager wird die Ware stichprobenartig überprüft. Mit einem Lieferanten besteht der Vertrag, dass die Ware ohne weitere Untersuchung zurückgeschickt werden kann, wenn bei der Kontrolle von 8 beliebig ausgewählten Stücken 3 oder mehr nicht in Ordnung sind. Geben Sie an, auf wie viele Weisen Prüfstücke entnommen werden können, wenn 65 Produkte geliefert werden. (↑S. 156)
- (CAS) Zeichnen Sie die Graphen der gaußschen Integralfunktion Φ im Intervall [−3;3] und die Punkte der standardisierten kumulierten Binomialverteilung mit $n = 1000$ und $p = 0{,}4$. (↑S. 174)
- Was versteht man unter einer „Zufallsgröße“? (↑S. 161)
- Bestimmen Sie den Erwartungswert der Augenzahl beim einfachen Würfeln mit einem Hexaeder. (↑S. 163)

Anforderungsbereich II

- Drei Lokalzeitungen A, B, C haben insgesamt einen Marktanteil von 35 %, 20 % und 45 %, der Abonnementanteil liegt bei Zeitung A bei 15 %. Zeitung B mit 55 % und Zeitung C mit 65 % sind hier allerdings viel stärker. Ermitteln Sie den Anteil der Abonnenten unter den Zeitungslesern. (↑S. 154)
- (CAS) Bei einem Fußballspiel sind 60 % der Zuschauer im Stadion Fans der Heimmannschaft. Unter diesen Fans werden etwa 4 % als gewaltbereit eingeschätzt, bei den Fans der gegnerischen Mannschaft gilt der Anteil als doppelt so hoch. Ermitteln Sie die Erwartungswerte und den Graphen der Wahrscheinlichkeitsverteilung, wenn die Zufallsvariable die Zugehörigkeit zu einer Fußballmannschaft bei einer Kontrollgruppengröße von 70 Fans beschreibt. (↑S. 162 f.)

Anforderungsbereich III

- In einer Untersuchung soll festgestellt werden, ob Personen, die sich an Wahlen nicht beteiligt haben, dies auch zugeben. Die Wahlbeteiligung bei der letzten Wahl betrug 87 %. Es wird eine Stichprobe vom Umfang 1350 durchgeführt. Ermitteln Sie, mit welchem Stichprobenergebnis Sie rechnen können. (↑S. 168)
- Begründen Sie, dass standardisierte Binomialverteilungen näherungsweise standard-normalverteilt sind. (↑S. 174)
- (CAS) Interpretieren Sie zur Fragestellung „Wie groß ist die Wahrscheinlichkeit, dass unter 28 Schülern in einer Klasse mindestens zwei denselben Geburtstag haben?“ das Ergebnis Ihrer Simulation und der theoretischen Wahrscheinlichkeit. (↑S. 171 ff.)
- Beweisen Sie mithilfe der Ungleichung

  $P(X \geq a) \leq \frac{E(X)}{a}$; $a > 0$ die Ungleichung von Tschebyscheff.

  (↑S. 164)

3.9 Prüfungsaufgaben zu beschreibender und beurteilender Statistik

Anforderungsbereich I

- Bei einer Warenkontrolle können Fehler unterlaufen: Die produzierte Ware kann den verlangten Qualitätsbedingungen genügen oder nicht. Beschreiben Sie Fehler 1. und 2. Art. (↑S. 182)
- Bei einem verdeckt laufenden Glücksrad sind entweder 8 Sektoren weiß und 12 schwarz oder umgekehrt. Nennen Sie geeignete Entscheidungsregeln für $p = 0{,}4$ und $n = 100$ und geben Sie α und β an.
- (CAS) Erfassen Sie die Daten des Reaktionstests „Fallendes Lineal“ in einer Matrix, beschreiben Sie die Ausgänge des Versuchs mithilfe von Lageparametern und nutzen Sie ein Histogramm zur grafischen Veranschaulichung. (↑S. 178 f.)

Anforderungsbereich II

- Bestimmen Sie den Annahmebereich der Nullhypothese $H_0: p = \frac{1}{5}$ mit einer Irrtumswahrscheinlichkeit $\alpha = 0{,}02$ bei einem Stichprobenumfang $n = 100$. (↑S. 182)
- Ein Autohersteller wirbt für seine Fahrzeuge damit, dass mehr als die Hälfte auf den Straßen von dieser Marke produziert würden. Während einer Testfahrt werden 102 Autos gezählt, von denen 87 von der betreffenden Firma produziert wurden. Erläutern Sie, ob dieses Testergebnis die Firmenwerbung unterstützt. (↑S. 185)
- (CAS) Ein Liebespaar steht in stockdunkler Nacht vor einer Waldhütte. Die Verliebten wählen blindlings Schlüssel an ihrem Schlüsselbund aus, um die Hütte aufzuschließen, da sie abgelenkt sind, und merken sich nicht, welche Schlüssel sie bereits ausprobiert haben. Ermitteln Sie, wie oft das Paar im Mittel probieren muss, bis es den passenden Schlüssel

gefunden hat, indem Sie ein entsprechendes Programm schreiben. (↑S. 179)

Anforderungsbereich III

- Eine repräsentative Umfrage ergab für einen Politiker einen Sympathiewert von 42 %. Kann man mit der Irrtumswahrscheinlichkeit a=0,05 damit rechnen, dass unter 100 zufällig befragten anderen Personen der Sympathieanteil auf 25 % sinkt? (↑S. 185)
- Bei einem Würfel bestehen Zweifel, ob es sich um einen Laplace-Würfel handelt. Es wird ein Test mit 250 Würfen durchgeführt, bei dem 49 mal die Zahl 1 fällt. Kann man daraus mit einer Irrtumswahrscheinlichkeit von 5 % schließen, dass der Würfel kein Laplace-Würfel ist? (↑S. 185)
- (CAS) Schreiben Sie ein Programm, dass zu einer Zufallsstichprobe vom Umfang n einer Population die empirische Varianz $s^2 = \frac{1}{n-1}\sum_{i=1}^{n}(x_i - \bar{x})^2$ berechnet und die Treffsicherheit von s^2 untersucht. (↑S. 180)

Zeichen	Bedeutung
Mengen	
$\mathbb{N}$	Menge der natürlichen Zahlen {0; 1; 2; 3; ...}
$\mathbb{N}^+$	Menge der natürlichen Zahlen ohne Null
$\mathbb{Z}$	Menge der ganzen Zahlen
$\mathbb{Q}$	Menge der rationalen Zahlen
$\mathbb{R}$	Menge der reellen Zahlen
$\mathbb{C}$	Menge der komplexen Zahlen
{a; b; ...}	Menge mit den Elementen a, b, ...
$(a_1, ..., a_n)$	geordnetes n-Tupel
{x| x = ... }	Menge aller x, für die gilt ...
[a; b]	abgeschlossenes Intervall von a bis b
]a; b[	offenes Intervall von a bis b
]a; b]	linksoffenes Intervall von a bis b (ohne a, mit b)
[a; b[	rechtsoffenes Intervall von a bis b (mit a, ohne b)
∅, { }	leere Menge
$\in$	Element von
$\notin$	nicht Element von
$\subseteq$	Teilmenge von
$\subset$	echte Teilmenge von
$A \cup B$	A vereinigt mit B (Vereinigungsmenge)
$A \cap B$	A geschnitten B (Durchschnittsmenge)
$A \setminus B$	A ohne B (Differenzmenge)
$A \times B$	A kreuz B (Produktmenge)
$\bar{A}$	Komplementärmenge zu A
$\mathcal{P}(A)$	Potenzmenge von A

Zeichen	Bedeutung
Spezielle Zahlen	
i	imaginäre Einheit ($i^2 = -1$)
e	eulersche Zahl e = 2,71828...
π	Kreiszahl π = 3,14159...

Analysis	
f, g, ...	Funktionssymbol
D_f	Definitionsbereich von f
W_f	Wertebereich von f
f(x), g(a)	Funktionswertsymbol
(a_n)	Zahlenfolge (mit dem allgemeinen Glied) a_n
Δx, Δy, ...	„Delta x“, „Delta y“, ... (Differenz zweier Werte)
dy	Differenzial
$\frac{dy}{dx}$	„dy nach dx“ (Differenzialquotient von f)
$\frac{d^2y}{dx^2}$	„d zwei y nach dx“ Quadrat (zweiter Differenzialquotient von f)
f'(x), f''(x), ..., $f^{(4)}(x)$	„f Strich“, „f zwei Strich“, ..., „f vier Strich von x“ (Ableitungen 1., ..., 4. Ordnung)
$\lim\limits_{x \to \ldots} \ldots$	Limes von ... für x gegen ... (Grenzwert)
$\sum\limits_{k=1}^{n} a_k$	Summe aller a_k für k gleich 1 bis n
$\int f(x)dx$	(unbestimmtes) Integral (über) f(x) dx
$\int\limits_a^b f(x)dx$	(bestimmtes) Integral von a bis (über) f(x) dx
$F(x)\Big\|_b^a$	Stammfunktion F(x) von a bis b

Zeichen	Bedeutung
Lineare Algebra	
A, B, ...	Matrix **A**, Matrix **B**, ...
$\mathbf{A}^{-1}$	inverse Matrix zu **A**
$\mathbf{A}^{T}$	transponierte Matrix zu **A**
det **A**, |**A**|	Determinante von A
$\vec{a}$, $\overrightarrow{AB}$	Vektoren
$\lvert\vec{a}\rvert$	Betrag von $\vec{a}$
$\vec{a} \circ \vec{b}$	Skalarprodukt von $\vec{a}$ und $\vec{b}$
$(\vec{a} \times \vec{b})$	Vektorprodukt von $\vec{a}$ und $\vec{b}$
$\measuredangle(\vec{a};\ \vec{b})$	Winkel zwischen $\vec{a}$ und $\vec{b}$
$\overrightarrow{a^0}$	Einheitsvektor von $\vec{a}$

Stochastik	
n!	n Fakultät
$\binom{n}{p}$	n über p (Binomialkoeffizient)
Ω	Ergebnismenge
$\bar{A}$	Gegenereignis (komplementäres Ereignis) zu A
2^{Ω}	Ereignisraum von Ω
$H_n(A)$	absolute Häufigkeit von A
$h_n(A)$	relative Häufigkeit von A
P(A)	Wahrscheinlichkeit des Ereignisses A
$P_B(A)$	bedingte Wahrscheinlichkeit von A unter der Bedingung B
EX	Erwartungswert der Zufallsgröße X
D^2X	Streuung der Zufallsgröße X
$B_n; p$	Binomialverteilung mit den Parametern n und p

Bibliografische Information der Deutschen Nationalbibliothek
Die Deutsche Nationalbibliothek verzeichnet diese Publikation in der Deutschen Nationalbibliografie; detaillierte bibliografische Daten sind im Internet über http://dnb.ddb.de abrufbar.

2., aktualisierte und erweiterte Auflage

Redaktionelle Leitung Heike Krüger-Beer
Redaktion Dr. Ulrich Kilian (redaktionsbüro science & more)
Autoren Prof. Dr. Karlheinz Weber, Michael Bornemann

Herstellung Annette Scheerer
Typografisches Konzept Horst Bachmann
Umschlaggestaltung Michael Acker
Bildrechte Umschlag innen Archiv Waldmann, Stuttgart: Fraktal; © DeA Picture Library: Hilbert; Floramedia: Symmetrie; MEV Verlag, Augsburg: Archimedes, Mathematik; NASA, ESA, S. Beckwith (STScl) and The Hubble Heritage Team (AURA/STScl): Spirale; Öffentliche Bibliothek der Universität Basel: Euklid; Bildarchiv Okapia, Frankfurt am Main/ Richard Thom: Primzahlen; picture-alliance/akg- images, Frankfurt am Main: Minimalfläche; picture-alliance/dpa, Frankfurt am Main: Binomialverteilung, hexagonal; picture-alliance/Bildarchiv Okapia, Frankfurt am Main: logarithmische Spirale, Symmetrie; picture-alliance/Picture Press, Frankfurt am Main: Zufall

Satz Elstersatz, Stefan Hergenröder, Wildflecken
Druck und Bindung Offizin Andersen Nexö Leipzig GmbH
Printed in Germany

ISBN 978-3-411-70662-4

Im Duo unschlagbar!

SMS Abi:
nachschlagen und merken

Prüfungstraining Abitur:
anwenden und trainieren

Deutsch	ISBN 978-3-411-70842-0	ISBN 978-3-411-72912-8
Englisch	ISBN 978-3-411-70932-8	ISBN 978-3-411-72922-7
Mathematik	ISBN 978-3-411-70662-4	Analysis ISBN 978-3-411-72932-6 Algebra/Stochastik ISBN 978-3-411-72942-5
Geschichte	ISBN 978-3-411-70942-7	ISBN 978-3-411-73181-7
Biologie	ISBN 978-3-411-70732-4	ISBN 978-3-411-73171-8
Chemie	ISBN 978-3-411-70652-5	
Physik	ISBN 978-3-411-70722-5	
Politik/ Wirtschaft	ISBN 978-3-411-70832-1	

Sag uns deine persönliche Meinung unter:
www.schuelerlexikon.de/meinung

A

Abbildung 6
Ableitung 62 f., 67
abschnittsweise definierte Funktion 13
absolute Häufigkeit 150
Abstand 54, 136 ff.
Achsenabschnitts-gleichung 123, 127
algebraische Gleichung 39
allgemeine Sinusfunktion 26 f.
Alternativtest 183 ff.
arithmetische Zahlenfolge 34 f.
arithmetisches Mittel 179
Arkusfunktion 28 f.
Assoziativgesetz 96, 109
Asymptote 57, 77
Aussage 36
Axiomensystem von Kolmogorow 151

B

Basis 111
Baumdiagramm 147, 154
bayessche Formel 159
bedingte Wahrscheinlichkeit 159 f.
Bernoulli-Experiment 166 f.
Beschränktheit 10
bestimmtes Integral 82 ff.
Betrag 42, 98
Betragsfunktion 31
Binomialverteilung 166 ff.
biquadratische Gleichung 39
Bogenmaß 25

D

Darstellungssatz 101 f.
Definitionsbereich 7, 79
Definitionslücke 23
Determinante 48 f.
Diagonalmatrix 113
Differenzial 83
Differenzialquotient 62
Dimension 111
Diskriminante 21
divergente Folge 54
Dreiecksform 51
Dreiecksmatrix 113
Dreiecksregel 96
3σ-Regel 165

E

Ebene 126 ff., 132 f., 134, 136, 139, 145
Einheitsmatrix 113
empirisches Gesetz der großen Zahlen 150
ε-Umgebung 53 f.
Ereignis 148 f., 151
Ergebnismenge 146, 152
Erwartungswert 163, 169
Erzeugendensystem 110
eulersche e-Funktion 30
Exponentialform 44
Exponentialfunktion 29 f.
Exponentialgleichung 47
Extrema 70 ff.
Extremwertproblem 78 f.

F

Faktorregel 64, 82, 88
Fehler 182

Flächeninhalt **88 ff.**
Fundamentalsatz der Algebra **40**

G

ganzrationale Funktion **18, 76**
Ganzteilfunktion **32**
gaußsche Zahlenebene **41**
gaußsches Eliminierungsverfahren **50 ff.**
gebrochenrationale Funktion **18, 23, 76**
geometrische Reihe **58**
geometrische Zahlenfolge **35**
Gerade **120 ff., 134, 136, 138, 142, 144**
Gleichung **36 f.**
Gleichungssystem **37, 50 f., 112**
Gleichverteilung **153 f.**
goniometrische Gleichung **45 f.**
Grenzwert **53 ff.**
Grundbereich **36**
Grundgesamtheit **176**

H

Häufigkeit **150**
Häufigkeitsverteilung **178**
Hauptdiagonale **48**
Hauptsatz der Differenzial- und Integralrechnung **85**
hessesche Normalform **124, 128**
Histogramm **178**
hypergeometrische Verteilung **158**
Hypothese **182**

I

imaginäre Zahlen **41**
Integralfunktion **84**
Integrand **80, 83**
Integrationsgrenzen **83 f.**
inverse Matrix **117**

K

Kettenregel **65**
Kollinearität **99**
Kombination **156 f.**
Kommutativgesetz **96, 109**
Komplanarität **99**
komplexe Zahlen **41 f.**
Konstantenregel **63**
Koordinatensystem **102 f.**
Kosinusfunktion **24**
Kreis **140 f., 143 f.**
Krümmungsverhalten **73 f., 79**
Kugel **140 f., 144 f.**
Kurvendiskussion **77**

L

Laplace-Experiment **153**
lineare Abbildung **117 ff.**
lineare Abhängigkeit **100**
lineare Funktion **19**
lineare Gleichung **38**
lineare Hülle **110**
lineares Gleichungssystem **48 ff.**
Linearfaktorenzerlegung **40**
Logarithmengleichung **47**
Logarithmusfunktion **30 f.**
lokales Minimum **71 ff.**
Lösungsmenge **37**
Lücke **60**

M

Matrix 112 ff.
Matrizenmultiplikation 116
Median 179
Merkmal 176
Mittelwert der Integralrechnung 84
Mittelwertsatz der Differenzialrechnung 68
mittlere absolute Abweichung 180
Modalwert 179
Monotonie 10, 70

N

Nebenbedingung 78
Nebendiagonale 48
Normalenvektor 107, 124, 127
Normalform 20, 38
Normalparabel 20 f.
Nullelement 109
Nullhypothese 182, 185
Nullmatrix 114
Nullstelle 13, 21, 23, 77
Nullstellensatz von Bolzano 61
Nullvektor 96

O

Orthogonalität 105, 134
Ortsvektor 120
Parallelogrammregel 96
Parameterdarstellung 9
Partialbruchzerlegung 87
Partialsumme 35
partielle Integration 86 f.
Periodizität von Funktionen 11 f.
Permutation 155
Pfad 147
Pfadregeln 154
Phase 43
Polarform 43
Polygonzug 178
Population 176
Potenzfunktion 22
Potenzregel 64, 81
Produktmenge 6
Produktregel 65
Prüfungsklausur 190 ff.
Punktrichtungsgleichung 121 f., 126

Q

quadratische Funktion 20 f.
quadratische Gleichung 38
quadratische Matrix 113
Quotientenregel 65

R

reelle Funktion 7
Regel von Cramer 48 f.
Regel von de líHospital 69
Reihe 58
relative Häufigkeit 150
Richtungsvektor 120, 122
Rotationskörper 92

S

Sattelpunkt 75
Satz über die Annahme von Zwischenwerten 61
Satz von Moivre 44

Satz von Rolle 68
Satz von Weierstraß 61
Sätze über differenzierbare Funktionen 68 f.
Signifikanztest 185 f.
Sinusfunktion 24
Skalarprodukt 104 ff.
Spatprodukt 108
Stammfunktion 80
Standardabweichung 163, 169
stetige Fortsetzung 60
Stetigkeit 59 f., 77
Stichprobe 181
Streuung 163, 168, 179
Substitution 86
Summe einer Reihe 58
Summenregel 64, 82, 88
Symmetrie 77, 114
Symmetrie von Funktionen 11

T

Tangensfunktion 24
Tangente 142
Tangentialebene 145
Term 36
transponierte Matrix 114
transzendente Gleichung 47
trigonometrische Funktionen 24 ff.
tschebyschowsche Ungleichung 164

U

Umkehrfunktion 12 f.
Umkehrregel 66
unbestimmtes Integral 80
uneigentlicher Grenzwert 57
uneigentliches Integral 91
Ungleichung 36
Unstetigkeitsstelle 59
Unterraum 110
Urnenmodell 158

V

Variable 36
Variation 156 f.
Vektor 94 ff.
Vektorprodukt 106 f.
Vektorraum 109 ff.
Verzweigungsregel 154
Vierfeldertafel 152
Vorzeichenfunktion 32
Vorzeichenwechselkriterium 72

W

Wahrscheinlichkeit 151, 184
Wahrscheinlichkeitsverteilung 162
Wartezeitproblem 169
Wendestelle 74 f., 77
Wertebereich 7
Winkelfunktion 24 ff.
Wurzelfunktion 22
Wurzelgleichungen 45
Wurzelsatz von Vieta 39

Z

Zahlenfolge 33 ff.
Zeilenvektor 112
Zielfunktion 78
Zufallsexperiment 146 ff.
Zufallsgröße 161 ff.
Zweipunktegleichung 122